数据分析与应用丛书

Statistics

Python
——数据科学的手段（第2版）

吴喜之　张敏　编著

中国人民大学出版社
· 北京 ·

前　言

Python 是一款非常优秀的通用软件; 它免费、开源; 模块有几万个, 而且还在飞速增长. Python 是目前几乎所有的知识探索及应用领域的最重要的软件工具之一.

各个领域对 Python 的广泛需求产生了很多关于 Python 的图书. 但是, 由于 Python 的应用领域太多, 不同领域对 Python 语言的需求大相径庭, 每本书可能仅适应于某一类读者. 本书面对的是 (非计算机背景的) 统计、应用数学及数据分析方面的师生和实际工作者, 力图以最简单的方式让读者尽快地掌握 Python 的精髓.

本书旨在介绍计算机语言, 因此不应看成统计教科书, 其中涉及的一些统计内容仅仅是学习 Python 的载体. 所以本书并不追求统计内容的完整和全面, 目的是向具备必要统计知识的读者介绍 Python.

目前世界经济是被技术驱动的, 拥有编程技能是一种优势. 在科学、技术、工程等方面, 有过半的工作是由计算机完成的. 社会对编程人才的需求远远超过供给. 学习编程不仅是社会需要, 而且**能够教会人如何思考**.[1]

能不能迅速学会编程, 关键在于对其是否感兴趣. 当然, 从来没有写过程序的人不可能事先就有兴趣, 人生绝大多数兴趣都是后天培养的. 对编程的爱好是在编程中培养的. **如果你能够把编程作为一种艺术来欣赏, 作为一种爱好来实践, 那么你的目的就达到了.**

在大数据时代的数据分析, 最重要的不是掌握一两种编程语言, 而是拥有**泛型编程能力** (也是一种思维方式). 有了这种能力, 语言之间的不同不会造成太多的烦恼. Python 仅仅是一种编程语言, 但对于编程的初学者来说, 却是一个良好的开端.

Python 和 R 的比较

一些人说 Python 比 R 好学, 而另一些人正好相反, 觉得 R 更易掌握. 其实, 对于熟悉编程语言的人来说, 学哪一个都很快. 它们的区别大体如下: 由于有统一的志愿团队管理, R 的语法相对比较一致, 安装程序包很简单, 而且很容易找到帮助和支持, 但由于 R 主要用于数据分析, 所以一些对于统计不那么熟悉的人可能觉得对象太专业了. Python 则是一款通用软件, 比 C++ 容易学, 功能并不差, 基于 Python 改进的诸如 Cython 那样的改进或包装版软件运行速度也非常快. 但是, Python 没有统一的团队管理, 针对不同 Python 版本的模块非常多. 因此对于不同的计算机操作系统、不同版本的 Python、不同的模块, 首先遇到的就是安装问题, 语法习惯也不尽相同. 另外, R 软件的基本语言 (即下载 R 之后所装的基本程序包) 本身就可以应付相当复杂的统计运算, 而相比之下 Python 的统计模型没有那么多, 做一些统计分析不如 R 那么方便, 但从其基本语法所产生的成千上万的模块使它几乎可以做任何想做的事情.

[1]Everybody in this country should learn to program a computer, because it teaches you how to think. — Steve Jobs

学习自然语言必须依靠实践, 而不能从背单词和学习语法入手. 学习计算机语言也是一样, 本书不采用详尽的使用手册式教学, 而是通过实践来学会编程语言. 如果需要查找某些特定的定义或语法细节, 网络查询则是最好的途径.

本书第 2 版比第 1 版增加了一倍的篇幅, 内容选择和编排都作了非常大的改变. 经验表明, 其中编程思维训练部分的实践可以迅速提升读者的编程能力并逐渐形成编程思维; 增加的内容对于编程和对数据科学的理解都有裨益.

吴喜之

目　录

第一部分

基 础

第 1 章　软件准备

1.1　下载及安装 Python

可以从不同的平台来下载、安装和使用 Python. 根据笔者的经验, 这方面最好的老师是网络, 每种操作系统都有一些最适合的方式, 而且会随着操作系统和平台的更新而不断变化. 笔者觉得对于初学者最方便的平台是 Anaconda. 只要登录网页`https://www.continuum.io/downloads`, 就知道如何在各种操作系统 (Windows, macOS 及 Linux) 安装 Anaconda. 目前 Python 有 3.x 及 2.x 两个版本 (本书使用 3.x 版本), 另外可以选 64 位和 32 位. 安装之后, 一些最基本的模块, 比如 NumPy, pandas, matplotlib, IPython, SciPy 就都一并安装了. 此后, 可以以各种方式使用 Python, 比如通过 Jupyter Notebook, IPython, Spyder 等界面来运行. 从运算来说, 各种界面没有区别, 但不同人的习惯不同, 会有不同偏好.

笔者所常用的界面是 Jupyter Notebook, 觉得它对于初学者来说更加方便, 因为它把每一步程序及结果都自动记录下来, 并且像纸质笔记本一样可以加入各种标题、文字内容、公式及表格. 而 Spyder 为交互式的环境, 提供了若干窗口分别编写程序文件、交互式输入代码及输出结果的 Console, 以及帮助窗口等等, 有其好处, 只是除了文件编写窗口, 不记录敲入的结果.

另外要注意, 诸如 Windows 和 Mac 的 OS 系统等都在不断地升级, Anaconda 也在改变, 同时 Python 及各个模块还在不断升级, 本书所说的具体操作和代码会随之变化. 相信读者会不断适应这些变化, 与时俱进.

1.2　Anaconda 的几种界面

1.2.1 使用 Notebook

安装完了 Anaconda 之后, 就可以运行 Notebook 了. 在 Windows 下打开 Notebook 有两种方法:

(1) 一种方法是在 `CMD` 窗口 (即终端) 进入你的程序文件所在的目录. 如果还没有程序文件, 就事先产生一个新目录, 假定是 `D` 盘的 `D:/Python Work` 文件夹. 这样, 在 `CMD` 界面中敲入 `D:`, 回车后就到了 `D:` 盘, 然后键入 `cd Python Work` 即可到达你的工作目录; 再键入 `jupyter notebook`, 则在默认浏览器产生一个工作界面 (称为 “Home”). 如果你已经有文件, 则会有书本图标开头的列表, 文件名以 `.ipynb` 为扩展名. 如果没有现成的, 可创造新的文件, 点击右上角的 `New` 并选择 `Python3` (如果你使用 Python 3.x 的话), 则产生一个没有名字的 (默认是 Untitled) 以 `.ipynb` 为扩展名的文件 (自动存在你的工作目录中) 的页面, 文件名字可以随时任意更改.

(2) 另一种方法是在电脑的程序列表中寻找 Anaconda3, 点击后在子目录中找到 Jupyter Note-

book, 点击即可得到默认浏览器产生的工作界面, 和上面一样.

在你的文件页中会出现 In [ ]: 标记, 可以在此输入代码, 然后得到的结果就出现在代码 (代码所在的部位称为 "cell") 下面的地方. 一个 cell 中可有一群代码, 可以在其上下增加 cell, 也可以合并或拆分 cell, 相信读者会很快掌握这些小技巧.

此外, 每个 cell 都可以转换成文本编辑器, 插入各种内容. 在文本 cell 框和代码 cell 框之间切换很容易, 比如用快捷键, 在点击左边出现蓝边条之后, 敲入 "m'' 即可转换为文本输入, 在左边敲入 "y'' 则转换成代码输入. 要寻找各种快捷键请点击 Jupyter 的帮助菜单 (Help-Keyboard Shortcuts). 快捷键很有用, 比如, 在 cell 左边有蓝边条的情况, 点击 "b" (below) 在下面产生一个空白 cell, 而点击 "a"(above) 则在上面产生一个空白 cell, 点击 "x'' 会删除当前 cell.

Mac 机的 OS 系统可以用 terminal 进入 Python 界面, 如同在 Windows 一样, 先用类似于 cd Python Work 的命令进入工作目录, 然后用 jupyter notebook 进入 Anaconda. OS 的 Anaconda 和 Windows 的没有多少区别. 在 Mac 机里面也可以在应用程序中寻找并点击 Anaconda-Navigator 的相应图标进入各种界面.

作为开始的语句, 你可以先键入下面的代码:

```
3*'Python is easy! '
```

用 Ctrl+Enter(不会产生新的 cell) 或者 Shift+Enter(这会把光标移到下面的 cell, 如果下面没有 cell 则新产生一个输入代码的 cell) 就得到下面输出:

```
'Python is easy! Python is easy! Python is easy! '
```

实际上前面一行代码等价于 print(3*'Python is easy !')(在 Python2 中, 打印内容不一定非得放在圆括号中, 而 python3 必须把打印内容放在圆括号中). 在一个 cell 中, 如果有可以输出的几条语句, 则只输出有 print 的行及最后一行代码可输出的结果 (无论有没有函数 print).

在 Python 中, 也可以一行输入几个简单 (不分行的) 命令, 用分号分隔. 要注意, Python 和 R 的代码一样是分大小写的. Python 与 R 的注释一样, 在 # 号后面的符号不会被当成代码执行.

Python 最简单的数值计算为计算器式的四则计算, 比如:

```
abs(3*4+(-2/5)**2)/(4.5-76)+max(-34,9)
```

得到结果输出 (8.82993006993007).

当前工作目录是在存取文件、输入输出模块时只敲入文件或模块名称而不用敲入路径的目录. 查看目前的工作目录和改变工作目录的代码为:

```
import os
print (os.getcwd()) #查看目前的工作目录
os.chdir('D:/Python work') #改变工作目录
```

1.2.2 使用 Spyder

在程序中寻找 Anaconda3, 点击后在子目录中找到 Spyder 点击即可得到界面 (见图1.2.1). 图中的界面是默认界面, 完全可以改变其界面的布局、窗口的增减和大小, 图1.2.1左侧是编辑 py 文件的编辑器, 右下窗口是输入代码及得到输出结果的交互式 Console 界面, 右上窗口可以查询帮助或做其他用途.

在 Mac 机中, 只要打开 terminal 并键入 `spyder` 即可进入 Spyder 界面, 也可以在应用程序中寻找并点击程序 Anaconda, 并在其子目录中点击 Spyder 即可进入, 其余和 Windows 类似.

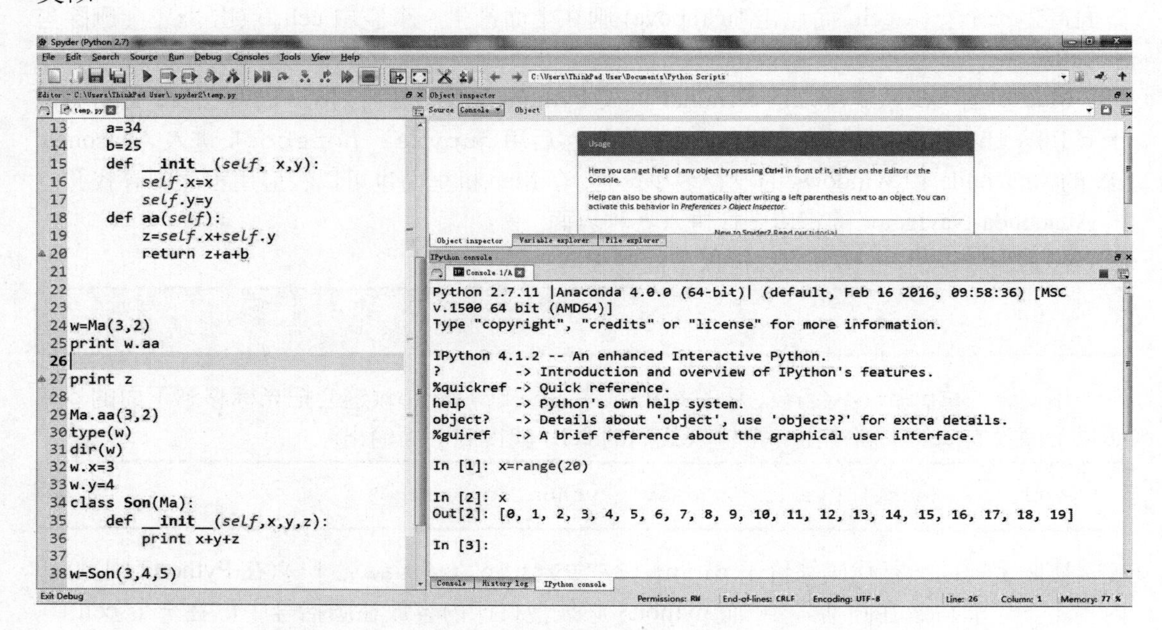

图 1.2.1　Spyder 界面

1.2.3 使用 IPython 或者终端界面

IPython 就是一个交互式 Console 界面, 和 Spyder 的 Console 界面等价. 在程序中寻找 Anaconda3, 点击后在子目录中找到 IPython 点击即可得到界面.

也可以直接用终端 (比如在 Windows 中从 CMD 界面或从 Mac 中的 terminal 界面), 敲入 "python'' 或 "python3" (依设定的命令) 直接使用. 但在 IPython 中, 每一个命令, 包括 Python 一些群命令的缩进等, 都要手动敲入, 不那么方便.

1.3　下载并安装所需模块

使用 Python 和使用其他诸如 R 那样的开源软件一样, 往往需要下载一些模块或程序包, 这一般可以在终端下载, 比如要输入模块 `graphviz`, 则可以在终端键入:

```
conda install graphviz
```

或者

```
pip install graphviz
```

这一般可以达到目的, 但也会有无法安装的问题, 这时最好到网上搜索, 一般会找到答案的.

第 2 章　Python 基础知识

2.1　一些基本常识

Python 本身的基本命令在任何时候都是可以运行的, 而有些模块的命令, 必须在输入那些模块之后才可以运行. 虽然会使用其他模块, 但本章主要使用基本模块的命令.

2.1.1 引入模块、获得及改变你的工作目录

首先, 为了输入输出的方便, 要看看自己的工作目录是什么, 需要使用 `os` 模块中的 `getcwd()` 函数:

```
import os
os.getcwd()
```

这就会得到目前的路径, 在这个路径下存取文件不用另外敲入路径. 由于 `getcwd()` 函数不属于基本模块, 前面必须加上 `os` 而成为 `os.getcwd()`. 如果使用带有星号 ("*") 的语句 `from os import *` (这意味着 `os` 中的所有函数都放入了内存) 或者使用指明函数 (这里是函数 `getcwd`) 语句 `from os import getcwd` (这意味着 `os` 中的 `getcwd` 放入了内存), 则可以直接使用 `getcwd()`. 但在有很多来自不同模块的函数时, 如果没有注明函数的来源, 人们可能会对这些函数来自哪个模块产生混淆.

有些模块名字太长, 可以简化, 比如 `import matplotlib.pyplot as plt`, 那么 (在代码 `import matplotlib` 之后) 函数输入 `matplotlib.pyplot.subplot` 可以简化成 `plt.subplot`.

如果要改变你目前的工作目录 (比如到 `'D:/work'`), 则可以用下面语句:

```
import os
os.chdir('D:/work') #或者os.chdir('D:\\work')
```

命令可以直接在交互式 console 界面输入, 也可以写在以 ".py'' 结尾的文件中 (比如 "test.py"), 然后用命令 (如果该文件在工作目录, 则不用写路径) `import test` 来执行文件 (test.py) 中的所有代码.

2.1.2 目录的建立和删除, 文件的重命名及删除

下面是 (在工作目录中) 建立新目录、删除已有目录或文件及对文件重命名的例子:

1. 建立新目录

```
import os
os.mkdir('work2')
```

2. 删除目录 (目录必须是空的)

```
import os
os.rmdir('work2')
```

3. 对文件重命名和删除文件

```
import os
os.rename('fff.txt','fool.txt') #重命名
os.remove('h.txt')              #删除文件
```

2.2 数组 (字符串、list、tuple、dict) 及与它们相关的函数和运算

字符串、list (列表)、tuple (多元组)、dict (字典)、set 是一些基本的 Python 数组对象, 它们有些像 R 软件中的 list, 其元素可以装入几乎任何东西作为对象. 至于类似于 R 中诸如 array 和 matrix 那样的可以进行代数运算的纯粹数量型数组将在后面 (比如介绍 numpy 模块时) 介绍. 下面是对这些基本 Python 数组的简介:

- 字符串是最简单的数组, 可以有许多方式来应付及显示, 比如:

```
ST='I am happy and you too'
print('length =',len(ST),'\n',ST[5:10],'\n',(ST+'! ')*2)
```

输出为:

```
length = 22
 happy
 I am happy and you too! I am happy and you too!
```

- list 是数据组, 它和 R 软件中的 list 一样, 其每个元素几乎可以是任何对象, 包括数值、数组、字符、公式、模型、list 等等. 一个 list 直观上显示为由方括号所包含的元素, 比如:

```
x=[list(range(5)),"Python is great!",["Program is art"],abs(-2.34),
   [[1,20],[-34,60]]]
```

- tuple 和 list 类似, 是用圆括号包含元素表示的数组, 它们的一个主要区别在于 tuple 不能增减或更改其元素. 和上面的 list 有同样元素的 tuple 例子为:

```
y=(list(range(5)),"Python is great!",["Program is art"],abs(-2.34),
   [[1,20],[-34,60]])
```

tuple 也可以以下面 (不用圆括号) 的方式输入:

```
Tup=3,4,6,[2,3],"Time"
```

- dict 是和字典一样的带有名字的用花括号包含元素的数组, 名字有索引的作用, 和上面的 list 及 tuple 有相同元素的 dict 数组可以表示为:

```
z={'seq': list(range(5)), 'string': "Python is great!",
   'ls': ["Program is art"], 'value': abs(-2.34),
   'mat':  [[1,20],[-34,60]]}
```

- set 和数学中的集合类似, 给出无序的唯一的数组元素, 比如:

```
s1='A great person'
s2=['you', 'I', 'they','we','you','he','they']
s3=(32,64,32,'He is the one',(2,3))
s4={'One': 234, 'Two': 45,'Three': 45}
print(set(s1),'\n',set(s2),'\n',set(s3),'\n',set(s4))
```

输出为:

```
{' ', 'e', 'a', 'A', 't', 'p', 'r', 'o', 'n', 's', 'g'}
 {'I', 'we', 'they', 'he', 'you'}
 {32, 'He is the one', 64, (2, 3)}
 {'Three', 'Two', 'One'}
```

可以用函数 type 得到数组及其他对象的类型, 输入下面代码可以得到上面三种数组及字符串、浮点数、整数的类型:

```
print(type(x),type(y),type(z),'\n',type('string'),type(3.5),type(7))
```

得到输出:

```
<class 'float'> <class 'int'> <class 'dict'>
 <class 'str'> <class 'float'> <class 'int'>
```

2.2.1 数组的元素及下标

数组 (包括数列阵、矩阵或者字符串) 的元素可以有多种显示办法, 比如, 数列阵、字符串、list 和 tuple 可以用表示元素位置的下标显示, 而 dict 可以用名字显示, 这些下标或名字用于方括号中. 比如代码:

```
print(x[2:],'\n',y[-4:],'\n',z['mat'])
```

得到:

```
[['Program is art'], 2.34, [[1, 20], [-34, 60]]]
 ('Python is great!', ['Program is art'], 2.34, [[1, 20], [-34, 60]])
 [[1, 20], [-34, 60]]
```

注意, 在 Python 中用整数表示的下标都是以 0 开始的. 熟悉某些软件 (比如 R) 的一些人可能会不习惯 Python 的下标从 0 开始 (第 0 个元素), 而且 Python 下标区间都是半开区间 (右边是开区间), 比如: `x[:3]` 代表 x 的第 0, 1, 2 等三个元素; `x[7:]` 代表 x 的第 7 个 (包含第 7 个) 以后的元素; `x[3:6]` 代表 x 的第 3, 4, 5 个 (不包含第 6 个) 元素, `x[:]` 代表 x 的所有元素 (和 x 一样). 例如, 输入下面代码:

```
x=list(range(10))#=[0, 1, 2, 3, 4, 5, 6, 7, 8, 9]
print(x[:3],x[7:],x[3:6],x[-3:],x[-1],x[:-4])
```

得到:

```
[0, 1, 2] [7, 8, 9] [3, 4, 5] [7, 8, 9] 9 [0, 1, 2, 3, 4, 5]
```

注意: 下标 `[-1]` 表示最后一个, `[-3:]` 表示从倒数第 3 个开始往后的所有元素, `[:-4]` 表示从倒数第 4 个开始 (不包括倒数第 4 个) 往前的所有元素.

使用从 0 开始的下标以及半开区间有方便的地方, 比如下标 `[:3]` 实际上是 0,1,2, 类似地, `[3:7]` 是 3,4,5,6, 这样, `[:3]`, `[3:7]`, `[7:10]` 首尾相接实际上覆盖了从 0 到 9 的所有下标, 而在 R 中, 这种下标必须写成 `[1:2]`, `[3:6]`, `[7:10]`, 由于是闭区间, 中间的端点不能重合. 请试运行下面语句, 一些首尾相接的下标区间得到完整的下标群:

```
x='A poet can survive everything but a misprint.'
x[:10]+x[10:20]+x[20:30]+x[30:40]+x[40:]
```

得到完整的句子:

```
'A poet can survive everything but a misprint.'
```

如果对象的元素本身有多个元素, 也可以用复合下标来表示感兴趣的部分 (这一点和 R 类似). 比如,

```
x=[[1,15,3],[['People'],' above all']]
y=("Good morning",[2,5,-1])
z={'a': 'A string', 'b': [[2,3],'yes'],'c':{'A': [3,'Three',4],'B':range(5)}}
print(x[0][:2],x[1][1][:3],'\n',y[0][:3],'\n', z['c']['B'][-3:],'\n',z['b'][1][1:] )
```

输出为:

```
[1, 15] ab
 Goo
 range(2, 5)
 es
```

显然 list 和 tuple 的下标为整数型, 而 dict 的下标使用标识的名字.

2.2.2 循环语句打印数组元素

请看下面的例子 (使用前面的对象 x、y、z):

```
for i in x:
    print(i)
    for k in i:
        print(k)
```

输出为:

```
[1, 15, 3]
1
15
3
[['People'], ' above all']
['People']
 above all
```

其中每个 i 代表 x 的一个元素, 而 j 又代表相应的 i 中的元素. 对于上面的语句, 把 list x 换成 tuple y 可以得到类似的结果.

对于 dict, 类似的语句应该为:

```
for i in list(z):
    print(z[i])
    for j in z[i]:
        if type(z[i])==dict:
            j=z[i][j]
        print(j)
```

结果输出为:

```
A string
A

s
t
r
i
```

```
n
g
[[2, 3], 'yes']
[2, 3]
yes
{'A': [3, 'Three', 4], 'B': range(0, 5)}
[3, 'Three', 4]
range(0, 5)
```

这个语句有些不同, 原因是 dict 的下标不能是整数, 只能是作为标识的名字, 而代码 `list(z)` 所产生的不是 `z` 的元素, 而是名字. 因此, 在第一层循环中的 `i` 代表名字, 其相应的元素为 `z[i]`, 但元素中有的是 list, 有的是字符, 也有的是 dict, 如果是 dict, 又出现第一层的问题, 因此多了一个条件语句 (`if type(z[i])==dict:`) 来识别. 这里用到了循环语句以及条件语句.

1. 循环语句

读者可能注意到, 前面代码需要循环或某条件 (冒号 “:”) 后面的批处理部分必须缩进 (这里是 4 个空格, 所有的缩进必须统一). 比如开头为 `for`、`while`、`if`、`elseif`、`else` 等的循环语句, 如果后面批处理部分不在同一行. 在冒号后需要缩进, 在函数或类的定义中也需要这种缩入. 在某些语言中用括号 (比如 R 中用花括号) 表示这种批处理环境.

循环语句中, 可以同时提取多个对象的元素, 比如, 把 `x` 和 `y` 结合成一个 tuple `(x,y)` 则可以用如下代码打印元素的值:

```
for (i,j) in (x,y):
    print(i,j)
    for l in i:
        print(l)
    for m in j:
        print(m)
```

前面的循环没有用整数下标, 下面是用整数下标的例子:

```
for i in range(len(x)):
    print(x[i])
    for j in range(len(x[i])):
        print(x[i][j])
```

得到:

```
[1, 15, 3]
1
15
3
```

```
[['People'], ' above all']
['People']
 above all
```

注意, 这里的函数 range 是个很常用的产生序列数值的函数 (有些类似于 R 的 seq 函数), 变元可以是 1 个整数 n (为从 0 开始到 n-1 间隔为 1 的自然数列)、2 个整数 (n,p) (为从 n 开始, 到 p-1 的自然数列)、3 个整数 (n,p,r) (为从 n 开始, 到 p-1 的间隔为 r 的自然数列). 因此, range(5) 和 range(0,5) 及 range(0,5,1) 是等价的. 注意, 在 Python2 中 range(x) 命令本身就可以输出数值, 而在 Python3 中则不行. 比如, 在 Python3 中单独运行 range(5) 则只会输出 range(0,5), 要输出数值则需要把它转换成变成 list, 也就是使用 list(range(5)) 才能输出结果 ([0, 1, 2, 3, 4]). 请运行下面代码并查看结果:

```
print(list(range(-1,11,2)), list(range(2,7)), list(range(10,-10,-3)))
```

2. 数组 list 和 tuple 类似于字符串的一些简单运算

前面已经看到过类似于下面的字符串的简单运算:

```
'I'+' have to say:'+' "You are '+ 'very '*2 + 'good!"'
```

输出为:

```
'I have to say: "You are very very good!"'
```

数组 list 和 tuple 也有类似运算:

```
print(['Hi!'] * 2+['I am']+['here']+["Isn't It"])
print(('Tiger','Lion')*2+('Wolf','Cat')+([1,-3.9],'Good'))
```

输出为:

```
['Hi!', 'Hi!', 'I am', 'here', "Isn't It"]
('Tiger', 'Lion', 'Tiger', 'Lion', 'Wolf', 'Cat', [1, -3.9], 'Good')
```

2.2.3 一些和数组及字符串有关的函数和方法

1. len 可以显示长度

下面代码显示了定义的字符串、list、tuple、dict 的长度:

```
s='Good morning!'
x=[[1, 15, 3], [['People'], ' above all']]
y=('Good morning', [2, 5, -1])
z={'a': 'A string', 'b': [[2, 3], 'yes'],
    'c': {'A': [3, 'Three', 4], 'B': range(0, 5)}}
```

```
print(len(s),len(x),len(y),len(z))
```

输出得到各个对象的长度分别为 13、2、2、3.

2. 显示是否包含某元素

运行下面代码:

```
print(['People'] in x, ['People'] in x[1], 'Good' in s)
print('Good morning' in y, 'A string' in z, 'a' in z)
```

产生:

```
False True True
True False True
```

结果的意义是显然的.

当然还有一些其他的运算, 比如:

```
print(max('A', 'black', 'rose'),max([1,-5]), min(['people','leader']),
    min({"a":2,"b":4}))
```

会得到输出:

```
rose 1 leader a
```

需要注意, 上面的最大、最小值只能在同种元素中产生.

2.2.4 list 中元素增减所用的函数

(1) **用函数** append **给一个** list **增加一个元素**, 可执行下面的代码:

```
x=[[3,7],'Oscar Wilde']
y=['save','the world',['is','impossible']]
x.append(y);print(x)
```

得到:

```
[[3, 7], 'Oscar Wilde', ['save', 'the world', ['is', 'impossible']]]
```

显然, 这里的 x.append(y) 是把 list y 整体作为一个元素加入到 x 中.

(2) **用函数** extend **在一个** list **中加入另外** list **的元素**, 可执行下面的代码:

```
x=[[3,5,7],'Oscar Wilde']
y=['save','the world',['is','impossible']]
x.extend(y);print (x)
```

得到:

```
[[3, 5, 7], 'Oscar Wilde', 'save', 'the world', ['is', 'impossible']]
```

这里的 `x.extend(y)` 是把 `list` y 中的元素个体 (但不拆开 y 中作为 `list` 的个体) 加入到 x 中.

(3) **用函数**`pop` **按下标删除元素**, 按照下标删除 `list` 元素的函数, 可执行下面的代码:

```
x=[[1,2],'Word',[3,5,7],'Oscar Wilde']
x.pop();print(x) #去掉最后一个
x=[[1,2],'Word',[3,5,7],'Oscar Wilde']
x.pop(2);print(x) #去掉下标为2的元素(即[3,5,7])
```

得到:

```
[[1, 2], 'Word', [3, 5, 7]]
[[1, 2], 'Word', 'Oscar Wilde']
```

这里的 `x.pop()` 去掉 x 中的最后一个元素, 而 `x.pop(2)` 则去掉 x 中的第 2 个元素 (这里删除的是 `[3, 5, 7]`).

(4) **函数** `remove` **按内容删除元素**, 按照内容来删除 `list` 元素的函数, 可执行下面的代码:

```
x=[[1,2],'Word',[3,5,7],'Oscar Wilde',[3,5,7]]
x.remove([3,5,7]);print(x)
x.remove([3,5,7]);print(x)
x.remove('Word');print(x)
```

得到:

```
[[1, 2], 'Word', 'Oscar Wilde', [3, 5, 7]]
[[1, 2], 'Word', 'Oscar Wilde']
[[1, 2], 'Oscar Wilde']
```

这里的 `x.remove([3, 5, 7])` 是把 x 中的 `[3, 5, 7]` 去掉, 但如果有重复的同样内容, 每次仅仅去掉下标最小的一个.

2.2.5 tuple 不能改变或增减元素, 但可以和 list 互相转换

虽然 tuple 不能改变或增减元素, 但可以和 list 互相转换, 因此上面涉及的所有操作都可以通过转换类型来实现. 输入下面语句:

```
y=('Efficiency', [2, [5, -1]])
print(type(y),'\n',list(y),type(list(y)),'\n',
      tuple(list(y)),type(tuple(list(y))))
```

得到数组类型互相转换的结果:

```
<class 'tuple'>
 ['Efficiency', [2, [5, -1]]] <class 'list'>
 ('Efficiency', [2, [5, -1]]) <class 'tuple'>
```

2.2.6 dict 所用的一些函数

这里的一些运算和 list 有些不同，但也有类似的，让代码和输出来说明其含义.

- 几个描述 dict 的函数 (定义一个 dict `z`):

```
z={'a': 'A string', 'b': [[2, 3], 'yes'], 'c': {'A': 'Why', 'B': 4}}
print('keys:\n',z.keys(),'\nget:\n',z.get('a'),
  '\nitems:\n',z.items(),'\nvalues:\n',z.values())
```

下面是计算机结果输出:

```
keys:
 dict_keys(['a', 'b', 'c'])
get:
 A string
items:
 dict_items([('a', 'A string'), ('b', [[2, 3], 'yes']),
      ('c', {'A': 'Three', 'B': 4})])
values:
 dict_values(['A string', [[2, 3], 'yes'], {'A': 'Why', 'B': 4}])
```

- 下面代码先后去掉一个选定的元素，又去掉剩下的 dict 中末尾一个元素:

```
z.pop('c') #去掉'c'
print('pop last:',z.popitem()) #去掉剩下的最后一个('b')
print('after pop:',z) #还剩下'a'
```

结果输出还剩下一个元素:

```
pop last: ('b', [[2, 3], 'yes'])
after pop: {'a': 'A string'}
```

- 再加入名为 `'new'` 的一个元素:

```
z['new']=[[2,4],[5,7,9]];z
```

输出表示 `z` 又有两个元素了:

```
{'a': 'A string', 'new': [[2, 4], [5, 7, 9]]}
```

- 合并多个 dict(注意同指标的替换):

```
a={'a': (2,3),'b': ['word','sentence']}
b={2:[345,321],'a':("two","three")}
c={2:999,'b':'strong'}
print({**a,**b,**c})
print({**b,**a})
```

输出为:

```
{'a': ('two', 'three'), 'b': 'strong', 2: 999}
{2: [345, 321], 'a': (2, 3), 'b': ['word', 'sentence']}
```

注意: `{**a,**b}` 相当于运行 `a.update(b)` 后的被改变的 `a`; 而 `{**b,**a}` 相当于运行 `b.update(a)` 后的被改变的 `b`.

- 还可以改变元素的值:

```
z['new']=34/56.2; z
```

得到新的 dict:

```
{'a': 'A string', 'new': 0.6049822064056939}
```

- 可删除一个元素 (`'a'`):

```
del z['a'];z
```

结果只剩下一个元素的 dict:

```
{'new': 0.6049822064056939}
```

2.2.7 zip 使得数组运算更方便

顾名思义, zip 函数就像拉链 (zip) 一样, 把两个数组拉到一起. 两个数组可以是字符串、list 或者 tuple, 不一定同类型, 而且两个可以长短不一样, 但 zip 之后的内容不显示也不能打印, 可以用`print(list())`来看, 但仅仅能看一遍 (事先赋值成 list 之后没有问题):

```
y=zip(('100','A',1202,),'ABCDE',['I', 'like','apple','very much'])
print('y=',y)
print('list(y)=',list(y))
print('list(y)=',list(y))
y2=list(y)
print('y2=',y2)
print('y=',y)
```

输出为:

```
y= <zip object at 0x11bed57c8>
list(y)= [('100', 'A', 'I'), ('A', 'B', 'like'), (1202, 'C', 'apple')]
list(y)= []
y2= []
y= <zip object at 0x11bed57c8>
```

显然, `list(zip())` 复制后为一个 tuple 为元素的 list 数组. 当然如果 zip 的两个元素长短不一, 只能得到和短的一样长的 list.

1. zip 可以很容易帮助 dict 用两列数组形成 dict

我们可以比较下面两种产生 dict 的过程:

(1) 利用迭代:

```
A=(2,'5','Today');B=[30,'tax',[5,4]]
D=dict()
for i in range(len(A)):
    D[A[i]]=B[i]
print(D)
```

得到结果:

```
{2: 30, '5': 'tax', 'Today': [5, 4]}
```

(2) 利用 dict:

```
A=(2,'5','Today');B=[30,'tax',[5,4]]
print(dict(zip(A,B)))
```

得到和 (1) 同样的结果:

```
{2: 30, '5': 'tax', 'Today': [5, 4]}
```

显然第 (2) 种要方便得多了.

虽然 zip 顾短不顾长, 但如果只有一个元素时, 还是得到本身:

```
A=(2,'5','Today')
print(list(zip(A)))
```

输出为一些空白一半的 tuple:

```
[(2,), ('5',), ('Today',)]
```

2. zip 对象的打印

可以这样打印:

```
A=('What','is','this');B=[30,'tax',[5,4]]
for i in zip(A,B):
    print(i)
for i,j in zip(A,B):
    print(i)
    print(j)
```

输出为:

```
('What', 30)
('is', 'tax')
('this', [5, 4])
What
30
is
tax
this
[5, 4]
```

但是如果这样打印:

```
A=('What','is','this');B=[30,'tax',[5,4]]
ZIP=zip(A,B)
for i in ZIP:
    print(i)
for i,j in ZIP:
    print(i)
    print(j)
```

则只输出一次:

```
('What', 30)
('is', 'tax')
('this', [5, 4])
```

3. zip 的 “还原”

用 zip 制造一个数组:

```
A='ABCD';B=[1,2,3,4]
x=list(zip(A,B))
print(x)
```

输出为:

```
[('A', 1), ('B', 2), ('C', 3), ('D', 4)]
```

如何再得到 A 和 B 两个对象呢? 可以试下面代码:

```
A,B=zip(*x)
print('A=',A,'; B=',B)
```

得到原先的两个对象:

```
A= ('A', 'B', 'C', 'D') ; B= (1, 2, 3, 4)
```

4. 通过 zip 的数组运算

通过循环语句, 可以做些数组之间的运算, 比如:

```
year=[2017,2018,2019];inport=[2800,3496,4765];export=[3990,5023,8766]
for i,j,k in zip(year,export,inport):
    print('In year',i ,' red=',j-k)
```

输出为:

```
In year 2017  red= 1190
In year 2018  red= 1527
In year 2019  red= 4001
```

5. 通过 zip 排序

可以按照 zip 的某一个元素对其他元素来排序, 比如:

```
height=[1.74,1.83,1.69];weight=[55, 62, 71];name=['Tom', 'Jack','Smith']
print('sort by height:',sorted(zip(height,weight,name)))
print('sort by weight:',sorted(zip(weight,height,name)))
print('sort by name:',sorted(zip(name,height,weight)))
```

输出为:

```
sort by height: [(1.69, 71, 'Smith'), (1.74, 55, 'Tom'), (1.83, 62, 'Jack')]
sort by weight: [(55, 1.74, 'Tom'), (62, 1.83, 'Jack'), (71, 1.69, 'Smith')]
sort by name: [('Jack', 1.83, 62), ('Smith', 1.69, 71), ('Tom', 1.74, 55)]
```

2.2.8 集合 set 及有关运算

集合 set 也是数组, 但其元素无序, 而且其元素没有下标或名字. set 的元素可以是数字、tuple, 但不能是 list、dict, 也不是 set. set 的元素即使在定义时有相同的元素, 但仅仅保存不相同的, 这和数学上的集合很类似, 也有数学中集合的各种运算.

set 也是用花括号包含的数组, 但没有名字. 比如使用以下代码:

```
A = set('geography');print(A)
v={(1,3,6),'world',((2,3),(1,7)),'world',('world')};v
```

得到不重复而且次序任意的元素:

```
{'a', 'r', 'h', 'e', 'g', 'p', 'y', 'o'}
{((2, 3), (1, 7)), (1, 3, 6), 'world'}
```

上面的不重复性等同于 R 中的函数 `unique` 及后面 numpy 模块中的函数 `unique`.

用诸如下面循环语句 (比如对 v) 得到的打印输出, 其等同于 `set(v)` 元素, 不会重复打印非唯一的元素:

```
for i in v:
    print(i)
```

结果输出为:

```
(1, 3, 6)
((2, 3), (1, 7))
world
```

1. set 和 tuple、list 的互相转换

集合 set 可以和 tuple、list 互相转换, 下面代码显示了这样的例子:

```
A={1,4,'world',(3,4,'country'),'world',1}
print(list(A),type(list(A)),'\n',tuple(A),type(tuple(A)),'\n',
  set(list(A)),type(set(list(A))),'\n',set(tuple(A)),type(set(tuple(A))))
```

下面是输出:

```
[1, 4, 'world', (3, 4, 'country')] <class 'list'>
 (1, 4, 'world', (3, 4, 'country')) <class 'tuple'>
 {1, 4, 'world', (3, 4, 'country')} <class 'set'>
 {1, 4, 'world', (3, 4, 'country')} <class 'set'>
```

2. 关于 set 可做各种集合运算

下面是对 set 做各种诸如并、交、差等集合运算的例子:

- 增加元素 (不能是 set):

```
u={1.2,5.7,'word',(1,4),('key',5)}
u.add((2,6,1,'sun'));u
```

输出为:

```
{('key', 5), (1, 4), (2, 6, 1, 'sun'), 1.2, 5.7, 'word'}
```

- 删除元素:

```
x=set(['I','you','he','I','they','we','we'])
x.remove('I');print(x)
```

输出为:

```
{'they', 'you', 'we', 'he'}
```

- 两个集合的并:

```
A={1,4,'world',(3,4,'country')}
B={'world',5,1,('one','two')}
A|B #union 可试试 A|=B
```

输出为:

```
{('one', 'two'), (3, 4, 'country'), 1, 4, 5, 'world'}
```

- 两个集合的交:

```
A={1,4,'world',(3,4,'country')}
B={'world',5,1,('one','two')}
print(A&B,'\n',A,B) #可试试: A.intersection(B)
```

输出为:

```
{'world', 1}
 {1, 'world', 4, (3, 4, 'country')} {'world', ('one', 'two'), 5, 1}
```

- 两个集合的差:

```
A={1,4,'world',(3,4,'country')}
B={'world',5,1,('one','two')}
print(A-B) #可试试 A -= B
```

输出为:

```
{4, (3, 4, 'country')}
```

- 两个集合没有共同部分 (交) 的并:

```
A={1,4,'world',(3,4,'country')}
B={'world',5,1,('one','two')}
```

```
print(A ^ B,'\n',(A|B)-(A&B))
```

输出为:

```
{('one', 'two'), 4, 5, (3, 4, 'country')}
 {('one', 'two'), 4, 5, (3, 4, 'country')}
```

• 比较两个集合:

```
A = {1, 2, 3, 1, 2}
B = {3, 2, 3, 1}
print(A == B,A!=B,A<=B,B>A&B,{1,3,4}>={1,3},)
```

输出为:

```
True False True False True
```

基本模块的集合运算不能直接用于 list, 但可以通过函数 set 来转换, 除了前面介绍的对集合的运算符 "-" "|" "&", 还可以使用下面的代码: 集合的差 (difference)、并 (union)、交 (intersection). 下面是一些例子:

```
print(set.difference(set(['a',2,'5']),set(['a',7])))
print(set.union(set(['a',2,'5']),set(['a','a',7])))
print(set.intersection(set(['a',2,'5']),set(['a','a',7])))
```

得到:

```
{2, '5'}
{2, 'a', 7, '5'}
{'a'}
```

2.3 函数、自定义函数、数组元素的计算、循环语句

前面我们有意识或无意识地一直在使用各种函数, 下面介绍更多的关于函数的内容.

2.3.1 更多的关于数组的函数

1. 计算数组中各元素分别的计数

计算数组元素个数可以用函数 len, 但每种元素各有多少不清楚. 模块 collections 中的函数 Counter 可计算数组中每种元素的个数, 注意, 对于 dict 和 set, 它们本身不可能有任何元素多于 1 个, 因此每种的计数也只能为 1.

```
from collections import Counter
s1='pneumonoultramicroscopicsilicovolcanoconiosis'
s2=['you', 'I', 'they','we','you','he','they']
```

```
s3=(32,64,32,'He is the one',(2,3))
s4={'One': 234, 'Two': 45,'Three': 45,'One': 299,'One': 23}
s5=set(s2)
print(Counter(s1),'\n',Counter(s2),'\n',Counter(s3),'\n',
  Counter(s4),'\n', Counter(s5))
```

输出为:

```
Counter({'o': 9, 'i': 6, 'c': 6, 'n': 4, 's': 4, 'l': 3, 'p': 2,
  'u': 2, 'm': 2, 'r': 2, 'a': 2, 'e': 1, 't': 1, 'v': 1})
 Counter({'you': 2, 'they': 2, 'I': 1, 'we': 1, 'he': 1})
 Counter({32: 2, 64: 1, 'He is the one': 1, (2, 3): 1})
 Counter({'Two': 45, 'Three': 45, 'One': 23})
 Counter({'I': 1, 'we': 1, 'they': 1, 'he': 1, 'you': 1})
```

上面的字符串 s1 据说是最长的英文词, 这是一种肺部疾病，源于吸入非常细的 (特别是来自火山) 二氧化硅颗粒.

2. 集合元素的比较

使用函数 Counter 或 set 可比较两个字符串是否有相同的元素:

```
s=[(1,2,4),'happy',('peace','and', 'war'),'happy']
u=['happy',(1,2,4),('peace','and', 'war')]
print(Counter(s)==Counter(u),set(s)==set(u))
```

输出为:

```
True True
```

3. Counter 得到的对象到 dict 的转换

运行 Counter 所得到的对象很像 dict, 其实很容易用 dict 函数做这种转换, 但如果转换成其他数组形式就只有原先的不重复元素了, 对此请查看下面代码产生的输出:

```
print(Counter(s))
print(dict(Counter(s)))
print(list(Counter(s)))
print(tuple(Counter(s)))
print(set(Counter(s)))
```

输出为:

```
Counter({'happy': 2, (1, 2, 4): 1, ('peace', 'and', 'war'): 1})
{(1, 2, 4): 1, 'happy': 2, ('peace', 'and', 'war'): 1}
[(1, 2, 4), 'happy', ('peace', 'and', 'war')]
```

```
((1, 2, 4), 'happy', ('peace', 'and', 'war'))
{'happy', ('peace', 'and', 'war'), (1, 2, 4)}
```

2.3.2 函数的定义

一个自定义的寻求数组中正元素的函数例子为:

```
def Positive(x):
    y=[]
    for i in x:
        if i>0:
            y.append(i)
    return(y)
print(Positive([-2,-2,3,5,7,3])) #对list
print(Positive((-2,-2,3,5,7,3))) #对tuple
print(Positive({-2,-2,3,5,7,3})) #对set
```

结果输出为 (注意对于 set 不会有重复的元素):

```
[3, 5, 7, 3]
[3, 5, 7, 3]
[3, 5, 7]
```

下面再定义两个用公式表示的简单函数: $f(x) = x^2 - x$ 和 $g(x, y) = \max(x^2, y^3 + x)$:

```
def f(x): return x**2-x
g=lambda x,y: max(x**2,y**3+x)
f(0.8),g(3.4,0.5) #把数值代入函数执行
```

上面代码得到两个数值, 即 $f(0.8) \approx -0.16$ 和 $g(3.4, 0.5) \approx 11.56$. 前面定义的第一个函数 $f(x)$ 是通常形式的简单函数 (一般的函数定义时通常不写在一行中, 而在冒号之后另起一行并缩进若干空格来填写后续语句), 而第二个函数 $g(x, y)$ 是所谓的 `lambda` 函数, 它不应太复杂, 由于短小精悍, 可以不用取名字就放在一些表达式中间.

2.3.3 map 和 filter

1. map 函数使用于数组元素计算

下面分别是用 list 和 tuple 形式的数组通过函数 `map` 逐个元素代入 (没有起名字的) `lambda` 函数的运算例子 (并把 set 形式的数组一并计算).

```
print(list(map(lambda x: x**2+1-abs(x), [1.2,5.7,23.6,6,1.2])))
print(list(map(lambda x: x**2+1-abs(x), (1.2,5.7,23.6,6,1.2))))
print(list(map(lambda x: x**2+1-abs(x), {1.2,5.7,23.6,6,1.2})))
```

这是对数组每个值做 $x^2+1-|x|$ 的运算, 对相同元素的 list、tuple 和 set 得到的结果, 下面的结果都用 list 形式输出. 当然完全可以把代码中的 `list` 换成 `tuple` 或 `set`, 但作为 set 的输出不会有重复值, 而且顺序也不一定 (因此避免使用 set).

```
[1.24, 27.790000000000003, 534.36, 31, 1.24]
[1.24, 27.790000000000003, 534.36, 31, 1.24]
[1.24, 27.790000000000003, 31, 534.36]
```

也可以如下打印每个元素 (不显示输出, 和上面一样, 仅仅是分行输出元素个体, 没有形成数组):

```
for i in map(lambda x: x**2+1-abs(x), [1.2,5.7,23.6,6,1.2]): print(i)
for j in map(lambda x: x**2+1-abs(x), (1.2,5.7,23.6,6,1.2)): print(j)
for j in map(lambda x: x**2+1-abs(x), {1.2,5.7,23.6,6,1.2}): print(j)
```

上面对 set 的运算的输出比前两个少一个数目, 不仅不要使用 set 做上述运算, 而且应该避免用 set 去做两个以上元素的数组运算, 因为两组数据按照 set 的排序可能不是你所想象的. 请看下面的例子:

```
print(tuple(map(lambda x,y: x**2*y-abs(x)/y, [1.2,5.7],[-45,26])))
print(tuple(map(lambda x,y: x**2*y-abs(x)/y, (1.2,5.7),(-45,26))))
print(tuple(map(lambda x,y: x**2*y-abs(x)/y, {1.2,5.7},{-45,26})))
```

结果输出为:

```
(-64.77333333333333, 844.5207692307692)
(-64.77333333333333, 844.5207692307692)
(37.39384615384615, -1461.9233333333334)
```

用 set 的结果不同. 为什么会这样呢? 请运行下面的代码:

```
gg=lambda x,y: x**2*y-abs(x)/y
print(gg(1.2,-45),gg(5.7,26))#表面上的`次序`
print(gg(1.2,26),gg(5.7,-45))#实际次序
```

结果输出为:

```
-64.77333333333333 844.5207692307692
37.39384615384615 -1461.9233333333334
```

显然, 在使用 set 做 (无论几个变元) 运算时, 由于 set 没有顺序的概念, 很难知道结果是相应于哪些输入值.

2. `filter` 函数的使用

下面是数组 (list、tuple 和 set) 的过滤 (`filter`) 例子.

```
print(list(filter(lambda x: x>0,[-1,4,-5,7])))#滤去list的负值
print(list(filter(lambda x: x>0,(-1,4,-5,7,-5,8,7))))#滤去tuple的负值
print(list(filter(lambda x: x>0,{-1,4,-5,7,-5,8,7})))#滤去set的负值
print(list(filter(lambda x: abs(x)>5,range(-10,12,2))))#取绝对值大于5的值
```

得到输出为:

```
[4, 7]
[4, 7, 8, 7]
[4, 7, 8]
[-10, -8, -6, 6, 8, 10]
```

函数 `filter` 可以过滤掉诸如 list 或 tuple 数组中诸如 `0,False,None,''` 等 `bool` 类型的元素:

```
list(filter(bool,('',(1,2,4),'happy',0,None,True,False,2020)))
```

输出为:

```
[(1, 2, 4), 'happy', True, 2020]
```

2.3.4 更多的函数例子

1. 函数中的键盘输入

下面是定义一般函数的另一个例子, 它根据对问题的回答 (Y 或者 N) 来猜测年龄 (一共回答 6 次), 采用的代码是:

```
def Age():
    x1=120.
    x0=0
    x=x1/2
    for i in range(6):
        y=input("Is your age greater than %s ? Input 'Y' or 'N':" %x)
        if y=='Y' or y=='y' :
            x0=x
            x=x0+(x1-x0)/2
        else:
            x1=x
            x=x0+(x1-x0)/2
    print('Your age is about {} years old'.format(int(x)))
Age() #执行上面函数的语句
```

其中的定义块、循环语句块和条件语句块 (分别在带有冒号的语句之后) 都相应地缩进. 这里的 `input()` 语句打印出提示信息, 并记录收到的信息, 读者可以自己根据输出和逻辑

来琢磨上述函数的思路. 注意该函数中通过 input() 函数输入字符时不要使用引号, 它会自动识别为字符, 但如果想要使用 input 函数输入数字, 则应该用 eval(input()). 可以尝试下面的代码来体验:

```
x=input('Type your name please: ')
print('My name is',x)
```

或者

```
x=eval(input('Type any number: '))
print('The square root of your number is',x**(1/2))
```

2. 逻辑算符及条件或循环语句的例子

上面引入的逻辑关系 y=='Y', 如果 y 等于 Y(敲入值不用引号), 返回 True, 否则返回 False. 其他的逻辑关系有 !=(不等于)、>(大于)、<(小于)、>=(大于或等于)、<=(小于或等于). 而 "与" "或" "非" 的逻辑符号分别为 and, or, not, 可以试着运行下面代码:

```
print('World'!='word')
print(34==34.0)
print(3>2 and 4>=3)
print(3<2 or 'c'>='a')
print(not 3<2)
print('A'<'a' and 'A'>'1')
```

上面的函数 Age() 可以很容易地改成求函数根的运算, 下面是求多项式 $2x^3-4x^2+5x-20$ 实根的函数:

```
def f(x): return 2*x**3-4*x**2+5*x-20 #定义多项式函数
def solf(f=f): #定义solf函数
    x1=3.
    x0=2.
    x=x1/2.
    e=10**(-18) #确定精度
    while abs(f(x))>e:  #不满足精度则继续的循环
        if f(x)<0:
            x0=x
            x=x0+(x1-x0)/2
        else:
            x1=x
            x=x0+(x1-x0)/2
    return x
solf(f) #运行函数solf
```

结果是该多项式的实根为 2.554110056116822.

我们已经用过循环语句及条件语句, 诸如 (循环语句) `for i in range(6)` 和 (条件语句) `if y=='Y'`, `while` 及 `else`. 其实 `if` 语句除了 `else` 还可以有 `elif` (“else if” 的意思), 比如:

```
x=eval(input('Enter a number'))
if x<0:
    x=x**2
    w='x is negative and change to'
elif x==0:
    x=x+1.
    w='x=0 and change to'
else:
    x=x**3
    w='x>0 and change to'
print (w,x)
```

请试着执行这些代码, 并琢磨其逻辑, 这里就不显示输出了.

2.4 伪随机数模块: random

在数据科学中, 人们往往需要产生一些随机数来进行模拟或其他实验. 但计算机产生的随机数不是真正的随机数, 而是根据算法得到的 “很像” 随机数的**伪随机数**. 为了使得随机试验的结果可以重复, 人们往往设立随机种子, 这些种子的值本身可以任意选择, 一旦选定了随机种子, 后面的试验可以重复进行得到同样的结果.

为了后面使用数值例子更方便, 现在先介绍 random 模块, 从下面语句的说明和输出, 读者可以看出这些函数的意义:

```
import random #输入模块
random.seed(1010) #设定随机种子使得这里产生的结果可以重复
print(random.randint(1,100)) #从1到100中随机选择一个数字
print(random.choice([1,2.0,4,'word'])) #从表中随机选择一个元素
print(random.sample(range(100),5)) #从[0,100)(不包含100)随机选择5个数字
print(random.sample([1,2.0,4,'word'],2)) #从[1,2.0,4,'word']随机选择2元素
print(random.random()) #产生区间[0.0,1)(不包含1)中的随机数
print(random.uniform(2,5)) #产生一个2,5之间的均匀分布随机数
print(random.gauss(3,5)) #产生一个均值为3, 标准差为5的正态分布随机数
```

输出为:

```
86
2.0
[68, 10, 52, 55, 21]
[2.0, 'word']
0.874252153402864
4.635962550438656
```

```
9.338850437601197
```

后面还会介绍其他模块 (比如 numpy) 产生随机数的函数.

2.5 变量的存储位置

在 Python 中, 如果用等号 (=) 设一个量等于另一个量 (比如 y=x), 这两个量会共用一个空间, 这其中有些貌似奇怪的规律. 下面给出一个例子, 其中函数 id(x) 给出变量 x 存储的位置 (以数字表示, 不同机器结果不一样), 下面代码第一行输出表示两个位置一样, 但重新给 y 赋值之后, 位置就不同了:

```
x=99;y=x;print(x,y,id(x)==id(y))
y=10;print(x,y,id(x)==id(y))
```

结果是:

```
99 99 True
99 10 False
```

但是如果 x 输入的是一个 list 数组, 在y=x 之后仅单独改变 x 或 y 元素的值, 则 y 或x 跟着改变, 两个对象的位置仍然一样:

```
x=[1,2,3];y=x;y[0]=10;print(x,y,id(x)==id(y))
x[2]='test';print(x,y,id(x)==id(y))
```

结果输出为:

```
[10, 2, 3] [10, 2, 3] True
[10, 2, 'test'] [10, 2, 'test'] True
```

但是如果用语句 x=[1,2];y=x[:], 则两个对象的位置不同, 但每对相应元素的位置相同 (下面输出的位置代码对于不同的电脑会有不同):

```
x=[1,2];y=x[:]
print(x,y,id(x)==id(y),id(x[0])==id(y[0]),id(x[1])==id(y[1]))
print(id(x),id(y),id(x[0]),id(y[0]),id(x[1]),id(y[1]))#位置(与电脑有关)
```

结果输出为:

```
[1, 2] [1, 2] False True True
4378386184 4379193736 4317967776 4317967776 4317967808 4317967808
```

在这种情况下, 改变 y 元素的值就不会影响到 x:

```
x=[1,2];y=x[:]
y[0]=33;print(x,y)
```

结果输出为:

```
[1, 2] [33, 2]
```

为了加强印象, 可运行下面代码:

```
x=[1,2,5,2];y=x;y[0]=3;y[3]=99
print(x,y)
x=[1,2,5,2];y=x;x[0]=7;x[3]=88;y[2]='string'
print(x,y)
x=[1,2,5,2];y=x[:];y[0]=3;y[3]=99
print(x,y)
x=[1,2,5,2];y=x[:];x[0]=44;y[3]=77
print(x,y)
```

结果输出为:

```
[3, 2, 5, 99] [3, 2, 5, 99]
[7, 2, 'string', 88] [7, 2, 'string', 88]
[1, 2, 5, 2] [3, 2, 5, 99]
[44, 2, 5, 2] [1, 2, 5, 77]
```

以上结果说明, 在复制一个 list 对象时, 需要注意它们的位置能否自由改变, 这涉及对一个对象赋值时是否影响到另一个对象.

2.6 数据输入输出

数据科学家及有关的工作者最先考虑的是如何存取数据内容, 无论这些数据包含的是数值还是文字 (都称为数据), 但这些操作在基本模块有可能不如在一些其他模块 (比如 numpy 和 pandas) 方便, 由于输入输出的方式多种多样, 这里先介绍基本模块的终端及文件数据存取功能.

2.6.1 终端输入输出

前面谈到过从终端输入字符的函数 input() 和输入数字 (无论是整数还是浮点数) 的函数 eval(input()) 的语句, 下面用例子来说明.

```
x=eval(input('Enter a number'))
print(x,type(x))
y=input('Enter a word')
print(y,type(y))
```

在分别输入 23, 'I am OK' 之后得到:

```
Enter a number23
23 <class 'int'>
Enter a wordI am OK
```

```
I am OK <class 'str'>
```

2.6.2 文件开启、关闭和简单读写

下面的函数 open() 打开了一个文件, 其中包含文件名和访问模式, 这里是只读 ('r'), 也是默认值, 其他模式有十多种. 其他语句包括打开文件、文件性质及阅读等函数. 由于这里 p 代表打开了的文件, 因此也就有很多可用它表示的参数和可对它实行的函数, 诸如用 p.mode、p.name、p.closed 来显示与 p 相关的一些信息, p.tell(), p.close(), p.seek() 则是可以对它施行的函数运算. 这种符号系统是面向对象的 Python 程序所常见的, 比如, 这里的 p 就是对象, 后面加了字符之后 (比如 p.mode) 则表示可对该对象实施的运算或该对象的各种信息 (这里的 .mode 是对象的读取模式). 下面看相关的代码:

- 读取文件及打印文件名 (这里的 "r" 是只能读取的意思):

```
p=open('PYGMALION.txt','r') #打开文件
print('file name=',p.name)#打印文件名
```

得到文件名:

```
file name= PYGMALION.txt
```

- 文件状态、可访问权限 (这里输出为只读) 及对象指针位置:

```
print('Is file closed? ', p.closed) #是否关闭了
print('Access mode=',p.mode) #可访问的权限
print('position=', p.tell()) #指针位置
```

得到:

```
Is file closed?  False
Access mode= r
position= 0
```

- 读取并打印头 194 字节 (注意文件中有空格和空行, 也都读入并打印出来):

```
print(p.read(194))             #读取并打印头194字节(byte)
print('position=', p.tell())  #显示指针(读到哪里了)
```

得到 (注意: 标题之后的行全部是空白行):

```
PYGMALION


BERNARD SHAW


1912
```

```
PREFACE TO PYGMALION.

A Professor of Phonetics.

As will be seen later on, Pygmalion needs, not a preface, but a
sequel, which I have supplied in its due place.
position= 206
```

显示读到指针 206 的位置. 注意: 在 Notebook 中的输出作为一个字符产生而且自动换行, 但复制过来就用手工断句才能在上面显示全部.

- 为了断行可以用下面代码, 先使用 `seek(0,0)` 使得指针变回到 0, 这里限制输出宽度为 70 个字节.

```
import textwrap
p.seek(0,0)                          #指针位置归零
print('Position=',p.tell())
print("\n".join(textwrap.wrap(p.read(194),70)))
print('Position=',p.tell())
```

得到:

```
Position= 0
PYGMALION  BERNARD SHAW  1912  PREFACE TO PYGMALION.  A Professor of
Phonetics.  As will be seen later on, Pygmalion needs, not a preface,
but a sequel, which I have supplied in its due place.
Position= 206
```

- 关闭文件 (不能再读):

```
p.close()                            #关闭
print('Is file closed? ', p.closed)
```

得到:

```
Is file closed?  True
```

- 也可以打开一个存在或者不存在的文件, 往里面输入内容, 比如:

```
a=open('fool.txt','w')
a.write('A message ')
a.write('and more.')
a.close()
```

这里的模式 (`'w'`) 是只可写入模式, 如果文件不存在, 则生成一个新文件, 如果原来文件有内容, 则完全覆盖原先内容. 另一个模式是 `'a'`, 就是往文件里面写入内容, 如果

原先有内容则不会覆盖, 从文件尾开始写入. 例子为:

```
b=open('fool.txt','a')
b.write(' OK?')
b.close()
```

上面也可以改成双重模式 'r+'(既可读, 又可增加内容):

```
b=open('fool.txt','r+')
print(b.read(100))
b.write(' OK?')
b.seek(0,0) #回到指针0, 再读取, 看加入的内容有没有.
print(b.read(100))
b.close()
```

结果输出为:

```
A message and more.
A message and more. OK?
```

2.6.3 文字文件内容的读取

1. 全部文件的读取及打印

前面介绍了按字节读取的命令 `read`, 下面介绍更加详细的文字文件内容的读取, 先读取一个名为 `UN.txt` 的文件, 看该文件的性质 (文件名、字码及文件读取模式):

```
O=open("UN.txt")
print(O.name)
print(O.encoding)
print(O.mode)
```

得到:

```
UN.txt
UTF-8
r
```

显示出文件名、文字是 **UTF-8** 码及只读模式 (“r”). 使用下面代码之一可以打印出所有文件内容 (我们不展示打印结果):

- 直接读及打印代码: `O=open("UN.txt");print(O.read())`.
- 分行打印:

```
O=open("UN.txt")
for line in O:  #按序提取O中的元素(line)
    print(line)
```

• 按照下面代码:

```
with open("UN.txt", "rt") as O:
    text = O.read()
print(text)
```

2. 对文件内容做一些初等统计及选择性打印例子

• 下面代码计算并打印文件 UN.txt 中所有以 “lity’’ 结尾的词 (个数及输出):

```
x=[]                                #建立空list
O=open("UN.txt")                    #Open file
for line in O:                      #按序提取O中的元素(line)
    for word in line.split():       #按序取每个line中的元素(word)
        if word.endswith('lity'):   #条件
            x.append(word)          #把满足条件的词逐个放入x中
print('There are', len(x), 'words ended with "lity", they are:\n',x)
```

这里的 `line.split()` 是以词为元素的 list, 输出为:

```
There are 5 words ended with "lity", they are:
 ['equality', 'nationality', 'nationality', 'personality',
  'personality']
```

• 可以得到 UN.TXT 文件一共有多少行 (不包括空行), 多少个词及多少字符:

```
b=0;c=0;d=0;e=0
for line in open("UN.txt"):
    b+=1                        #行计数
    if len(line.split())>0:     #不算空行
        c+=1                    #对非空行计数
    for word in line.split():
        d+=1                    #对词计数
        for char in word:
            e+=1                #对字符计数
print('Total {} lines with {} no-empty lines, {} words and {} characters'\
     .format(b,c,d,e))
```

输出为:

```
Total 158 lines with 89 no-empty lines, 1778 words and 9013 characters
```

注意, 上面 `print` 代码中的若干 `{}` 位置在打印中被依次放入 `.format()` 中的元素值 (本例是 `(b,c,d,e)`). 下面是一些打印例子, 相信读者会在网上找到各种语法细节.

```
print('Integer: {:2d}, float: {:1.2f}, \
anything: {} and: {}'.format(234,21.5, 2.718, 'Hi!'))
```

输出为:

```
Integer: 234, float: 21.50, anything: 2.718 and: Hi!
```

代码中的反斜杠 (\) 意味着程序没有结束, 紧接在下一行. 注意, 该反斜杠后不能加空格. 上面的输出也可以用下面的代码产生:

```
print('Integer: %s, float: %s, anything: %s and: %s' %(234,21.5, 2.718, 'Hi!'))
```

• 还可得到 UN.TXT 文件中某个词 (这里的词是 “Whereas”) 的词频:

```
b=0
for line in open("UN.txt"):
    if len(line.split())>0:
        for word in line.split():
            if word=='Whereas':
                b+=1
print('The count of word "Whereas" is %s' %b)
```

输出为:

```
The count of word "Whereas" is 7
```

• 下面是把文件 OW.TXT 前 3 个非空行 (及该行词的计数) 打印出来的代码:

```
import textwrap
c=0
for line in open("OW.txt"):
    if c<3:
        if len(line.split())>0:
            c+=1
            print('The line {} has {} words:'.format(c,len(line.split())))
            print("\n".join(textwrap.wrap(line,70)))
```

输出为:

```
The line 1 has 2 words:
THE PREFACE
The line 2 has 37 words:
The artist is the creator of beautiful things. To reveal art and
conceal the artist is art's aim. The critic is he who can translate
into another manner or a new material his impression of beautiful
things.
The line 3 has 30 words:
The highest as the lowest form of criticism is a mode of
autobiography. Those who find ugly meanings in beautiful things are
corrupt without being charming. This is a fault.
```

- 利用另一个命令 `readlines` 也可得到文件 OW.TXT 每行词的计数, 但其长度 (`len()`) 是包括空格的字符计数而不是词的计数, 下面是打印前 3 行的一个例子:

```
import textwrap
c=0
g=open('OW.txt')
for line in g.readlines():
    if len(line)>1:
        if c<3:
            c+=1
            print('Line {} has {} characters'.format(c,len(i)),'\n',"\n".\
                  join(textwrap.wrap(line,70)))
g.close()
```

输出为:

```
Line 1 has 1 characters
 THE PREFACE
Line 2 has 1 characters
 The artist is the creator of beautiful things. To reveal art and
conceal the artist is art's aim. The critic is he who can translate
into another manner or a new material his impression of beautiful
things.
Line 3 has 1 characters
 The highest as the lowest form of criticism is a mode of
autobiography. Those who find ugly meanings in beautiful things are
corrupt without being charming. This is a fault.
```

- 打印文件 OW.TXT 第 9 行 `g.readlines()[8]`(包括空行下标是 8, 这是因为第 1 行的下标为 0) 及其第 8 个词 `g.readlines()[8].split()[7]`zhi'jie'du(下标为 7) 的代码为:

```
import textwrap
g=open('OW.txt')
print('The 9th line:\n', "\n".join(textwrap.wrap(g.readlines()[8],70)) )
g.seek(0,0)
print('The 8th words of the 9th line:\n',\
      "\n".join(textwrap.wrap(g.readlines()[8].split()[7],70)))
g.close()
```

输出为:

```
The 9th line:
 There is no such thing as a moral or an immoral book. Books are well
written, or badly written. That is all.
The 8th words of the 9th line:
 moral
```

第 3 章　类和子类简介

Python 是一种很强大的面向对象编程的语言, 各个模块大都是基于 class (类) 和 subclass (子类) 编写的. 表面上, 把某一两种统计方法直接应用到某个数据, 似乎只要编写几个函数就可以了. 实际上, 在编程中所引用的 Python 函数可能就属于某个 class. 学会或者至少了解 class 的概念是有意义的, 也不复杂. 这里仅仅通过例子对其进行简单介绍. 后面我们用英文 class 而不用中文 "类", 以免引起歧义.

3.1　class

下面给出一个面向对象编程的例子, 用的 class 和函数有些类似. 该例描写了一个存钱给予奖励, 过量取钱给予惩罚的简单模型. 代码为:

```
class Customer(object):
    """A customer of XXX Bank with an account have the
    following properties:

    Attributes:
    name: The customer's name.
    balance: The current balance.
    penalty: Penalty for overwithdraw (%)
    reward: reward for deposit (%)
    """

    def __init__(self, name, balance=0.0, penalty=0.3, reward=0.1):
        """Return a Customer object whose name is *name*, starting
        balance is *balance*, the penalty rate is *penalty* and
        the reward rate is *reward*."""
        self.name = name
        self.balance = balance
        self.p = penalty
        self.r = reward

    def withdraw(self, amount):
        """Return the balance after withdrawing *amount*."""
        self.withd=amount
        self.balance=self.balance-self.withd
        if self.balance < 0:
```

```
            self.balance=self.balance*(1+self.p)
        return self.balance

    def deposit(self, amount):
        """Return the balance after depositing *amount*."""
        self.depos=amount
        self.balance=self.balance+self.depos
        if self.balance > 0:
            self.balance=self.balance*(1+self.r)
        return self.balance
```

这个 class 包括两个函数和 "__init__" 的定义. 两个函数与一般函数的定义一样, 但引用了 class 的总体变量 (以 `self` 开头的变量), 而 __init__ 则是这个 class 的 "代表", 包括输入的变元. 这里有 5 个变元, 在变元 `name` (名字), `balance` (存款余额), `penalty` (惩罚), `reward` (奖励) 之外有一个 `self`, 这是留给 "对象" 的, 我们将通过例子来解释. 三重引号里面的内容是说明, 不参与编程, 但可以显示.

下面我们用例子来解释该 class. 在执行上面代码之后, 输入下面语句:

```
print(Customer.__doc__)
print(Customer.withdraw.__doc__)
print(Customer.deposit.__doc__)
```

就可以得到该 class 和所附两个函数的说明 (三重引号内的文字):

```
A customer of XXX Bank with an account have the
    following properties:

    Attributes:
    name: The customer's name.
    balance: The current balance.
    penalty: Penalty for overwithdraw (%)
    reward: reward for deposit (%)

Return the balance after withdrawing *amount*.
Return the balance after depositing *amount*.
```

下面假定有两个顾客, 一个叫 Jack, 一个叫 June Smith, 他们做了一些存钱和取钱交易. 下面是 Jack 的活动:

```
Jack=Customer('Jack',1000, 0.7, 0.25)
print('Name=', Jack.name)
print('Original balance=', Jack.balance)
Jack.withdraw(1500)
print('Withdraw {}, balance={}'.format(Jack.withd,Jack.balance))
```

```
print('Penalty rate={}, Reward rate={}'.format(Jack.p, Jack.r))
Jack.deposit(3700)
print('Deposite {}, balance={}'.format(Jack.depos,Jack.balance))
print('Penalty rate={}, Reward rate={}'.format(Jack.p, Jack.r))
```

得到的输出为:

```
Name= Jack
Original balance= 1000
Withdraw 1500, balance=-850.0
Penalty rate=0.7, Reward rate=0.25
Deposite 3700, balance=3562.5
Penalty rate=0.7, Reward rate=0.25
```

类似地, 对于 June 的活动:

```
June=Customer('Smith',30, 0.44, 0.13)
print('Name=', June.name)
print('Original balance=', June.balance)
June.withdraw(20)
print('Withdraw {}, balance={}'.format(June.withd,June.balance))
print('Penalty rate={}, Reward rate={}'.format(June.p, June.r))
June.deposit(125)
print('Deposite {}, balance={}'.format(June.depos,June.balance))
print('Penalty rate={}, Reward rate={}'.format(June.p, June.r))
```

得到的输出为:

```
Name= Smith
Original balance= 30
Withdraw 20, balance=10
Penalty rate=0.44, Reward rate=0.13
Deposite 125, balance=152.55
Penalty rate=0.44, Reward rate=0.13
```

从这个例子可以看出, 无论对象是 Jack 还是 June, 都独立地执行类的代码, 结果都是个性化的, 互不干扰. 如果使用下面语句 (把其中的`Jack` 换成`June` 也一样), 则会得到和用`Customer` 开头的语句同样的结果 (这里不重复结果).

```
print(Jack.__doc__)
print(Jack.withdraw.__doc__)
print(Jack.deposit.__doc__)
```

3.2 subclass

除了可以包含函数, class 还可以有 subclass, 后代 class 可以继承前辈 class 的一些性质, 也可以改变前辈的一些性质. 下面的类 (命名为 “Son”) 就是上面 Customer 的 subclass 的例子, 定义的时候注明 Son 是由 Customer 衍生出来的 subclass (在名称后的括号中注明前辈名称: class Son(Customer):), 这个 subclass 改变了奖惩的规矩 (显示银行恶劣的高利贷).

```
class Son(Customer):
    def withdraw(self, amount):
        """Return the balance after withdrawing *amount*."""
        self.withd=amount
        self.r0=self.r
        self.p0=self.p
        self.balance=self.balance-self.withd
        if self.balance < -30:
            self.p0=self.p0*10
            self.balance=self.balance*(1+self.p0)
        else:
            self.p0=self.p
        return self.balance, self.p0

    def deposit(self, amount):
        """Return the balance after depositing *amount*."""
        self.depos=amount
        self.r0=self.r
        self.p0=self.p
        self.balance=self.balance+self.depos
        if self.balance > 0:
            self.r0=self.r0*3
            self.balance=self.balance*(1+self.r0)
        else:
            self.p0=self.p0
            self.r0=self.r0
        return self.balance, self.r0
```

下面假定有一个顾客 Jackson 按照 subclass 定义的规则做了一些存钱和取钱交易:

```
Jackson=Son('Jackson',30, 0.44, 0.13)
print('Name=', Jackson.name)
print('Original balance=', Jackson.balance)
print('Original Penalty rate={}, Reward rate={}'.format(Jackson.p,\
      Jackson.r))
Jackson.withdraw(250)
```

```
print('Withdraw {}, balance={}'.format(Jackson.withd,Jackson.balance))
print('Penalty rate={}, Reward rate={}'.format(Jackson.p0, Jackson.r0))
Jackson.deposit(5000)
print('Deposite {}, balance={}'.format(Jackson.depos,Jackson.balance))
print('Penalty rate={}, Reward rate={}'.format(Jackson.p0, Jackson.r0))
Jackson.deposit(50)
print('Deposite {}, balance={}'.format(Jackson.depos,Jackson.balance))
print('Penalty rate={}, Reward rate={}'.format(Jackson.p0, Jackson.r0))
```

得到的输出为:

```
Name= Jackson
Original balance= 30
Original Penalty rate=0.44, Reward rate=0.13
Withdraw 250, balance=-1188.0
Penalty rate=4.4, Reward rate=0.13
Deposite 5000, balance=5298.68
Penalty rate=0.44, Reward rate=0.39
Deposite 50, balance=7434.665200000001
Penalty rate=0.44, Reward rate=0.39
```

这个 subclass 继承了前辈的一些内容, 如输入原始的变量, 也改变了奖惩规则.

第二部分

基本模块

第 4 章　numpy 模块

numpy 是使用最广泛的数据分析模块之一. 对于数量型数据分析, numpy 的数量型数组 `array` 和 R 中的数量型数组 `array`(或二维的 `matrix` 及一维的向量) 非常相似. 很多 Python 模块都需要 numpy 模块.

首先要输入模块 (我们把它简记为 `np`):

```
import numpy as np
```

4.1　numpy 数组的产生

在应用中, 最常见的数组来自数据文件, 但是在教学中, 特别是编程的过程中, 需要随时产生所需要的数组. 本节介绍产生各种 numpy 数组的方法.

4.1.1 在 numpy 中生成各种分布的伪随机数

在 numpy 中有个子模块 `random`, 其中包括产生 30 多种分布的随机数的函数. 下面是一些例子, 这里不显示输出, 请读者自己逐条实践, 相信很容易看明白.

```
np.random.seed(1010) #随机种子
np.random.rand(2,5,3) #产生30个[0.0,1.0)中的随机数并形成2乘5乘3的三维数组
np.random.randn(3,5) #产生15个标准正态分布随机数并形成3乘5的二维数组
np.random.normal(3,5,100) #产生100个均值为3, 标准差为5的N(3,5)随机数
np.random.uniform(3,7,100) #产生100个上下界分别为3和7的均匀分布随机数
np.random.randint(3,30,34) #产生34个[3,30)中的随机整数
np.random.random_integers(3,30,34) #产生34个[3,30)中的随机整数
x=[2,5,-7.6]
#下面是从数组x中按照给定概率p随机(放回)抽取20个样本
np.random.choice(x,20,replace=True,p=[0.1,0.3,0.6])
#下面是从数组x中完全随机(不放回)抽取2个样本
np.random.choice(x,2,replace=False)
np.random.permutation(range(10)) #把0到9的自然数随机排列
```

注意: 使用模块 random 所设定的随机种子 (比如 `random.seed(.)`) 对于 numpy 模块的产生随机数的函数不起作用, 这时需要用诸如 `np.random.seed(.)` 的 numpy 的随机种子设定.

4.1.2 从 Python 基本数组产生

从 list, tuple 等通过 np.array 可直接产生

(1) 不规律的数组, 转换成 np.array 和原先的数组区别不大:

```
x0=[[1,3,-5],[3,4],'It is a word',(2,6),{3:51,'I':(2,1)}]
x=np.array([[1,3,-5],[3,4],'It is a word',(2,6),{3:51,'I':(2,1)}])

print(x0,'\n', x)
print(x0[0][:2], x0[4][3],x0[2][3:5],x0[4]['I'],len(x0))
print(x[0][:2], x[4][3],x[2][3:5],x[4]['I'],x.shape,x.size)
```

输出为:

```
[[1, 3, -5], [3, 4], 'It is a word', (2, 6), {3: 51, 'I': (2, 1)}]
 [list([1, 3, -5]) list([3, 4]) 'It is a word' (2, 6) {3: 51, 'I': (2, 1)}]
[1, 3] 51 is (2, 1) 5
[1, 3] 51 is (2, 1) (5,) 5
```

(2) 如果是规则的, 即原先数组各个元素的子元素数目相同, 则形成矩阵或高维数组, 下面代码产生了一个 3×3 矩阵和 $2 \times 3 \times 2$ 数组:

```
y=np.array(((2,1,-7),[5.5,21,32],(3,8.,1)))
z=np.array((((2,3),(1,43),[2,8]),[[2,3],[3,1],(9,5)]))
print(y,'\n',z,'\nshape of y ={}, shape of z ={}, \
\ndim of y={}, dim of z={}, size of y={}, size of z={}'.format(y.shape,\
    z.shape,y.ndim,z.ndim,y.size,z.size))
```

输出为:

```
[[ 2.   1.  -7. ]
 [ 5.5 21.  32. ]
 [ 3.   8.   1. ]]
 [[[ 2  3]
  [ 1 43]
  [ 2  8]]

 [[ 2  3]
  [ 3  1]
  [ 9  5]]]
shape of y =(3, 3), shape of z =(2, 3, 2),
dim of y=2, dim of z=3, size of y=9, size of z=12
```

在上面代码中, ndim 给出几维, shape 给出各维的尺度, size 给出了所有元素的总个数, 这几个都是 np.array 所特有的.

4.1.3 直接产生需要的数组

(1) 和 range 类似的函数是 np.arange, 该函数可以有一个变元, 输出是从 0 开始步长为 1 的小于该数的所有整数的升序列; 如果有 2 个数字变元, 输出为从第一个数字开始到小于该数的步长为 1 的升序列; 如果有 3 个数字变元, 则为从第一个变元开始, 逐次增加第 3 个变元 (步长) 的距离, 直到不超过第二个数的绝对值为止:

```
np.arange(3.2),np.arange(3.2,7.8),np.arange(2.2,5.8,.5),np.arange(2.3,-9,-1.5)
```

输出为:

```
(array([0., 1., 2., 3.]),
 array([3.2, 4.2, 5.2, 6.2, 7.2]),
 array([2.2, 2.7, 3.2, 3.7, 4.2, 4.7, 5.2, 5.7]),
 array([ 2.3,  0.8, -0.7, -2.2, -3.7, -5.2, -6.7, -8.2]))
```

(2) 和 np.arange 有些相似但又不同的一个函数是 np.linspace (实际上和 R 产生序列的函数 seq 的部分功能 seq(a,b,length=50) 相同), np.linspace 有三个变元, 第一个是初始点, 第二个为终点, 第三个是序列长度 (默认 50), 产生包括起点和终点在内的等间隔数列, 长度为第三个变元 (如果是浮点数则取整):

```
np.linspace(-2.1,6,3),np.linspace(-2.5,-16,4)
```

输出为:

```
(array([-2.1 ,  1.95,  6.  ]), array([ -2.5,  -7. , -11.5, -16. ]))
```

1. 产生空数组或有同样值的数组

(1) 产生全部为零、全部为 1、全部为某一指定数目的指定维数的数组、某现有数组维数的全零数组或者单位矩阵:

```
a=np.array([[2,5,-1,2,10],(3,1,4.,6,34)])
print(np.zeros([2,3]),'\n',np.ones((2,4)),'\n',
      np.full((2,5),-np.inf),'\n',np.zeros_like(a),'\n',np.eye(3),
      '\n',np.identity(2))
```

输出为:

```
[[0. 0. 0.]
 [0. 0. 0.]]
 [[1. 1. 1. 1.]
 [1. 1. 1. 1.]]
 [[-inf -inf -inf -inf -inf]
 [-inf -inf -inf -inf -inf]]
 [[0. 0. 0. 0. 0.]
```

```
 [0. 0. 0. 0. 0.]]
 [[1. 0. 0.]
 [0. 1. 0.]
 [0. 0. 1.]]
 [[1. 0.]
 [0. 1.]]
```

(2) 产生具有 "任意值" 的空数组及产生具有某数组维数的任意值数组, 所有这些 "任意值" 没有任何规律:

```
a=np.array([[2,5,-1,2],(3,1,4.,6)])
print(np.empty((2,3)),'\n',np.empty_like(a))
```

输出为:

```
[[9.9e-324 2.5e-323      nan]
 [1.5e-323 4.9e-324 2.0e-323]]
 [[9.9e-324 2.5e-323      nan 9.9e-324]
 [1.5e-323 4.9e-324 2.0e-323 3.0e-323]]
```

2. 通过函数来构造矩阵

(1) 下面是产生元素为行指标 (i) 和列指标 (j) 函数 (这里是 $i^2 + i \times j$) 的矩阵:

```
np.fromfunction(lambda i, j: i**2 + i*j, (3, 4))
```

输出为:

```
array([[ 0.,   0.,   0.,   0.],
       [ 1.,   2.,   3.,   4.],
       [ 4.,   6.,   8.,  10.]])
```

(2) 函数也可以是逻辑表达式, 下面是用此取得一个矩阵对角线元素的练习:

```
np.random.seed(1010);a=np.random.rand(3,4)
id=np.fromfunction(lambda i, j: i==j, (3, 4))
id,a,a[id]
```

输出为:

```
(array([[ True, False, False, False],
        [False,  True, False, False],
        [False, False,  True, False]]),
 array([[0.39425649, 0.17559247, 0.07270586, 0.19188087],
        [0.39980431, 0.41812333, 0.7625821 , 0.5214099 ],
        [0.41088322, 0.53744427, 0.27056231, 0.43332662]]),
```

```
array([0.39425649, 0.41812333, 0.27056231]))
```

4.2 数据文件的存取

下面随机产生一个数据矩阵并把它存入具有不同分隔符格式的文件中, 再把数据从文件中提取出来:

```
x = np.random.randn(5,3) #产生标准正态随机数组成的5乘3矩阵
np.savetxt('tabs1.txt',x) #存成以制表符分隔的文件
np.savetxt('commas1.csv',x,delimiter=',') #存成以逗号分隔的文件(如csv)
u = np.loadtxt('commas1.csv',delimiter=',') #读取以逗号分隔的文件
v = np.loadtxt('tabs1.txt') #读取以制表符分隔的文件
```

可以核对上面变量 (x,u,v) 的维数 (用诸如 x.shape 的语句来显示各个维的形状, 而用 x.ndim 显示是几维的) 及它们是否相等 (用逻辑符号 == 或 != 进行逐个元素比较):

```
print('Shape of x, u and v are: [%s, %s ,%s]'%(x.shape,u.shape,v.shape))
print('x has', x.ndim, 'dimensions')
print('x and u are identical? %s' %(np.sum(x!=u)==0))
print('x and v are identical? %s' %(np.sum(x!=v)==0))
```

得到:

```
Shape of x, u and v are: [(5, 3), (5, 3) ,(5, 3)]
x has 2 dimensions
x and u are identical? True
x and v are identical? True
```

4.3 数组 (包括矩阵) 及有关的运算

4.3.1 数组的维数, 形状及类型

numpy 的数组的特征包括维数和形状, 比如下面语句把一个复合的 list 转换成一个 $2 \times 2 \times 3$ 的 numpy 数组 (array) 形式. 下面是代码及显示若干子数组 (几个 2 维矩阵及两个元素值):

```
y = np.array([[[1,4,7],[2,5,8]],[[3,6,9],[10,100,1000]]])
# 等价于 y = np.as,matrix([[[1,4,7],[2,5,8]],[[3,6,9],[10,100,1000]]])
print('y=\n',y)
print('y[0,:,:]=\n',y[0,:,:])
print('y[1,:,:]=\n',y[1,:,:])
print('y[:,0,:]=\n',y[:,0,:])
print('y[:,1,:]=\n',y[:,1,:])
print('y[:,:,0]=\n',y[:,:,0])
```

```
print('y[:,:,1]=\n',y[:,:,1])
print('y[1,0,0]={}, y[0,1,:]={}'.format(y[1,0,0],y[0,1,:]))
```

结果输出为:

```
y=
 [[[   1    4    7]
  [   2    5    8]]

 [[   3    6    9]
  [  10  100 1000]]]
y[0,:,:]=
 [[1 4 7]
 [2 5 8]]
y[1,:,:]=
 [[   3    6    9]
 [  10  100 1000]]
y[:,0,:]=
 [[1 4 7]
 [3 6 9]]
y[:,1,:]=
 [[   2    5    8]
 [  10  100 1000]]
y[:,:,0]=
 [[ 1  2]
 [ 3 10]]
y[:,:,1]=
 [[  4   5]
 [  6 100]]
y[1,0,0]=3, y[0,1,:]=[2 5 8]
```

下面代码显示数组 y 的维数是 3 维 (用 .ndim 显示), 而每一维的元素个数 $(2,2,3)$ 则是形状 (用 .shape 显示).

```
print('shape of y=', np.shape(y),'\ndimension of y=', y.ndim)
print('"type(y)"=%s, "y.dtype"=%s' %(type(y),y.dtype))
```

得到:

```
shape of y= (2, 2, 3)
dimension of y= 3
"type(y)"=<class 'numpy.ndarray'>, "y.dtype"=int64
```

4.3.2 数组形状的改变

数组形状有很多改变方法, 下面列举一些, 当然, 成功的前提是数目匹配.

(1) 利用 reshape:

```
x=np.arange(16).reshape(2,8);x
```

输出为:

```
array([[ 0,  1,  2,  3,  4,  5,  6,  7],
       [ 8,  9, 10, 11, 12, 13, 14, 15]])
```

(2) 还可以再重新改变形状:

```
x.reshape(4,4),x.reshape(1,-1)
```

输出为:

```
(array([[ 0,  1,  2,  3],
        [ 4,  5,  6,  7],
        [ 8,  9, 10, 11],
        [12, 13, 14, 15]]),
 array([[ 0,  1,  2,  3,  4,  5,  6,  7,  8,  9, 10, 11, 12, 13, 14, 15]]))
```

(3) 上面 reshape 中的 −1 实际上起到自动填补缺失维数的作用:

```
x.reshape(2,-1,4),x.reshape(4,-1,2).shape #shape (4,2,2)
```

输出为:

```
(array([[[ 0,  1,  2,  3],
         [ 4,  5,  6,  7]],

        [[ 8,  9, 10, 11],
         [12, 13, 14, 15]]]), (4, 2, 2))
```

(4) 函数 np.newaxis 和使用 −1 的 reshape 有类似之处:

```
x=np.arange(4)
print(x[np.newaxis,:],x.reshape(1,-1)) #行向量 1x8 矩阵
print(x[:,np.newaxis]==x.reshape(-1,1)) #列向量 8x1 矩阵
```

输出为:

```
[[0 1 2 3]] [[0 1 2 3]]
[[ True]
 [ True]
 [ True]
```

```
 [ True]]
```

(5) 还有一个不考虑轴的 resize 函数, 大家要慎用:

```
x=np.arange(5)
print(np.resize(x,(2,8)),'\n',np.resize(x,(1,3)))
```

输出为:

```
[[0 1 2 3 4 0 1 2]
 [3 4 0 1 2 3 4 0]]
 [[0 1 2]]
```

4.3.3 同维数数组间元素对元素的计算

对于 numpy 的 array 类型的同维数数组, 可以做元素对元素的加、减、乘、除、乘方等运算, 但要注意数据类型的变化, 这些计算都比较简单.

(1) 整形数组的运算及数据类型变化. 下面是整型和浮点型数组 (向量) 运算的例子. 如果两个数组都是整型的, 则运算结果对于加、减、乘及乘方 (不允许整数的负整数指数运算, 但两者有一个浮点数即可) 是整型的, 对于除法则是浮点型的, 但只要有一个是浮点型的, 运算结果就是浮点型的:

```
import numpy as np
u=np.array([0, 1, 2]);v=np.array([5,2,7]) #整型list转换成np.array
print('shape of u=%s; shape of v=%s' %(u.shape,v.shape)) #形状
print('type of u=%s, type of v=%s' %(u.dtype,v.dtype)) #输出u和v类型
print('type of (u+v) is %s, type of (u*v) is %s, \ntype of (u/v)is %s,\
type of (u**v)is %s' %((u+v).dtype,(u*v).dtype,(u/v).dtype,(u**v).dtype))
print("u+v,u*v,u/v:u**v:\n",u+v,u*v,u/v,u**v)
```

得到下面结果:

```
shape of u=(3,); shape of v=(3,)
type of u=int64, type of v=int64
type of (u+v) is int64, type of (u*v) is int64,
type of (u/v)is float64,type of (u**v)is int64
u+v,u*v,u/v:u**v:
 [5 3 9] [ 0  2 14] [0.         0.5        0.28571429] [  0   1 128]
```

(2) 包含浮点型数组的元素对元素运算. 这和整形一样, 只不过没有数据类型问题 (结果都是浮点型), 例如:

```
x=np.array([1,3,2.7]);y=np.array([2,-2.5,-1])
print(x+y,'\n',x-y,'\n',x/y,'\n',x**y)
```

结果输出为:

```
[3.  0.5 1.7]
 [-1.    5.5  3.7]
 [ 0.5 -1.2 -2.7]
 [1.         0.06415003 0.37037037]
```

4.3.4 不同维数数组间元素对元素运算

(1) 数组对标量数做运算得到与数组维数一样的数组, 以指数运算为例:

```
x=np.array([[1,3,2],[2,3,1]])
#上式等价于 x=np.asmatrix([[1,3,2],[2,3,1]])
print('x=\n',x)
print('x**3=\n',x**3,'\n3**x=\n',3**x)
```

结果输出为:

```
x=
 [[1 3 2]
 [2 3 1]]
x**3=
 [[ 1 27  8]
 [ 8 27  1]]
3**x=
 [[ 3 27  9]
 [ 9 27  3]]
```

(2) 如果想要两个不同维向量做运算, 结果为相应维数的矩阵, 则一个向量需要是行向量, 而另一个是列向量 (矩阵形式). 我们还以指数运算为例:

```
x=np.array([1,3,2]) #行矩阵
y=np.array((2.,-2)).reshape(-1,1) #变成列矩阵
print('x=\n',x)
print('y=\n',y)
print('y**x=\n',y**x)
print('shape of y**x=',(y**x).shape, 'type of y**x=',(y**x).dtype)
print('x**y=\n',x**y)
print('shape of x**y=',(x**y).shape, 'type of x**y=',(x**y).dtype)
```

结果输出为:

```
x=
 [1 3 2]
y=
 [[ 2.]
 [-2.]]
```

```
y**x=
 [[ 2.   8.   4.]
 [-2.  -8.   4.]]
shape of y**x= (2, 3) type of y**x= float64
x**y=
 [[1.         9.         4.        ]
 [1.         0.11111111 0.25      ]]
shape of x**y= (2, 3) type of x**y= float64
```

(3) 矩阵和与其一个维数匹配的向量计算, 则需要把向量转换成相应的 (行或列) 矩阵形式, 这有些类似于 R 中的 `sweep` 函数的作用:

```
x=np.ones((3,4))
y=np.arange(4)
z=np.arange(3)
print(x*y[np.newaxis,:])#等价于 x*y.reshape(1,-1), y*x 和 x*y
print(x*z[:,np.newaxis]) #等价于 x*z.reshape(-1,1))
```

输出为:

```
[[0. 1. 2. 3.]
 [0. 1. 2. 3.]
 [0. 1. 2. 3.]]
[[0. 0. 0. 0.]
 [1. 1. 1. 1.]
 [2. 2. 2. 2.]]
```

4.3.5 舍入及取整运算

舍入运算主要是四舍五入 (numpy 函数 `round`)、取大于对象的最小整数 (numpy 函数 `ceil`)、取小于对象的最大整数 (numpy 函数 `floor`). 一些简单舍入运算例子的代码为:

```
x = np.array([ 123.858, 112.9652, -16.4278])
print(np.round(x,3),np.round(x, -2)) #四舍五入位数(负数为小数点前位数)
print(np.around(x,3),np.around(x,-2)) #同上
print(np.floor(x),np.ceil(x)) #比x小的最大整数及比x大的最小整数
```

得到:

```
[ 123.858  112.965  -16.428] [ 100.  100.   -0.]
[ 123.858  112.965  -16.428] [ 100.  100.   -0.]
[ 123.  112.  -17.] [ 124.  113.  -16.]
```

4.3.6 一些常用的数组 (矩阵) 计算

1. 向量的极大极小值、和、累积和、乘积、累积乘积及差分

(1) 对一个矩阵 (x) 求全局最大值 (n.max(x)) 及最大值位置 (n.argmax(x)), 该位置是该最大值按行排列的总位置.

```
x=np.array([-2,7,-1,9,6,-5]).reshape(2,3)
print('x=','\n', x)
print('np.max(x)=', np.max(x))
print('np.argmax(x)=', np.argmax(x))
```

结果输出为:

```
x=
 [[-2  7 -1]
 [ 9  6 -5]]
np.max(x)= 9
np.argmax(x)= 3
```

表明最大值是 9, 位置是逐行排序的第 3 个 (注意: 位置是从 0 开始).

(2) 求逐列比较行中 (axis=0) 的最大值及位置和逐行比较列中 (axis=1) 的最小值及位置.

```
print('x=','\n', x)
print('x.max(0)=' ,x.max(axis=0),'x.argmax(0)=' ,x.argmax(axis=0))
print('x.min(1)=' ,x.min(axis=1),'x.argmin(1)=', x.argmin(axis=1))
```

结果输出为:

```
x=
 [[-2  7 -1]
 [ 9  6 -5]]
x.max(0)= [ 9  7 -1] x.argmax(0)= [1 0 0]
x.min(1)= [-2 -5] x.argmin(1)= [0 2]
```

输出表明, 行 (axis=0) 中的最大值在 3 列中分别为 (9, 7, −1), 而最大的在 3 列中分别在第 1 行 (数值 9)、第 0 行 (数值为 7)、第 0 行 (数值为 −1). 列 (axis=1) 中的最小值在 2 行中分别为 (−2, −5), 而最小的在 2 行中分别为第 0 列 (数值为 −2)、第 2 列 (数值为 −5). **注意: 这和 R 软件 "相反", 这里是比较行元素大小用行 (axis=0), 而在 R 中则相应于函数 apply(.,MARGIN,max) 中的 MARGIN=2(列), 这体现了结果是按照第 2 维 (列, 即MARGIN=2) 出现的. 也就是说, Python 是按照操作函数的维度 (axis), 而 R 按照结果展示的维度 (MARGIN) 来在函数中注明的.**

(3) 向量各个元素的和、累积和、乘积、累积乘积及差分的数学运算例子如下:

```
x = np.array([123.858, -23.6, 112.9652, -16.4278])
print('sum=', np.sum(x),'\ncumsum=', np.cumsum(x)) #和及累积和
print('prod=',np.prod(x),'\ncumprod=', np.cumprod(x)) #乘积及累积乘积
print('diff(x)=',np.diff(x)) #差分
```

得到:

```
sum= 196.79540000000003
cumsum= [123.858  100.258  213.2232 196.7954]
prod= 5424505.431374854
cumprod= [ 1.23858000e+02 -2.92304880e+03 -3.30202792e+05  5.42450543e+06]
diff(x)= [-147.458   136.5652 -129.393 ]
```

(4) 上述计算对于矩阵是类似的,但要标明对哪一维实施计算:

```
x.shape=2,2 #把x转换成2乘2矩阵
print('x=\n',x)
print('diff by column =',np.diff(x,axis=0)) #按列(对不同的行元素)差分
print('diff by row =\n',np.diff(x,axis=1)) #按行(对不同的列元素)差分
```

输出为:

```
x=
 [[123.858   -23.6    ]
 [112.9652 -16.4278]]
diff by column= [[-10.8928   7.1722]]
diff by row=
 [[-147.458]
 [-129.393]]
```

注意: 这里的计算的维数标记 `axis` 和 R 的 `MARGIN` 相反, 前者涉及运算哪一维数据, 后者为结果是哪些维. 我们可以如此考虑:

- **`axis=0` 意味着对于第 0 维元素做运算, 结果的维数和剩下的维数相同, 比如代码 `np.diff(x,axis=0)` 为对第 0 维元素 (按照列的方向) 运算, 得到和列同样维数的结果. 这对于高于两维的数组也一样, 而 R 中的 `MARGIN` 是目标的维数.**
- **类似地, `axis=1` 意味着对于第 1 维元素做运算, 结果的维数和剩下的维数相同.**

(5) 关于上面说明, 我们看下面 3 维数组的例子:

- 构造一个 $2 \times 2 \times 8$ 维数组, 对第 0 维元素求和, 得到 2×8 维矩阵 (如果在 R 中有同样数据, 则相应的 R 代码为 `apply(x,2:3,sum)`):

```
y=np.arange(32).reshape(2,2,8)
y.sum(axis=0) # 2x8
```

输出为:

```
array([[16, 18, 20, 22, 24, 26, 28, 30],
       [32, 34, 36, 38, 40, 42, 44, 46]])
```

- 而对第 (0,1) 维元素求和, 得到 8 维向量 (如果在 R 中有同样数据, 则相应的 R 代码为 `apply(x,3,sum))`):

```
y.sum(axis=(0,1))
```

输出为:

```
array([48, 52, 56, 60, 64, 68, 72, 76])
```

2. 对数组的指数、对数、符号函数、绝对值、极值等运算

指数、对数、符号函数、绝对值等各种对向量和数组的数学运算通过一个矩阵例子说明如下, 请慢慢体会.

```
print('sign(x)=\n' ,np.sign(x),'\nexp(x)=\n', np.exp(x))
print('log(abs(x))=\n', np.log(np.abs(x)),'\nx**2=\n', x**2)
```

结果输出为:

```
sign(x)=
 [[-1  1 -1]
 [ 1  1 -1]]
exp(x)=
 [[1.35335283e-01 1.09663316e+03 3.67879441e-01]
 [8.10308393e+03 4.03428793e+02 6.73794700e-03]]
log(abs(x))=
 [[0.69314718 1.94591015 0.        ]
 [2.19722458 1.79175947 1.60943791]]
x**2=
 [[ 4 49  1]
 [81 36 25]]
```

这些结果比较容易理解.

3. 数组的内积运算

(1) **向量之间的内积**, 下面产生两个向量, 然后对它们用两种代码做内积 (同样结果):

```
x=np.arange(3,5,.5) #从3到5(不包含5)等间隔为0.5的数列
y=np.arange(4)
print(x,y,x.shape,y.shape)
print('np.dot(x,y)={}, np.sum(x*y)={}'.format(np.dot(x,y),np.sum(x*y)))
```

得到:

```
[ 3.   3.5  4.   4.5] [0 1 2 3] (4,) (4,)
np.dot(x,y)=25.0, np.sum(x*y)=25.0
```

(2) **数组的内积 (包括矩阵乘法)** 下面利用函数 `x.dot(y)` 做矩阵乘法 (这里的符号 `.T` 是矩阵转置):

```
np.random.seed(1010)
x=np.random.randn(3,5)
y=np.random.randn(3,5)
print(x.dot(y.T)) #x 和 y 的转置做矩阵乘法
print(x.T.dot(y)) # x 转置和 y做矩阵乘法
```

结果输出为:

```
[[-1.0318153  -1.88907149  2.54028701]
 [-2.10771194  2.22238228  2.37930213]
 [-1.86625255 -8.75536729 -2.73495693]]
[[ 0.89345574  0.98214421  1.61265664 -0.59913331 -3.54700972]
 [ 1.37663989 -1.85204347  0.25711013 -1.19133256 -2.75623621]
 [-2.07437918  5.26984201 -2.52133639  0.16740563  6.75661742]
 [-0.01525961  2.43814635 -1.35260294 -1.2205933   1.6785248 ]
 [ 0.7780646  -3.33191557 -3.72672114 -1.99627082  3.15612748]]
```

4. 数组的外积运算

两个向量 $\boldsymbol{x}$ 和 $\boldsymbol{y}$ 的外积等于一个行列维数分别等于这两个向量长度的矩阵, 其第 ij 元素等于 $x_i y_j$, 下面是对数值和字符的两个例子.

(1) 两个数量向量的外积:

```
x=np.arange(3);y=np.linspace(1,10,5)
x,y,np.outer(x,y)
```

输出为:

```
(array([0, 1, 2]),
 array([ 1.  ,  3.25,  5.5 ,  7.75, 10.  ]),
 array([[ 0.  ,  0.  ,  0.  ,  0.  ,  0.  ],
        [ 1.  ,  3.25,  5.5 ,  7.75, 10.  ],
        [ 2.  ,  6.5 , 11.  , 15.5 , 20.  ]]))
```

(2) 一个是字符向量 (必须确定数据类型为 `object`), 一个数量 (必须是整数):

```
x=np.array(['I', 'am', 'OK'], dtype=object);y=np.arange(5)
x,y,np.outer(x,y)
```

输出为:

```
(array(['I', 'am', 'OK'], dtype=object),
 array([0, 1, 2, 3, 4]),
 array([['', 'I', 'II', 'III', 'IIII'],
        ['', 'am', 'amam', 'amamam', 'amamamam'],
        ['', 'OK', 'OKOK', 'OKOKOK', 'OKOKOKOK']], dtype=object))
```

4.3.7 合并及拆分矩阵

(1) 分别按照列 (行元素的叠加方向) (选项 axis=0: 竖直方向) 或按照行 (列的叠加方向) (axis=1: 水平向) 合并矩阵, 使用 vstack (或 concatenate 及选项 axis=0) 及 hstack (或 concatenate 及选项 axis=1), 这分别和 R 的 cbind 及 rbind 类似:

```
x = np.array([[1.0,2.0,4],[3.0,4.0,-1]])
y = np.array([[5.0,6.0,-2],[7.0,8.0,9]])
print('x.shape=',x.shape,'y.shape=',y.shape) #都是2乘3矩阵
print('x=\n',x,'\ny=\n',y)
z = np.vstack((x,y)) #x,y纵向叠加合并成4乘3矩阵
z1 = np.hstack((x,y)) ##x,y横向叠加合并成2乘6矩阵
print('z=\n',z,'\nz1=\n',z1, '\nz.shape=',z.shape,
  'z1.shape=', z1.shape)
z = np.concatenate((x,y),axis=0)#等同于 np.vstack((x,y))
z1 = np.concatenate((x,y),axis=1) #等同于 np.hstack((x,y))
```

输出为 (只输出等价的两组之一组):

```
x.shape= (2, 3) y.shape= (2, 3)
x=
 [[ 1.  2.  4.]
 [ 3.  4. -1.]]
y=
 [[ 5.  6. -2.]
 [ 7.  8.  9.]]
z=
 [[ 1.  2.  4.]
 [ 3.  4. -1.]
 [ 5.  6. -2.]
 [ 7.  8.  9.]]
z1=
 [[ 1.  2.  4.  5.  6. -2.]
 [ 3.  4. -1.  7.  8.  9.]]
z.shape= (4, 3) z1.shape= (2, 6)
```

(2) 如果要拆分矩阵和合并矩阵类似, 但都是等分, 下面例子的 hsplit(x,2) 为水平拆分

矩阵 x 为 2 等分 (因此, 如果矩阵不是偶数列还不行):

```
x = np.arange(24).reshape(4, 6)
print('x= %s \n hsplit=\n%s'%(x,np.hsplit(x,2)))
```

上面的拆分等价于 np.split(x,2,axis=1), 输出为:

```
x= [[ 0  1  2  3  4  5]
 [ 6  7  8  9 10 11]
 [12 13 14 15 16 17]
 [18 19 20 21 22 23]]
 hsplit=
[array([[ 0,  1,  2],
       [ 6,  7,  8],
       [12, 13, 14],
       [18, 19, 20]]), array([[ 3,  4,  5],
       [ 9, 10, 11],
       [15, 16, 17],
       [21, 22, 23]])]
```

(3) 类似地, 按竖直方向拆分上面 x 成 4 份的代码 (等价于 np.split(x,4,axis=0)) 为:

```
np.vsplit(x,4)
```

输出为:

```
[array([[0, 1, 2, 3, 4, 5]]),
 array([[ 6,  7,  8,  9, 10, 11]]),
 array([[12, 13, 14, 15, 16, 17]]),
 array([[18, 19, 20, 21, 22, 23]])]
```

(4) 对于多于两维的情况, 拆分发生在中间维, 这里不演示. 对于一维的序列, 可以按照下标来拆分:

```
x=np.arange(9)
np.split(x,(2,5,7,12))
```

输出为:

```
[array([0, 1]),
 array([2, 3, 4]),
 array([5, 6]),
 array([7, 8]),
 array([], dtype=int64)]
```

4.3.8 使用 insert 往数组中插入值

构造一个数组:

```
u=np.array([[11,32,26],[47,54,89],[92,64,95]]);u
```

输出为:

```
array([[11, 32, 26],
       [47, 54, 89],
       [92, 64, 95]])
```

1. 插入一个值的情况

(1) 不加选项 axis, 则把原数组当成一维序列, 下面是在下标 1 的位置插入 0:

```
np.insert(u,1,0) #相当于np.insert(u.flatten(),1,0)
```

输出为:

```
array([11,  0, 32, 26, 47, 54, 89, 92, 64, 95])
```

(2) axis=1 时, 则在第 1 列加入一列 0:

```
np.insert(u,1,0,axis=1)
```

输出为:

```
array([[11,  0, 32, 26],
       [47,  0, 54, 89],
       [92,  0, 64, 95]])
```

(3) axis=0 时, 则在第 1 行加入一行 0:

```
np.insert(u,1,0,axis=0)
```

输出为:

```
array([[11, 32, 26],
       [ 0,  0,  0],
       [47, 54, 89],
       [92, 64, 95]])
```

2. 插入匹配的数组

(1) axis=0 时, 则在第 1 列加入一个维数匹配的数组:

```
np.insert(u,1,[[1,2,3],[4,5,6]],axis=0)
```

输出为:

```
array([[11, 32, 26],
       [ 1,  2,  3],
       [ 4,  5,  6],
       [47, 54, 89],
       [92, 64, 95]])
```

(2) axis=1 时, 则在第 1 列加入一个维数匹配的数组:

```
np.insert(u,1,np.array([[1,2,3],[4,5,6]]),axis=1)
```

输出为:

```
array([[11,  1,  4, 32, 26],
       [47,  2,  5, 54, 89],
       [92,  3,  6, 64, 95]])
```

4.3.9 部分数组的赋值

(1) 注意等价数组的互相影响, 下面的 x 和 y 等价 (当然等值):

```
np.random.seed(1010)
x=np.arange(12).reshape(2,6)
y=x;z=x.copy()
print(y is x,'\n',y==x,'\n',z is x,'\n',z==x)
```

输出为:

```
True
 [[ True  True  True  True  True  True]
 [ True  True  True  True  True  True]]
 False
 [[ True  True  True  True  True  True]
 [ True  True  True  True  True  True]]
```

(2) 对于上面数组 y 如果对某部分赋值, 则 x 也会改变, 但对 z 的部分赋值不会改变 x(如果对 y 整体赋值, 则 x 不会改变):

```
print(x)
y[0,0]=99;z[0,:]=-777
print(x,'\n',y,'\n',z)
```

输出为:

```
[[ 0  1  2  3  4  5]
 [ 6  7  8  9 10 11]]
[[99  1  2  3  4  5]
 [ 6  7  8  9 10 11]]
 [[99  1  2  3  4  5]
 [ 6  7  8  9 10 11]]
 [[-777 -777 -777 -777 -777 -777]
 [   6    7    8    9   10   11]]
```

(3) 上面已经看到对多维数组的部分赋值, 或按照切片 (低维子数组) 来赋值. 下面给出更多的例子. 对于数组可以按照某一维 (比如矩阵的行或列) 或者某一块来赋值, 下面是关于数组元素赋值的例子:

```
x=np.zeros((4,5))+999 #产生全部元素为999的4乘5矩阵
print('x=\n',x)
x[0,:]=np.pi #第0行全部赋值为圆周率pi
print('x=\n',x)
x[0:2,0:2]=0 #0到1行及0到1列赋值为0
print('\nx=\n',x)
x[:,4]=np.arange(4) #第4列赋值为0,1,2,3
print('\nx=\n',x)
x[1:3,2:4]=np.array([[1,2],[3,4]]) #1到2行及2到3列用2乘2矩阵赋值
print('\nx=\n',x)
```

得到:

```
x=
 [[999. 999. 999. 999. 999.]
 [999. 999. 999. 999. 999.]
 [999. 999. 999. 999. 999.]
 [999. 999. 999. 999. 999.]]
x=
 [[  3.14159265   3.14159265   3.14159265   3.14159265   3.14159265]
 [999.         999.         999.         999.         999.        ]
 [999.         999.         999.         999.         999.        ]
 [999.         999.         999.         999.         999.        ]]

x=
 [[  0.           0.           3.14159265   3.14159265   3.14159265]
 [  0.           0.         999.         999.         999.        ]
 [999.         999.         999.         999.         999.        ]
 [999.         999.         999.         999.         999.        ]]

x=
```

```
[[  0.          0.          3.14159265  3.14159265  0.        ]
 [  0.          0.        999.        999.          1.        ]
 [999.        999.        999.        999.          2.        ]
 [999.        999.        999.        999.          3.        ]]

x=
 [[  0.          0.          3.14159265  3.14159265  0.        ]
 [  0.          0.          1.          2.          1.        ]
 [999.        999.          3.          4.          2.        ]
 [999.        999.        999.        999.          3.        ]]
```

1. 一些“快捷”定义行列序列语句

下面是一些行序列和列序列的“快捷方式”的定义语句,通过例子说明如下:

(1) 语句 `np.c_[0:12:4]` 产生由 0 开始,间隔为 4,直到(但不包含)12 为止的列向量:

```
x=np.c_[0:12:4] #从0开始, 间隔4, 直到(但不包含)12为止的列向量
y=np.arange(0,12,4).reshape(-1,1) #等价语句
print('x=\n',x)
print('y=\n',y)
print('Is x and y identical? ',np.sum(x-y)==0)
```

结果输出为:

```
x=
 [[0]
 [4]
 [8]]
y=
 [[0]
 [4]
 [8]]
Is x and y identical?  True
```

(2) 语句 `x=np.c_[0:10:3j]`(注意最后多了个字母 j)产生从 0 开始,等距 3 个元素,直到(包含)10 为止的列向量:

```
x=np.c_[0:10:3j] #从0开始, 3个元素, 直到(包含)10为止的列向量
y=np.arange(0,11,10/(3-1)).reshape(-1,1) #等价语句
print('x=\n',x)
print('y=\n',y)
print('Is x and y identical? ',np.sum(x-y)==0)
```

结果输出为:

```
x=
 [[ 0.]
 [ 5.]
 [10.]]
y=
 [[ 0.]
 [ 5.]
 [10.]]
Is x and y identical?  True
```

(3) 语句 x=np.r_[0:10:4] 产生由 0 开始, 间隔为 4, 直到 (但不包含)10 为止的行向量:

```
x=np.r_[0:10:4] #从0开始, 间隔4, 直到(但不包含)10为止的行向量
y=np.arange(0,10,4) #等价语句
print('x=\n',x)
print('y=\n',y)
print('Is x and y equal? ',np.sum(x-y)==0)
```

结果输出为:

```
x=
 [0 4 8]
y=
 [0 4 8]
Is x and y equal?  True
```

(4) 语句 np.c_[0:10:5j] 产生由 0 开始, 有等距 5 个元素, 直到 (包含)10 为止的列向量:

```
x=np.c_[0:10:5j] #从0开始, 5个元素, 直到(包含)10为止的列向量
y=np.arange(0,12,10/(5-1))[:,np.newaxis] #等价语句
print('x=\n',x)
print('y=\n',y)
```

结果输出为:

```
x=
 [[ 0. ]
 [ 2.5]
 [ 5. ]
 [ 7.5]
 [10. ]]
y=
 [[ 0. ]
 [ 2.5]
 [ 5. ]
```

```
[ 7.5]
[10. ]]
```

上面结果虽然都有通过 np.arange 的类似语句，但对于产生包含结尾点并确定元素个数的向量不那么方便.

2. 第三维网格的生成

为了产生三维图形的 X 和 Y 数组的网格，需要用 numpy 中的 meshgrid 命令. 比如，希望画出一个三维图 $z = x^2 + y^2$，其中 x 和 y 的范围是从 -10 到 10，这时候的 z 可以用下面的代码算出：

```
x = np.arange(-10,10,.2)
y = np.arange(-10,10,.2)
X, Y = np.meshgrid(x, y)
Z = X**2 + Y**2
print(X.shape,Y.shape,Z.shape)
```

这里最后输出的 3 个量都是 100 乘 100 的矩阵，为了看出图形，可以用下面代码 (后面会更详细地介绍换图) 来产生，图形出现在另外单独的窗口中 (见图4.3.1).

```
from mpl_toolkits.mplot3d import axes3d
import matplotlib.pyplot as plt

fig = plt.figure(figsize=(10,4))
ax = fig.add_subplot(111, projection='3d')
ax.plot_wireframe(X, Y, Z, rstride=10, cstride=10)
plt.show()
```

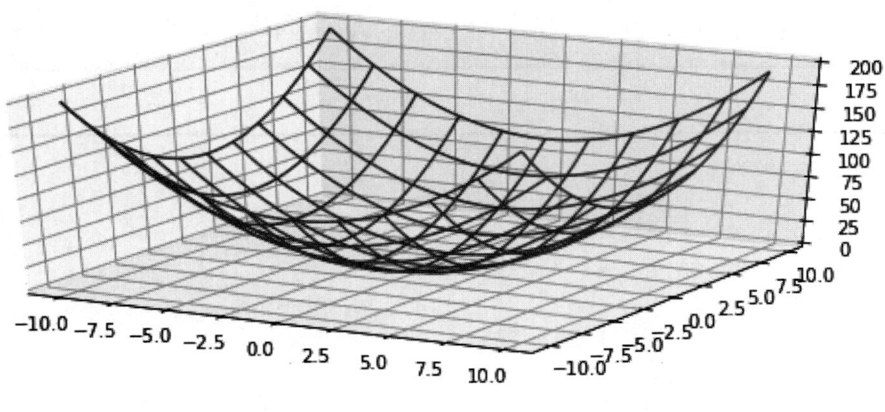

图 4.3.1　曲面 $z = x^2 + y^2$

画图代码中 fig.add_subplot() 里面的“111”意味着图形是 1 乘 1 的排列中的第

一个图 (只有一个图),“111”等同于“1,1,1”. 假如要画多个图, 排成 2 乘 3 的图形阵, 那么“234”则指该 2 乘 3 图形阵中的 (按行从左到右排列) 第 4 个图 (第二行的第一个图).

4.3.10 对角矩阵和上下三角阵

(1) 关于从矩阵抽取对角线元素向量和用向量元素产生对角型矩阵的例子如下 (这里的函数 diag 与 R 中的同名函数类似):

```
x = np.array([[10,2,7],[3,5,4],[45,76,100],[30,2,0]])
y=np.diag(x) #对角线元素
z=np.diag(y) #x的对角线元素组成的对角型方阵(非对角型元素为0)
print('x=\n{}\ny=diag(x)=\n{}\nz=diag(y)=\n{}'.format(x,y,z))
```

得到输出:

```
x=
[[ 10   2   7]
 [  3   5   4]
 [ 45  76 100]
 [ 30   2   0]]
y=diag(x)=
[ 10   5 100]
z=diag(y)=
[[ 10   0   0]
 [  0   5   0]
 [  0   0 100]]
```

(2) 提取矩阵的上下三角阵的函数分别为 triu 和 tril, 对上面的 x 提取上下三角阵的代码为:

```
x = np.array([[10,2,7],[3,5,4],[45,76,100],[30,2,0]])
print('np.triu(x)=\n' ,np.triu(x)) #x上三角阵
print('np.tril(x)=\n',np.tril(x)) #x下三角阵
```

输出为:

```
np.triu(x)=
 [[ 10   2   7]
 [  0   5   4]
 [  0   0 100]
 [  0   0   0]]
np.tril(x)=
 [[ 10   0   0]
 [  3   5   0]
 [ 45  76 100]
 [ 30   2   0]]
```

4.4 一些线性代数运算

4.4.1 特征值问题的解

对于 $n\times n$ 矩阵 $\boldsymbol{A}$, 满足 $\boldsymbol{A}\boldsymbol{x}=\lambda\boldsymbol{x}$ 的数值 λ 和 $n\times 1$ 向量 $\boldsymbol{x}$ 分别称为矩阵 $\boldsymbol{A}$ 的特征值和特征向量.

数值 λ 是矩阵 $\boldsymbol{A}$ 的特征值的充分必要条件为 $\boldsymbol{A}-\lambda\boldsymbol{I}$ 是奇异的, 即 $|\boldsymbol{A}-\lambda\boldsymbol{I}|=0$. 对于每个 λ, 通过方程 $|\boldsymbol{A}-\lambda\boldsymbol{I}|=0$ (或方程 $\boldsymbol{A}\boldsymbol{x}=\lambda\boldsymbol{x}$) 的解可得到特征向量 $\boldsymbol{x}$.

下面是得到一个 50×5 矩阵 (想象成有 5 个变量, 50 个观测值) 的相关阵的 5 个特征值和相应的 5 个特征向量的 (5×5 矩阵, 每一列是一个特征向量) 的代码:

```
np.random.seed(1010)
x = np.random.randn(50,5)
va,ve=np.linalg.eig(np.corrcoef(x.T))
print('eigen values=\n{}\neigen vectors=\n{}'.format(va,ve))
```

上面代码中的 `np.linalg.eig` 为解特征值问题的函数, 产生特征值和特征向量矩阵, 该函数的变元为 `np.corrcoef(x.T)` 为矩阵 `x` 的 5×5 维相关阵. 上面代码的输出为:

```
eigen values=
[0.63641067 0.81754193 1.31736007 1.05752698 1.17116034]
eigen vectors=
[[-0.64381161  0.10681907  0.65281196 -0.26166349  0.28189547]
 [ 0.4239385   0.45983634 -0.01421431 -0.05224721  0.7783925 ]
 [ 0.42215196 -0.56412751  0.5941136   0.36247625  0.13852028]
 [ 0.12880178  0.67523084  0.38056249  0.44235037 -0.4324023 ]
 [-0.45932623 -0.0544398  -0.27538284  0.77571874  0.3293637 ]]
```

上面求特征值的代码很类似于 R 的代码 `eigen(cor(x))`, 但是要注意的是, **R 相关函数中的数据阵每行代表一个观测值, 每列代表一个变量, 而 Python 相关函数中的数据阵则每列代表一个观测值, 每行代表一个变量, 因此根据自己对数据的理解 (行和列哪个代表变量, 哪个代表观测值) 可能需要进行转置.**

由特征值问题可以得到特征值分解. 如果 $n\times n$ 方阵 $\boldsymbol{A}$ 有相应于其特征值 $\lambda_1,\lambda_2,\ldots,\lambda_n$ 的 n 个线性独立特征向量 $\boldsymbol{q}_1,\boldsymbol{q}_2,\ldots,\boldsymbol{q}_n$, 那么, $\boldsymbol{A}$ 可以分解为:

$$\boldsymbol{A}=\boldsymbol{Q}\boldsymbol{\Lambda}\boldsymbol{Q}^{-1},$$

这里的 $\boldsymbol{Q}$ 是 $n\times n$ 方阵, 其第 j 列等于 $\boldsymbol{A}$ 的第 j 个特征向量 $\boldsymbol{q}_j$, 而 $\boldsymbol{\Lambda}$ 是以 $\boldsymbol{A}$ 的特征值 $\lambda_1,\lambda_2,\ldots,\lambda_n$ 为对角线元素的对角矩阵.

4.4.2 奇异值分解

奇异值分解 (SVD) 是特征值分解的推广: 每个具有秩 r 的矩阵 $\boldsymbol{A}(n\times p)$ 能够分解成

$$\boldsymbol{A}=\boldsymbol{U}\boldsymbol{D}\boldsymbol{V}^{\top},$$

这里矩阵 $\boldsymbol{U}_{n\times r}$ 和 $\boldsymbol{V}_{p\times r}$ 都是列正交的, 即 $\boldsymbol{U}^\top\boldsymbol{U}=\boldsymbol{V}^\top\boldsymbol{V}=\boldsymbol{I}_r$, 而且 $\boldsymbol{D}$ 为 $\boldsymbol{A}\boldsymbol{A}^\top$ 及 $\boldsymbol{A}^\top\boldsymbol{A}$ 的 r 个共同非零特征值 (称为奇异值)[1]$(\lambda_1,\lambda_2,\ldots,\lambda_r)$ 的平方根[2]所组成的对角矩阵: $\boldsymbol{D}=\mathrm{diag}(\lambda_1^{1/2},\lambda_2^{1/2},\ldots,\lambda_r^{1/2})$ $(\lambda_j>0)$. 而 $\boldsymbol{U}$ 的列包含了 $\boldsymbol{A}\boldsymbol{A}^\top$ 的特征向量, $\boldsymbol{V}$ 的列包含 $\boldsymbol{A}^\top\boldsymbol{A}$ 的特征向量.

一个矩阵的最大和最小奇异值之比为条件数. 条件数是回归自变量中存在多重共线性的一个度量.

下面代码就是程序所生成的矩阵 x 的奇异值分解, 而其中的 u,d,v 则为上面公式中的矩阵 $\boldsymbol{U}$, $\boldsymbol{D}$ 的对角线元素及矩阵 $\boldsymbol{V}$.

```
import numpy as np
np.random.seed(1010)
x=np.random.randn(3,4)
print('x=\n',x)
u,d,v= np.linalg.svd(x) #奇异值分解
print('u=\n',u)
print('D=\n',np.diag(d))
print('v=\n',v)
print('condition number=',np.linalg.cond(x)) #条件数
#验证: 条件数等于最大和最小奇异值之比
print('Are they equal?',np.max(d)/np.min(d)-np.linalg.cond(x)<10**15)
```

输出为:

```
x=
 [[-1.1754479  -0.38314768 -1.47136618 -1.80056852]
 [ 0.13010042  1.59561863  0.99316068 -2.3637072 ]
 [-0.47959227 -1.65038194 -0.54348966  0.77961145]]
u=
 [[-0.25323654  0.9377484  -0.23769558]
 [-0.84374552 -0.09389843  0.52846625]
 [ 0.47324914  0.33438155  0.81499953]]
D=
 [[3.54882927 0.         0.        ]
 [0.         2.63500116 0.        ]
 [0.         0.         0.62559903]]
v=
 [[-0.01100981 -0.57210724 -0.20361002  0.7944275 ]
 [-0.48381664 -0.40264858 -0.62799229 -0.45762568]
 [-0.06827859 -0.65658256  0.68997121 -0.29694631]
 [-0.87243239  0.28189852  0.29683053  0.26699548]]
condition number= 5.672689868944751
Are they equal? True
```

[1]一般来说, $\boldsymbol{A}\boldsymbol{A}^\top$ 及 $\boldsymbol{A}^\top\boldsymbol{A}$ 的非零特征值相同.

[2]注意: 方阵 $\boldsymbol{A}$ 的特征值分解 $\boldsymbol{A}=\boldsymbol{Q}\boldsymbol{\Lambda}\boldsymbol{Q}^{-1}$ 中的对角矩阵 $\boldsymbol{\Lambda}$ 是由 $\boldsymbol{A}$ 的特征值组成的对角矩阵, 而不是特征值的平方根.

4.4.3 Cholesky 分解

如果 $\boldsymbol{A}$ 为实对称正定矩阵, 或者更一般的 Hermitian 正定矩阵, Cholesky 分解为:

$$\boldsymbol{A} = \boldsymbol{L}\boldsymbol{L}^*,$$

这里 $\boldsymbol{L}$ 是一个下三角矩阵, 而 $\boldsymbol{L}^*$ 是 $\boldsymbol{L}$ 的共轭转置矩阵. 对于实对称正定矩阵 (及更一般的 Hermitian 正定矩阵), 都有一个唯一的 Cholesky 分解.

下面代码是求一个 Hermitian 正定矩阵

$$Z = \begin{bmatrix} 1 & -2i \\ 2i & 5 \end{bmatrix}$$

的 Cholesky 分解:

$$Z = \begin{bmatrix} 1 & -2i \\ 2i & 5 \end{bmatrix} = \begin{bmatrix} 1 & 0 \\ 2i & 1 \end{bmatrix} \begin{bmatrix} 1 & -2i \\ 0 & 1 \end{bmatrix}.$$

注意代码中的 j 就是数学公式中的虚部 i.

```
Z=np.array([[1,-2j],[2j,5]])
print('Z=\n',Z)
L=np.linalg.cholesky(Z) #Cholsky分解
print('L=\n',L)            #L
L1=L.T.conj()
print('L.T.conj()=\n',L1) #L的共轭转置
print(np.sum(np.dot(L,L1)-Z)) #验证其等于Z (差的元素总和为0)
```

输出为:

```
Z=
 [[ 1.+0.j -0.-2.j]
 [ 0.+2.j  5.+0.j]]
L=
 [[1.+0.j 0.+0.j]
 [0.+2.j 1.+0.j]]
L.T.conj()=
 [[1.-0.j 0.-2.j]
 [0.-0.j 1.-0.j]]
0j
```

输出中数字后面的字母 “j” 表示复数的虚部 (没有用常用的 “i”).

4.4.4 矩阵的逆、行列式及联立方程

下面的代码用于求矩阵 $\boldsymbol{A}$ 的行列式 $|\boldsymbol{A}|$ 及解联立方程 $\boldsymbol{Ax} = \boldsymbol{b}$(打印出逆矩阵 $\boldsymbol{A}^{-1}$、行列式 $|\boldsymbol{A}|$ 的值和联立方程的解):

```
np.random.seed(1010)
A=np.random.randn(3,3)#产生一个标准正态随机数的矩阵A
print('inverse of A=\n',np.linalg.inv(A)) #A的逆
print('determinant of A=\n',np.linalg.det(A)) #行列式|A|
b=np.random.randn(3)
print('solution of Ax=b:\n',np.linalg.solve(A,b)) #解联立方程Ax=b
```

输出的结果为:

```
inverse of A=
 [[-0.34638351 -0.30762332  0.03921557]
 [-0.06734651 -0.18910919 -0.42255637]
 [-0.38538372  0.29499926  0.0787062 ]]
determinant of A=
 -10.708304381386759
solution of Ax=b:
 [ 0.76942809 -0.11550343  0.53706153]
```

4.4.5 简单的最小二乘线性回归

下面的代码是对随机产生的自变量和因变量数据做关于 $\boldsymbol{y} = \boldsymbol{X}\beta + \epsilon$ 的最小二乘回归 (这里做了两次, 一次的 $\boldsymbol{X}$ 没有包含全是 1 的列 (没有截距项的回归), 而另一次包含了截距项, 输出有估计的系数、残差平方和、矩阵的秩以及奇异值).

首先模拟产生自变量和因变量令真实系数 $\boldsymbol{\beta} = (1, 2, 3)$:

```
np.random.seed(1010)
X = np.random.randn(100,3)           #无截距项的自变量
X1=np.hstack((np.ones((100,1)),X)) #有截距项的自变量
y = X.dot(np.array([1,2,3]))+np.random.randn(100)
```

1. 无截距项的最小二乘回归

首先利用 numpy 的现成函数 `np.linalg.lstsq` 做无截距项的最小二乘回归:

```
print('OLS without intercept:')
beta, SSR, rank, sv= np.linalg.lstsq(X,y,rcond=None)#无截距最小二乘法
print('beta={}\nSSR={}\nrank={}\nsv={}'.format(beta, SSR, rank, sv))
```

得到输出为:

```
OLS without intercept:
beta=[0.96510944 2.12069775 2.91086023]
SSR=[91.41649638]
rank=3
sv=[10.65153101  9.70254024  9.42077666]
```

2. 有截距项的最小二乘回归

其次做有截距项的最小二乘回归:

```
print('OLS with intercept:')
beta, SSR, rank, sv= np.linalg.lstsq(X1,y,rcond=None)#有截距最小二乘法
print('beta={}\nSSR={}\nrank={}\nsv={}'.format(beta, SSR, rank, sv))
```

得到输出为:

```
OLS with intercept:
beta=[0.06577294 0.98312114 2.11312727 2.9022737 ]
SSR=[91.02864512]
rank=4
sv=[11.59661684 10.19119645  9.56670304  8.15362611]
```

4.4.6 Kronecker 积

如果矩阵 $\boldsymbol{A}=\{a_{ij}\}$ 为一个 $m\times n$ 矩阵, 而 $\{\boldsymbol{B}=b_{ij}\}$ 为一个 $p\times q$ 矩阵, Kronecker 积定义为 $mp\times nq$ 矩阵

$$\boldsymbol{A}\otimes\boldsymbol{B}=\begin{bmatrix} a_{11}\boldsymbol{B} & \cdots & a_{1n}\boldsymbol{B} \\ \vdots & \cdots & \vdots \\ a_{m1}\boldsymbol{B} & \cdots & a_{mn}\boldsymbol{B} \end{bmatrix}.$$

计算 3×3 单位矩阵 $\boldsymbol{A}$ 和一个 2×2 矩阵 $\boldsymbol{B}$ 的 Kronecker 积 $\boldsymbol{A}\otimes\boldsymbol{B}$ 的代码为:

```
A=np.eye(3)
B=np.array([[1,2],[3,4]])
print('A=\n{}\n B=\n{}'.format(A,B))
Z = np.kron(A,B) #A和B矩阵的Kronecker积
print('Z=np.kron(A,B)=\n{}\nz.shape={}'.format(Z,Z.shape))
print('trace(Z)={}, rank(Z)={}'.format(np.trace(Z),
  np.linalg.matrix_rank(Z)))
```

输出为:

```
A=
[[1. 0. 0.]
 [0. 1. 0.]
 [0. 0. 1.]]
 B=
[[1 2]
 [3 4]]
Z=np.kron(A,B)=
[[1. 2. 0. 0. 0. 0.]
 [3. 4. 0. 0. 0. 0.]
```

```
 [0. 0. 1. 2. 0. 0.]
 [0. 0. 3. 4. 0. 0.]
 [0. 0. 0. 0. 1. 2.]
 [0. 0. 0. 0. 3. 4.]]
z.shape=(6, 6)
trace(Z)=15.0, rank(Z)=6
```

4.5 关于日期和时间

下面介绍 datetime 模块中的一些与日期和时间有关的语句, 仅供需要时查阅. 首先输入模块和目标年、月、日、时、分、秒、毫秒:

```
import datetime as dt
yr, mo, dd = 2016, 8, 30
hr, mm, ss, ms= 10, 32, 10, 11
```

- 各种标准日期、时间及日期时间的混合输出:

```
print('dt.date(yr, mo, dd)=',dt.date(yr, mo, dd)) #标准输出年月日
print('dt.time(hr, mm, ss, ms)=',dt.time(hr, mm, ss, ms))#最小至毫秒
d1=dt.datetime(yr, mo, dd, hr, mm, ss, ms)#年月日及时间全部
print(d1)
```

结果输出为:

```
dt.date(yr, mo, dd)= 2016-08-30
dt.time(hr, mm, ss, ms)= 10:32:10.000011
2016-08-30 10:32:10.000011
```

- 两个时间之间的差值:

```
d2 = dt.datetime(yr + 1, mo+2, dd+1, hr-1, mm, ss, ms)
print('time difference d2-d1=', d2-d1)
```

结果输出仍然是时间表示:

```
time difference d2-d1= 426 days, 23:00:00
```

- numpy 的 datetime64 数据类型:

```
dates = np.array(['2016-09-01','2017-09-02'],dtype='datetime64')
print('dates=\n',dates,'\ntype of dates=',dates.dtype)
print('dates[0]=',dates[0],'dates[1]=',dates[1])
```

结果输出为:

```
dates=
 ['2016-09-01' '2017-09-02']
type of dates= datetime64[D]
dates[0]= 2016-09-01 dates[1]= 2017-09-02
```

4.6 多项式运算

4.6.1 复数的四则运算

在 numpy 中, 复数的四则运算和一般数目一样, 这里虚部不用字母 “i” 而用字母 “j”. 下面仅举简单例子:

```
x=np.array([2+3j])
y=np.array([4-13j])
z=np.array(-20-4j)
print(x/z*y+x**2*z/y)
```

结果输出为:

```
[16.53445946+6.76824324j]
```

4.6.2 多项式的根

如果多项式的系数**按照降幂排列**为数组 p, 即多项式形式 (用代码表示) 为:

```
p[0] * x**n + p[1] * x**(n-1) + ... + p[n-1]*x + p[n]
```

我们可以用函数 np.root(p) 得到多项式的根, 假定多项式为:

$$3.2x^5+12x^4+x^3+4x^2-15x+38.$$

也就是说系数的降幂排列为 $\boldsymbol{p}=(3.2,12,1,4,-15,28)$. 于是有下面的代码:

```
coef = [3.2, 12, 1, 4, -15, 28]
np.roots(coef)
```

得到 5 个复数根:

```
array([-3.87230674+0.j        , -0.74348068+1.24635251j,
       -0.74348068-1.24635251j,  0.80463405+0.65225349j,
        0.80463405-0.65225349j])
```

注: R 求多项式的函数 polyroot(coef) 中的系数 coef 是升幂排列的, 和这里相反.

4.6.3 多项式的积分和微分

下面代码产生两个多项式 (p 和 p1):

$$p(x) = 3x^3 - 4x^2 + 6x + 2 \text{ 和 } p_1(x) = 2x + 4.$$

```
p=np.poly1d([3,-4,6,2])
p1=np.poly1d([2,4])
print ('p=\n',p) #打印p
print ('p1=\n',p1) #打印p1
```

由于指数在上面一行, 输出不那么漂亮:

```
p=
   3     2
3 x - 4 x + 6 x + 2
p1=

2 x + 4
```

对 $x = 1, 2, \ldots, 9$ 计算 $p(x)$, 然后做多项式乘法:

$$p(x)p_1(x) = 6x^4 + 4x^3 - 4x^2 + 28x + 8.$$

这两个计算的代码为:

```
print ('p(1:9)=',p(np.arange(1,10,1)))#计算x取1,2,. . .,9时p的值
print ('p*p1=\n',p*p1) #打印p*p1
```

结果输出为:

```
p(1:9)= [   7   22   65  154  307  542  877 1330 1919]
p*p1=
   4     3     2
6 x + 4 x - 4 x + 28 x + 8
```

再对 $p(x)$ 做 2 重积分 (积分常数为 7):

$$\iint p(x)\mathrm{d}x\mathrm{d}x = 0.15x^5 - 0.3333x^4 + x^3 + x^2 + 7x + 7.$$

最后对 $p(x)$ 求一阶导数:

$$\frac{\mathrm{d}p(x)}{\mathrm{d}x} = 9x^2 - 8x + 6.$$

下面是求积分和导数的代码, 其中 `p.integ(m=2,k=7)` 的 m 是积分阶数 (默认为 m=1), m 是积分阶数 (默认为 m=1), k 是积分常数 (默认为 k=0); 而`p.deriv(m=1)` 的 k 是微分阶数

(默认为 m=1).

```
pi27=p.integ(m=2,k=7)
print ('p.integ(m=2,k=7)=\n',pi27)
pd1=p.deriv(m=1)
print ('p.deriv(m=1)=\n',pd1)
```

输出为:

```
p.integ(m=2,k=7)=
      5          4     3     2
0.15 x - 0.3333 x + 1 x + 1 x + 7 x + 7
p.deriv(m=1)=
   2
9 x - 8 x + 6
```

4.7 向量化函数

有些函数本来不是为了进行向量运算的, 比如

$$f(a,b,c)=\begin{cases} c\ln(a-2b), & a>2b; \\ c^2\ln(2b-a), & a<2b; \\ \pi, & a=2b. \end{cases}$$

该函数可以用下面代码定义:

```
def mine(a, b, c):
    if a > 2*b:
        return np.log(a-2*b)*c
    elif a< 2*b:
        return np.log(2*b-a)*c**2
    else:
        return np.pi
```

于是可以代入数字计算, 诸如:

```
mine(3,7,8)
```

得到结果 (153.46529745909572). 但是, 如果用下面的向量变元代码:

```
mine([3,5,9,0],[7,-5,7,8],8)
```

则会出现错误信息.

这时就需要用向量化函数 vectorize 来进行嵌套:

```
vmine = np.vectorize(mine)
```

于是可以用下面的代码重复上面出错的运算, 第 1 行为每个变元分别用 4 个值代入计算, 得到 4 个结果, 第 2 行和第 1 行类似, 只不过最后一个变元仅有的一个值用了 4 次. 这两行结果当然相同.

```
print (vmine([3,5,9,0],[7,-5,7,8],[8,8,8,8]))
print (vmine([3,5,9,0],[7,-5,7,8],8))
```

输出为:

```
[153.46529746  21.66440161 103.0040264  177.44567822]
[153.46529746  21.66440161 103.0040264  177.44567822]
```

第 5 章　pandas 模块

pandas 模块在数据结构和数据的存取等方面有些类似于 R 的功能, 因此受到 R 使用者的欢迎. pandas 本身主要的数据形式为数据框 (data frame) 及序列 (series), 其中的数据框和 R 中的数据框类似. 不仅如此, pandas 的很多功能对于被烦琐的 Excel 文件操作所困扰的人是很方便的. 人们根本不用打开任何 Excel 文件本身 (或者根本没有 office 软件) 就可以做非常复杂的 (包括存储) 文件内容操作.

当然, 使用 pandas 必须首先输入该模块:

```
import pandas as pd
```

5.1　数据框的生成和基本性质

5.1.1 数据框的生成

数据框有很多方法来构造, 下面举例说明.

1. 从 dict 产生

从 dict 产生数据框的示例代码如下:

```
d0={'x':5,'y':989}
d1={'y':np.arange(3), 'x':([4.5,9],8),'z': (2,4,2)}
d2={'y': {'a':4,'b': 90}, 'x':([4.5],[9,8])}
z=pd.DataFrame([d0,d1,d2])
print(z)
```

结果输出为:

```
                  x                     y          z
0                 5                   989        NaN
1     ([4.5, 9], 8)             [0, 1, 2]  (2, 4, 2)
2   ([4.5], [9, 8])  {'a': 4, 'b': 90}           NaN
```

这里生成了 3×3 维的数据框, 每个元素又可以是任何类型的, 这比 R 的数据框要广义得多. 此外可以看出, 由多个 dict 元素组成的数组 (这里是 `[d0,d1,d2]`, 用 `(d0,d1,d2)` 也一样) 所得到的数据框中, 同样名字的叠放在一起, 行数为名字下最多的数目个数, 缺失的标记为 `NaN`.

下面代码是取对象 z 中的某些元素的 4 种不同方法的例子, 提取是通过元素位置或者 (及) 变量名字实现的, 很灵活, 具体细节将在后面介绍.

```
print('Use "iloc" with indices:\n' ,z.iloc[2,0][1])
print('Use "loc" with indices and names:\n',z.loc[2,'y']['b'])
print('Use column names and indices:\n',z['z'][:1])
print('Use column names and indices:\n',z.y[1])
```

结果输出为:

```
Use "iloc" with indices:
 [9, 8]
Use "loc" with indices and names:
 90
Use column names and indices:
 0    NaN
Name: z, dtype: object
Use column names and indices:
 [0 1 2]
```

2. 从 dict 及 numpy 的 array 产生的数量型数据框

下面是从 dict 及 numpy 的 array 产生同样的数量型数据框例子:

```
d3={'x':[-5,7,9,-2.5],'y':[1,-2,9.8,6.4]}
u=pd.DataFrame(d3)
print('u=\n',u)
d4=np.array([[-5,7,9,-2.5],[1,-2,9.8,6.4]]).T
v=pd.DataFrame(d4,columns=['x','y'])
print('v=\n',v)
```

结果输出为:

```
u=
     x    y
0 -5.0  1.0
1  7.0 -2.0
2  9.0  9.8
3 -2.5  6.4
v=
     x    y
0 -5.0  1.0
1  7.0 -2.0
2  9.0  9.8
3 -2.5  6.4
```

显然, 从 dict 得到的数据框已经继承了 dict 的名字, 而从 numpy 数组得到的数据框必须再命名.

5.1.2 数据框的初等描述

首先随机产生一个数据框:

```
import numpy as np
np.random.seed(1010)
name1=['X1','X2','X3','Y']
w=pd.DataFrame(np.random.randn(7,4),columns=name1)
w['sex']=['Femal']*3+['Male']*4
print(w)
```

得到全部数据:

```
         X1        X2        X3         Y    sex
0 -1.175448 -0.383148 -1.471366 -1.800569  Femal
1  0.130100  1.595619  0.993161 -2.363707  Femal
2 -0.479592 -1.650382 -0.543490  0.779611  Femal
3 -0.502609  0.285890  2.703237 -0.074517   Male
4 -1.370103  0.358587  0.598050 -0.306799   Male
5  0.762969 -0.998878  1.009264 -0.247785   Male
6 -2.583517  0.757221 -1.776461 -0.779696   Male
```

可以得到对这个数据的很多描述的结果, 下面是一些例子:

- 前几行和后几行 (R 有类似函数):

```
print(w.head(2)) #前2行(默认值是5行)
print(w.tail(3)) #最后3行(默认值是5行)
```

  结果输出为:

```
         X1        X2        X3         Y    sex
0 -1.175448 -0.383148 -1.471366 -1.800569  Femal
1  0.130100  1.595619  0.993161 -2.363707  Femal
         X1        X2        X3         Y   sex
4 -1.370103  0.358587  0.598050 -0.306799  Male
5  0.762969 -0.998878  1.009264 -0.247785  Male
6 -2.583517  0.757221 -1.776461 -0.779696  Male
```

- 对各个数量变量的描述 (不理睬定性变量 sex), 包括了若干简单汇总统计量: 计数、均值、标准差、最小值、下四分位点、中位数、上四分位点、最大值等:

```
print(w.describe())
```

  输出为:

```
              X1          X2          X3           Y
count   7.000000    7.000000   7.000000   7.000000
mean   -0.745457 -0.005013   0.216057 -0.684780
std     1.089736   1.095281   1.579002   1.074204
min    -2.583517 -1.650382 -1.776461 -2.363707
25%    -1.272775 -0.691013 -1.007428 -1.290132
50%    -0.502609   0.285890   0.598050 -0.306799
75%    -0.174746   0.557904   1.001212 -0.161151
max     0.762969   1.595619   2.703237   0.779611
```

- 得到变量的名字 (columns) 和行名 (index):

```
print(w.columns)
print(w.index)
```

得到:

```
Index(['X1', 'X2', 'X3', 'Y', 'sex'], dtype='object')
RangeIndex(start=0, stop=7, step=1)
```

该数据的行名是自动的 0 到 6 等 7 个数目, 也可以自己给 index 起名字:

```
w.index=['A','B','C','D','E','F','G']
print(w[w.columns[2:]][:2]) #输出最后3个变量的头2行
```

结果输出为:

```
         X3         Y    sex
A -1.471366 -1.800569  Femal
B  0.993161 -2.363707  Femal
```

- 得到数据框的元素总个数 (size) 和形状 (shape):

```
print('size of w=',w.size)
print('shape of w=',w.shape)
```

得到:

```
size of w= 35
shape of w= (7, 5)
```

5.1.3 数据框变量名 columns 和 index 的修改

1. Columns 的修改

数据框的变量名可以修改, 用下面的例子简单说明. 首先构造一个数据框:

```
df=pd.DataFrame({'price': [12,34,10],'tax': [0.12,0.4,0.5]})
df.columns
```

输出的变量名为:

```
Index(['price', 'tax'], dtype='object')
```

然后修改名字:

```
df.rename(columns={'price':'P','tax':'T'},inplace=True)
df.columns
```

输出改变后的变量名:

```
Index(['P', 'T'], dtype='object')
```

2. 数据框 index 的修改

先产生一个有两个变量的数据框:

```
np.random.seed(1010)
w={'X':np.random.randn(7),'Y':np.random.randn(7),
   'Year':np.arange(2014,2021,1)}
df=pd.DataFrame(w)
print(df)
```

输出为:

```
          X         Y  Year
0 -1.175448 -2.363707  2014
1 -0.383148 -0.479592  2015
2 -1.471366 -1.650382  2016
3 -1.800569 -0.543490  2017
4  0.130100  0.779611  2018
5  1.595619 -0.502609  2019
6  0.993161  0.285890  2020
```

(1) 直接改变数据框的 index.

```
df.index=np.arange(10,17)
print(df)
```

输出为:

```
           X         Y  Year
10 -1.175448 -2.363707  2014
```

```
11 -0.383148 -0.479592  2015
12 -1.471366 -1.650382  2016
13 -1.800569 -0.543490  2017
14  0.130100  0.779611  2018
15  1.595619 -0.502609  2019
16  0.993161  0.285890  2020
```

(2) 使用 `.set_index` 把一列变量作为 index. 下面把变量 Year 转换成 index:

```
df1=df.set_index('Year')
print(df1)
```

输出为:

```
             X         Y
Year
2014 -1.175448 -2.363707
2015 -0.383148 -0.479592
2016 -1.471366 -1.650382
2017 -1.800569 -0.543490
2018  0.130100  0.779611
2019  1.595619 -0.502609
2020  0.993161  0.285890
```

(3) 上面的 `df1` 的 index 有名字, 这有时带来不便, 可以把它删除:

```
del df1.index.name
print(df1)
```

输出为:

```
             X         Y
2014 -1.175448 -2.363707
2015 -0.383148 -0.479592
2016 -1.471366 -1.650382
2017 -1.800569 -0.543490
2018  0.130100  0.779611
2019  1.595619 -0.502609
2020  0.993161  0.285890
```

(4) 使用 `.reindex`. 下面把刚才改过 index 的数据框 `df` 的 index 的反向作为新的 index, 使得所有的行都反向, 如果新的 index 中有过去没有的, 则会出现 NaN.

```
new_index = df.index[::-1]
print(df.reindex(new_index))
```

输出为:

```
            X         Y  Year
16  0.993161  0.285890  2020
15  1.595619 -0.502609  2019
14  0.130100  0.779611  2018
13 -1.800569 -0.543490  2017
12 -1.471366 -1.650382  2016
11 -0.383148 -0.479592  2015
10 -1.175448 -2.363707  2014
```

(5) 使用 reset_index 会使用默认的行指标作为 index:

- 仅仅使用 reset_index 会把原来的 index 变成一个变量:

```
print(df1.reset_index())
```

输出为:

```
   index         X         Y
0   2014 -1.175448 -2.363707
1   2015 -0.383148 -0.479592
2   2016 -1.471366 -1.650382
3   2017 -1.800569 -0.543490
4   2018  0.130100  0.779611
5   2019  1.595619 -0.502609
6   2020  0.993161  0.285890
```

- 使用 reset_index(drop=True) 会把原来的 index 完全去掉:

```
print(df1.reset_index(drop=True))
```

输出为:

```
          X         Y
0 -1.175448 -2.363707
1 -0.383148 -0.479592
2 -1.471366 -1.650382
3 -1.800569 -0.543490
4  0.130100  0.779611
5  1.595619 -0.502609
6  0.993161  0.285890
```

5.2 数据框文件的存取

先产生 2 个数据:

```
import numpy as np
np.random.seed(1010)
name1=['X1','X2','X3','Y']
w=pd.DataFrame(np.random.randn(7,4),columns=name1)
w['sex']=['Femal']*3+['Male']*4
w.index=['A','B','C','D','E','F','G']
v=pd.DataFrame(np.random.randn(5,3),columns=['X1','X2','Y'])
print(w,'\n',v)
```

输出为:

```
         X1        X2        X3         Y    sex
A -1.175448 -0.383148 -1.471366 -1.800569  Femal
B  0.130100  1.595619  0.993161 -2.363707  Femal
C -0.479592 -1.650382 -0.543490  0.779611  Femal
D -0.502609  0.285890  2.703237 -0.074517   Male
E -1.370103  0.358587  0.598050 -0.306799   Male
F  0.762969 -0.998878  1.009264 -0.247785   Male
G -2.583517  0.757221 -1.776461 -0.779696   Male
          X1        X2         Y
0 -0.918535 -0.394989  0.248006
1  0.298038  0.283817 -0.471223
2  0.952028 -0.638603 -1.260901
3 -0.558495  0.172743 -0.055948
4 -1.432228 -0.302672 -0.584554
```

5.2.1 简单 csv 文本文件的存取

以 .csv 为扩展名是最常用的文本文件 (通常是以逗号或分号分隔符来分隔数值), 其地位和以 .txt 等为扩展名的其他文本文件一样, 只不过以 .csv 为扩展名的文件可以在 Excel 软件中直接打开而已.

把上面产生的数据框存入及读取的各种文本文件的代码如下:

(1) 存储文本文件可用 .to_csv(文件扩展名不一定是 .csv):

```
w.to_csv('Test.csv',index=False) #index=False意味着文件不置行名字
w.to_csv('Test2.txt',index=True) #index=True在文件中增加了一列
```

(2) 读入时用 pd.read_csv 或 pd.read_table(要加注分隔符类型):

```
w1=pd.read_csv('Test.csv')
w2=pd.read_table('Test.csv',sep=',')
w3=pd.read_table('Test2.txt',sep=',')
print('w1:\n',w1,'\nw2==w1:\n',w2==w1,'\nw3:\n',w3)
```

输出表明文件名字和读入函数不同的 w1 与 w2 完全一样, 但 w3 由于所存的有 index, 多出一列:

```
w1:
          X1        X2        X3         Y    sex
0 -1.175448 -0.383148 -1.471366 -1.800569  Femal
1  0.130100  1.595619  0.993161 -2.363707  Femal
2 -0.479592 -1.650382 -0.543490  0.779611  Femal
3 -0.502609  0.285890  2.703237 -0.074517   Male
4 -1.370103  0.358587  0.598050 -0.306799   Male
5  0.762969 -0.998878  1.009264 -0.247785   Male
6 -2.583517  0.757221 -1.776461 -0.779696   Male
w2==w1:
     X1    X2    X3     Y   sex
0  True  True  True  True  True
1  True  True  True  True  True
2  True  True  True  True  True
3  True  True  True  True  True
4  True  True  True  True  True
5  True  True  True  True  True
6  True  True  True  True  True
w3:
  Unnamed: 0        X1        X2        X3         Y    sex
0          A -1.175448 -0.383148 -1.471366 -1.800569  Femal
1          B  0.130100  1.595619  0.993161 -2.363707  Femal
2          C -0.479592 -1.650382 -0.543490  0.779611  Femal
3          D -0.502609  0.285890  2.703237 -0.074517   Male
4          E -1.370103  0.358587  0.598050 -0.306799   Male
5          F  0.762969 -0.998878  1.009264 -0.247785   Male
6          G -2.583517  0.757221 -1.776461 -0.779696   Male
```

(3) 还可不存入文件而以一个字符串形式存入某个对象, 如:

```
df=w.to_csv(sep=';',index=True)
print(df)
```

输出为:

```
;X1;X2;X3;Y;sex
A;-1.1754479006016798;-0.38314767891859286;-1.4713661789901356;-1.800568524568264;Femal
B;0.13010041787113205;1.5956186264518406;0.9931606750423553;-2.3637071964553824;Femal
C;-0.4795922661264603;-1.6503819436845395;-0.5434896617659012;0.7796114520941225;Femal
D;-0.502608781602392;0.28588951046144256;2.7032373806645262;-0.07451681919951597;Male
E;-1.370102658263544;0.35858721669907134;0.5980498760772667;-0.30679919313515497;Male
F;0.7629687020302267;-0.9988777945123732;1.0092642188797254;-0.24778545496532384;Male
G;-2.5835173965690386;0.7572213414276628;-1.7764605324468274;-0.779695506724696;Male
```

5.2.2 Excel 文件数据的指定位置的存取

(1) 把上面产生的数据框存入 csv 及 Excel 文件 (指定 sheet) 中的代码为:

```
writer=pd.ExcelWriter('Test1.xlsx')
w.to_excel(writer,'Sheet1',index=True)
# 数据v存入指定工作表左上角位置: 从第2行, 第3列开始(从第0行列算起)
v.to_excel(writer,'Sheet2',startrow=2,startcol=3,index=False)
writer.save()
```

注意: w 存入 Test1.xlsx 文件的 Sheet1 的默认左上角位置 (包含 index), 而 v 存入 Test1.xlsx 文件的 Sheet2 的 (2,3) 位置 (不包含 index).

(2) 从上面 ExcelTest1.xlsx 文件的 Sheet1 中读入数据并展示数据的语句 (包含 index 在第 0 列):

```
W=pd.read_excel('Test1.xlsx','Sheet1',index_col=0)
print(W)
```

得到:

```
         X1        X2        X3         Y    sex
A -1.175448 -0.383148 -1.471366 -1.800569  Femal
B  0.130100  1.595619  0.993161 -2.363707  Femal
C -0.479592 -1.650382 -0.543490  0.779611  Femal
D -0.502609  0.285890  2.703237 -0.074517   Male
E -1.370103  0.358587  0.598050 -0.306799   Male
F  0.762969 -0.998878  1.009264 -0.247785   Male
G -2.583517  0.757221 -1.776461 -0.779696   Male
```

(3) 从上面 ExcelTest1.xlsx 文件的 Sheet2 的指定位置 (第 3,4,5 列, 或 'D:F' (或等价的 'D,E,F') 列及 (包括第 0 行的) 第 2 行开始) 中读入数据并展示数据的语句 (包含 index 在第 0 列):

```
V=pd.read_excel('Test1.xlsx','Sheet2',usecols=range(3,6),skiprows=2)
# 下式和上式等价
#V=pd.read_excel('Test1.xlsx','Sheet2',usecols='D:F',skiprows=2)
print(V)
```

得到:

```
         X1        X2         Y
0 -0.918535 -0.394989  0.248006
1  0.298038  0.283817 -0.471223
2  0.952028 -0.638603 -1.260901
3 -0.558495  0.172743 -0.055948
4 -1.432228 -0.302672 -0.584554
```

5.2.3 对其他文件类型的存取

除了对 csv 和 Excel 文件进行输入输出, 还可以对其他格式的文件进行输入输出, 比如 Pickle, Parquet, Feather, Json, HDF5 等许多类型的快速存盘格式等. 在上面 read_ 和 to_ 之后, 有些可以加上 hdf, parquet, sql, json, msgpack, html, gbq, stata, clipboad, pickle 等, 表示对相应的各种格式或软件文件进行输入输出. 比如要输入 sas 文件数据, 用代码 read_stata, 要输出数据到 dta 文件, 用代码 to_stata. 下面是一些例子:

(1) Pickle 是 Python 序列化的格式文件.

```
w.to_pickle("test.pkl")
w_pkl=pd.read_pickle('test.pkl')
print(w_pkl.head(2))
```

输出为:

```
         X1        X2        X3         Y    sex
A -1.175448 -0.383148 -1.471366 -1.800569  Femal
B  0.130100  1.595619  0.993161 -2.363707  Femal
```

(2) Json 是一种开放标准文件和数据交换格式. Json 类型文件存取有几种格式:

- orient='index'(转置):

```
w.to_json('test_index.json',orient='index')
w_index_json=pd.read_json('test_index.json')
print(w_index_json)
```

输出为:

```
            A         B         C          D         E         F         G
X1   -1.17545    0.1301 -0.479592  -0.502609   -1.3701  0.762969  -2.58352
X2  -0.383148   1.59562  -1.65038    0.28589  0.358587 -0.998878  0.757221
X3   -1.47137  0.993161  -0.54349    2.70324   0.59805   1.00926  -1.77646
Y    -1.80057  -2.36371  0.779611 -0.0745168 -0.306799 -0.247785 -0.779696
sex     Femal     Femal     Femal       Male      Male      Male      Male
```

- orient='records':

```
w.to_json('test_records.json',orient='records')
w_records_json=pd.read_json('test_records.json')
print(w_records_json.head(2))
```

输出为:

```
         X1        X2        X3         Y    sex
0 -1.175448 -0.383148 -1.471366 -1.800569  Femal
1  0.130100  1.595619  0.993161 -2.363707  Femal
```

• orient='table':

```
w_table_json=pd.read_json('test_table.json',orient='table')
print(w_table_json.tail(2))
```

输出为:

```
         X1        X2        X3         Y   sex
F  0.762969 -0.998878  1.009264 -0.247785  Male
G -2.583517  0.757221 -1.776461 -0.779696  Male
```

(3) HDF5 是一种存储和组织大量数据的文件格式. 以下是存取这类文件的一个例子.

```
w.to_hdf('data.h5', key='w', mode='w')
w_h5=pd.read_hdf('data.h5', key='w')
print(w_h5.tail(3))
```

输出为:

```
         X1        X2        X3         Y   sex
E -1.370103  0.358587  0.598050 -0.306799  Male
F  0.762969 -0.998878  1.009264 -0.247785  Male
G -2.583517  0.757221 -1.776461 -0.779696  Male
```

(4) Parquet 是 Apache-Hadoop 的列式存储格式.

```
w.to_parquet('w.parquet.gzip', compression='gzip')
w_parq=pd.read_parquet('w.parquet.gzip')
print(w_parq.head(3))
```

输出为:

```
         X1        X2        X3         Y   sex
A -1.175448 -0.383148 -1.471366 -1.800569  Femal
B  0.130100  1.595619  0.993161 -2.363707  Femal
C -0.479592 -1.650382 -0.543490  0.779611  Femal
```

(5) Feather 为由 Apache Arrow 支持的 R 和 Python 数据的快速磁盘格式.

```
import feather
feather.write_dataframe(w, 'data.feather')
w_feather = feather.read_dataframe('data.feather')
print(w_feather.head(2))
```

输出为:

```
          X1        X2        X3         Y    sex
0 -1.175448 -0.383148 -1.471366 -1.800569  Femal
1  0.130100  1.595619  0.993161 -2.363707  Femal
```

(6) Stata 文件的读取:

```
w.to_stata('test.dta')
w_dta=pd.read_stata('test.dta')
print(w_dta.head(3))
```

输出为:

```
  index        X1        X2        X3         Y    sex
0     A -1.175448 -0.383148 -1.471366 -1.800569  Femal
1     B  0.130100  1.595619  0.993161 -2.363707  Femal
2     C -0.479592 -1.650382 -0.543490  0.779611  Femal
```

5.3 对数据框元素 (行列) 的选择

5.3.1 直接使用变量名字 (columns) 及行名 (index)

变量 (列) 可以引用变量名字 (columns), 行的提取则是按照行号. 下面就上面产生的数据 w 来说明:

```
print(w[['X1','Y']][:2]) #X1和Y的前2行
print(w[:2]) #所有变量的前两行
print(w[w.columns[3:]][-3:]) #第3个变量及后面变量的最后3行
```

得到:

```
         X1         Y
A -1.175448 -1.800569
B  0.130100 -2.363707
         X1        X2        X3         Y    sex
A -1.175448 -0.383148 -1.471366 -1.800569  Femal
B  0.130100  1.595619  0.993161 -2.363707  Femal
          Y   sex
E -0.306799  Male
F -0.247785  Male
G -0.779696  Male
```

当然, 如果选择某一个变量, 还可以使用下面引用变量名字的方法:

```
print(w.sex[:4]) #sex变量的前4个元素
```

得到:

```
A     Femal
B     Femal
C     Femal
D      Male
Name: sex, dtype: object
```

5.3.2 通过“.loc”使用变量名字 (columns) 及行名 (index)

还可以通过“.loc”使用下面方法选择行和列, 这有些像 R 了, 但还是需要用 index 及 columns 的名字.

```
print(w.loc['A':'C','X3':'sex']) #index'A'到'C', 变量'X3'到'sex'
print(w.loc[['G','A','F'],['sex','Y','X1']]) # 随意选择的行名和变量名
```

得到:

```
         X3         Y    sex
A -1.471366 -1.800569  Femal
B  0.993161 -2.363707  Femal
C -0.543490  0.779611  Femal
     sex         Y        X1
G   Male -0.779696 -2.583517
A  Femal -1.800569 -1.175448
F   Male -0.247785  0.762969
```

5.3.3 使用“.iloc”

使用“.iloc”使得可以用行列号码更方便地选择行和列, 例如:

```
print(w.iloc[[1,0,3],[0,4,2]])
print(w.iloc[[3,2,0],-3:])
print(w.iloc[:2,-3:])
```

得到:

```
         X1    sex        X3
B  0.130100  Femal  0.993161
A -1.175448  Femal -1.471366
D -0.502609   Male  2.703237
         X3         Y    sex
D  2.703237 -0.074517   Male
C -0.543490  0.779611  Femal
A -1.471366 -1.800569  Femal
         X3         Y    sex
A -1.471366 -1.800569  Femal
```

```
B  0.993161 -2.363707  Femal
```

5.4 数据框的一些简单计算

可以对数据框做各种运算, 也可以使用 numpy 中的一些函数做转置、加、减、乘、除等各种运算. panda 和 numpy 关系密切, 前面有很多函数代码都是相同的.

1. 产生数据例子

下面产生若干数据框 (u、v、x、s 以及重新产生前面的 w) 如下:

```
import pandas as pd
np.random.seed(8888)
name1=['X1','X2','X3','Y']
u=pd.DataFrame(np.random.randn(7,4),columns=name1)
print('u.head(2)=\n',u.head(2))
print('u.shape=',u.shape)
v=pd.DataFrame(np.random.randn(5,3),columns=['X1','X2','Y'])
print('v.head(2)=\n',v.head(2))
print('v.shape=',v.shape)
x=pd.DataFrame(np.random.randn(3,4),index=['s','u','t'])
x.columns=['w','u','v','x']
print('x.head(2)=\n',x.head(2))
print('v.shape=',x.shape)
s=pd.DataFrame({'sex':['Male','Female','Male','Female','Male'],'X1': range(5)})
print('s.head(2)=\n',s.head(2))
print('s.shape=',s.shape)
np.random.seed(1010)
name1=['X1','X2','X3','Y']
w=pd.DataFrame(np.random.randn(7,4),columns=name1)
w['sex']=['Femal']*3+['Male']*4
```

输出显示:

```
u.head(2)=
          X1        X2        X3         Y
0 -0.411220 -0.049928  0.182603  2.487474
1  0.173458 -1.105969 -0.606592  0.094524
u.shape= (7, 4)
v.head(2)=
          X1        X2         Y
0 -0.753735  0.137487  0.651552
1 -0.419250 -0.775389  0.564145
v.shape= (5, 3)
x.head(2)=
           w         u         v         x
s -1.379720  0.412541 -0.482893  1.043093
u  1.203472 -0.887804  0.829432 -1.035427
```

```
v.shape= (3, 4)
s.head(2)=
       sex  X1
0     Male   0
1   Female   1
s.shape= (5, 2)
```

2. 数据框转置

先产生一个数据 df, 并且用和 numpy 一样的代码 .T (等同于 .transpose) 进行转置:

```
np.random.seed(1010)
df=pd.DataFrame(np.random.randn(7,2),columns=('X1','X2'))
df['sex']=['Female']*4+['Male']*3
print(df,'\n',df.T) #或 df.transpose()
```

输出为:

```
         X1        X2     sex
0 -1.175448 -0.383148  Female
1 -1.471366 -1.800569  Female
2  0.130100  1.595619  Female
3  0.993161 -2.363707  Female
4 -0.479592 -1.650382    Male
5 -0.543490  0.779611    Male
6 -0.502609  0.285890    Male
             0        1        2         3         4         5         6
X1    -1.17545 -1.47137   0.1301  0.993161 -0.479592  -0.54349 -0.502609
X2   -0.383148 -1.80057  1.59562  -2.36371  -1.65038  0.779611   0.28589
sex     Female   Female   Female    Female      Male      Male      Male
```

转置后还是数据框, 其行名 (index) 和变量名 (columns) 与原先的对调了:

3. 两个数据框之间的运算

如果两个数据框相加, 只有 columns 和 index 相同的部分才能真正相加, 比如使用下面代码:

```
print(s+w)
```

会得到:

```
         X1  X2  X3   Y          sex
0 -1.175448 NaN NaN NaN   MaleFemal
1  1.130100 NaN NaN NaN FemaleFemal
2  1.520408 NaN NaN NaN   MaleFemal
```

```
3  2.497391 NaN NaN NaN   FemaleMale
4  2.629897 NaN NaN NaN     MaleMale
5       NaN NaN NaN NaN          NaN
6       NaN NaN NaN NaN          NaN
```

这说明, 只有变量名和行名都对得上的元素才能相加, 而且同变量名的元素性质也要一样, 不匹配的元素之间操作会得到 NaN. 比如字符只能和字符相加但其他减、乘、除等都不能有字符型变量参与.

下面是两三个数据框之间的运算:

```
print('w*v/u=\n',w*v/u,'\nw**u=\n',w**u)
```

结果输出为:

```
w*v/u=
          X1        X2  X3          Y  sex
0 -2.154504  1.055078 NaN  -0.471628  NaN
1 -0.314455  1.118680 NaN -14.107292  NaN
2  0.295794  7.662724 NaN  -0.250711  NaN
3  0.233772  0.124684 NaN  -0.118712  NaN
4 -2.010267 -2.037139 NaN   1.013789  NaN
5       NaN       NaN NaN        NaN  NaN
6       NaN       NaN NaN        NaN  NaN
w**u=
          X1        X2        X3         Y  sex
0       NaN       NaN       NaN       NaN  NaN
1  0.702045  0.596440  1.004172       NaN  NaN
2       NaN       NaN       NaN  0.828298  NaN
3       NaN  0.732232  2.810841       NaN  NaN
4       NaN  0.817991  1.763213       NaN  NaN
5  0.637903       NaN  1.000941       NaN  NaN
6       NaN  1.807253       NaN       NaN  NaN
```

这输出显示了行列名字必须匹配, 不匹配或者负数取指数会得到 NaN.

4. 一个数据框本身的运算

```
print('v**2+v*5+2*np.exp(v)=\n',v**2+v*5+2*np.exp(v)) #简单运算
print('v-v.iloc[0]=\n',v-v.iloc[0]) #v的每一行减去第0行
print('x-x[index=t]=\n',x-x.loc['t']) #x的每一行减去标签为't'的行
print('x.T.dot(x)=\n',x.T.dot(x)) #用numpy的矩阵转置及矩阵乘法函数
```

得到:

```
v**2+v*5+2*np.exp(v)=
          X1        X2         Y
0 -2.259348  3.001113   7.519309
1 -0.605399 -2.354669   6.654876
2 -2.095314 -4.183248   0.410547
3  9.027476  2.783861  14.261060
4 -5.017177 -3.668631  -5.201959
v-v.iloc[0]=
          X1        X2        Y
0  0.000000  0.000000  0.000000
1  0.334485 -0.912877 -0.087406
2  0.036552 -1.410075 -0.894888
3  1.547970 -0.028936  0.561277
4 -0.837670 -1.250354 -4.145161
x-x[index=t]=
          w         u         v         x
s -0.464725  0.798213 -1.894492  1.710345
u  2.118467 -0.502133 -0.582167 -0.368175
t  0.000000  0.000000  0.000000  0.000000
x.T.dot(x)=
          w         u         v         x
w  4.189186 -1.284751  0.372848 -2.074751
u -1.284751  1.107129 -1.480001  1.606915
v  0.372848 -1.480001  2.913757 -2.304411
x -2.074751  1.606915 -2.304411  2.605377
```

自然, 可以对数据框的行列做各种简单运算, 下面代码是一些例子, 其中 `axis=0` 意味着对行做运算.

```
print(x.sum(axis=0),"\n",x.sum(axis=1),"\n",x.mean(axis=0))
print(x.std(axis=0),"\n",x.prod(axis=0),"\n",x.count(axis=0),
          "\n",x.cumsum(axis=0))
```

这些运算类似于 R 中的 `apply` 函数, 这里就不展示输出了.

5.5 以变量的值作为条件的数据框操作例子

5.5.1 以变量的值作为条件挑选数据框的行

我们还是用前面产生的数据 `w` 作为例子, 为此, 重新产生一次该数据 (注意 index 的变化):

```
np.random.seed(1010)
w=pd.DataFrame(np.random.randn(7,4),columns=['X1','X2','X3','Y'])
w['sex']=['Femal']*3+['Male']*4
```

```
w.index=['A','B','C','D','E','F','G']
```

下面代码选择 X1 小于 0 或者 sex 为 Female 的 'sex','X1','Y','X3' 列:

```
print(w.loc[(w['X1']<0) | (w.sex=='Female'),['sex','X1','Y','X3']])
```

得到:

```
     sex        X1         Y        X3
A  Femal -1.175448 -1.800569 -1.471366
C  Femal -0.479592  0.779611 -0.543490
D   Male -0.502609 -0.074517  2.703237
E   Male -1.370103 -0.306799  0.598050
G   Male -2.583517 -0.779696 -1.776461
```

有许多方式得到这个结果, 比如:

```
w[(w['X1']<0) | (w.sex=='Female')][['sex','X1','Y','X3']]
```

5.5.2 根据变量的值把整个数据框排序

1. 按照一个变量排序

以上面的数据框 w 为例, 把整个数据框按照某一变量 (这里按照 X1 的降序排列) 排序:

```
print(w.sort_values(by='X1', ascending=False))
```

输出为:

```
         X1        X2        X3         Y    sex
F  0.762969 -0.998878  1.009264 -0.247785   Male
B  0.130100  1.595619  0.993161 -2.363707  Femal
C -0.479592 -1.650382 -0.543490  0.779611  Femal
D -0.502609  0.285890  2.703237 -0.074517   Male
A -1.175448 -0.383148 -1.471366 -1.800569  Femal
E -1.370103  0.358587  0.598050 -0.306799   Male
G -2.583517  0.757221 -1.776461 -0.779696   Male
```

2. 按照多个变量排序

下面把 w 先按照 sex 降序排序, 再在每个性别中按照 Y 变量升序排序:

```
print(w.sort_values(by=['sex','Y'], ascending=[False,True]))
```

输出为:

```
         X1        X2        X3        Y    sex
G -2.583517  0.757221 -1.776461 -0.779696   Male
E -1.370103  0.358587  0.598050 -0.306799   Male
F  0.762969 -0.998878  1.009264 -0.247785   Male
D -0.502609  0.285890  2.703237 -0.074517   Male
B  0.130100  1.595619  0.993161 -2.363707  Femal
A -1.175448 -0.383148 -1.471366 -1.800569  Femal
C -0.479592 -1.650382 -0.543490  0.779611  Femal
```

5.6 添加新变量, 删除变量、观测值或改变 index

5.6.1 以变量的值作为条件设定新变量

下面先制造一个分数数据框 (并打印其转置):

```
np.random.seed(1010)
Grade = {'score': np.random.choice(range(30,100),size=6)}
df = pd.DataFrame(Grade)
print(df.T)
```

得到:

```
        0   1   2   3   4   5
score  66  48  97  52  72  83
```

现在增加一个新变量, 以 60 以上为及格:

```
df.loc[df.score<60,'result']='fail'
df.loc[df.score>=60,'result']='pass'
print(df)
```

结果输出为:

```
   score result
0     66   pass
1     48   fail
2     97   pass
3     52   fail
4     72   pass
5     83   pass
```

注意, 如果没有第二句: `df.loc[df.score>=60,'result']='pass'`, 则输出的 score 变量不小于 60 的 result 的位置为 `NaN`.

5.6.2 在已有数据框中插入新变量到预定位置

1. 加入新变量

在上面数据框 df 加入一个变量到第 0 列:

```
df.insert(loc=0,column='name', value=['Tom','John','Jane','Ted',"Bob",'Lee'])
print(df)
```

输出为:

```
   name  score result
0   Tom     66   pass
1  John     48   fail
2  Jane     97   pass
3   Ted     52   fail
4   Bob     72   pass
5   Lee     83   pass
```

2. 重复的情况

(1) 在上面最后生成的数据框 df 再加入 1 个全部是 0 的变量到第 3 列:

```
df.insert(3,'extra',0)
print(df)
```

输出为:

```
   name  score result  extra
0   Tom     66   pass      0
1  John     48   fail      0
2  Jane     97   pass      0
3   Ted     52   fail      0
4   Bob     72   pass      0
5   Lee     83   pass      0
```

(2) 再加一列同名的 (即使不同值) 的变量, 必须加入 allow_duplicates=True 的选项, 否则会报错:

```
df.insert(3,'extra',np.arange(6)[::-1],allow_duplicates=True)
print(df)
```

输出为:

```
   name  score result  extra  extra
0   Tom     66   pass      5      0
1  John     48   fail      4      0
```

```
2  Jane    97   pass     3    0
3   Ted    52   fail     2    0
4   Bob    72   pass     1    0
5   Lee    83   pass     0    0
```

5.6.3 删除数据框的变量和观测值

构造一个数据的两种形式的数据框:

```
v=np.random.choice(np.arange(60,100),(12,3))
name=np.repeat(['Tom','Bob','June'],4).reshape(-1,1)
year=np.array([2014,2015,2016,2017]*3).reshape(-1,1)
dd=np.hstack((name,year,v))
u=pd.DataFrame(data=dd,columns=['name','year','Math','Pys','Lit'])
u3=u.set_index(['name','year'])

print('u=\n',u,'\nu3=\n',u3)
```

输出为:

```
u=
      name  year Math Pys  Lit
0     Tom  2014   70  62  76
1     Tom  2015   87  94  92
2     Tom  2016   81  80  68
3     Tom  2017   75  98  71
4     Bob  2014   64  89  78
5     Bob  2015   61  92  78
6     Bob  2016   90  88  73
7     Bob  2017   86  98  95
8    June  2014   99  67  62
9    June  2015   80  86  86
10   June  2016   93  64  70
11   June  2017   90  64  95
u3=
              Math Pys  Lit
name year
Tom  2014    70   62   76
     2015    87   94   92
     2016    81   80   68
     2017    75   98   71
Bob  2014    64   89   78
     2015    61   92   78
     2016    90   88   73
     2017    86   98   95
```

```
June 2014    99   67   62
     2015    80   86   86
     2016    93   64   70
     2017    90   64   95
```

1. 用 drop 删除变量

删除两个变量:

```
u3.drop(['Lit','Math'],axis=1) #等价于 u3.drop(columns=['Lit','Math'])
```

输出为:

```
           Pys
name year
Tom  2014   62
     2015   90
     2016   68
     2017   82
Bob  2014   90
     2015   73
     2016   67
     2017   83
June 2014   76
     2015   87
     2016   77
     2017   92
```

2. 用 drop 删除行

(1) 删除 u 的 0,4,8 三行:

```
print(u.drop([0,4,3]))
```

输出为:

```
     name  year Math Pys  Lit
1     Tom  2015   87  94   92
2     Tom  2016   81  80   68
5     Bob  2015   61  92   78
6     Bob  2016   90  88   73
7     Bob  2017   86  98   95
8    June  2014   99  67   62
9    June  2015   80  86   86
10   June  2016   93  64   70
```

```
11  June  2017   90  64  95
```

(2) 删除 u3 等同于 u 的 0,4,8 三行, 但 u3 没有数字 index, 必须标明 index:

```
u3.drop(index='2014',level=1) #这里level=1标明'2014'是第1列index
```

输出为:

```
               Math Pys Lit
name  year
Tom   2015      87   94  92
      2016      81   80  68
      2017      75   98  71
Bob   2015      61   92  78
      2016      90   88  73
      2017      86   98  95
June  2015      80   86  86
      2016      93   64  70
      2017      90   64  95
```

(3) 删除 u3 等同于 u 的最后 3 行:

```
u3.drop(index='June',level=0)
```

输出为:

```
               Math Pys Lit
name  year
Tom   2014      70   62  76
      2015      87   94  92
      2016      81   80  68
      2017      75   98  71
Bob   2014      64   89  78
      2015      61   92  78
      2016      90   88  73
      2017      86   98  95
```

(4) 删除 u 的某些行列:

```
print(u.drop(index=[0,4,3],columns='Math'))
```

输出为:

```
    name  year Pys Lit
1    Tom  2015  94  92
2    Tom  2016  80  68
```

```
5     Bob  2015  92  78
6     Bob  2016  88  73
7     Bob  2017  98  95
8    June  2014  67  62
9    June  2015  86  86
10   June  2016  64  70
11   June  2017  64  95
```

(5) 删除 u3 的某些行列:

```
u3.rename_axis([None,None],axis=0).drop(index='June',columns='Math')
```

输出为:

```
          Pys  Lit
Tom 2014   62   76
    2015   94   92
    2016   80   68
    2017   98   71
Bob 2014   89   78
    2015   92   78
    2016   88   73
    2017   98   95
```

3. 用 reindex 改变行列

这里产生一个数据框:

```
Df=pd.DataFrame({'Math':[67,83,98],'Pys': [98,25,37]},
  index=['Tom','Bob','June'])
Df
```

输出为:

```
      Math  Pys
Tom     67   98
Bob     83   25
June    98   37
```

(1) 使用 reindex 重新安排行次序, 并可增减行数值, 增加的, 如果没有注明, 则标为 NaN:

```
new_index=['Tom', 'June', 'John']
Df.reindex(new_index)
```

输出为:

```
      Math   Pys
Tom   67.0  98.0
June  98.0  37.0
John   NaN   NaN
```

(2) 也可以同时增减 columns, 而且指定统一的缺失值:

```
Df.reindex(index=new_index,columns=['Math','Hist'],fill_value=999)
```

输出为:

```
      Math  Hist
Tom     67   999
June    98   999
John   999   999
```

5.7 数据框文件结构的改变

5.7.1 把若干列变量叠加成一列: .stack

我们构造一个三个人三门学科的数据:

```
Gd=np.array([[87,79,80],[98,65,72],[69,88,86]])
w=pd.DataFrame(data=Gd,index=['Tom','Bob','June'],
  columns=['Math','Phy','Lit'])
print(w)
```

输出为:

```
      Math  Phy  Lit
Tom     87   79   80
Bob     98   65   72
June    69   88   86
```

可以把它的列竖直叠加, 而把下面 9 个数目形成一列:

```
w1=w.stack() #等同于w.stack(0)
print(w1)
```

输出为:

```
Tom   Math    87
      Phy     79
      Lit     80
Bob   Math    98
      Phy     65
```

```
     Lit      72
June Math     69
     Phy      88
     Lit      86
```

这是个有两重 index 的 pd.Series 而不是数据框，把它变为数据框，必须重新设定 index 并且改变变量名字 (读者可以打印中间结果看在这个过程中的每一步发生了什么):

```
w2=pd.DataFrame(w1)
w2.reset_index(inplace=True)
w2.columns=('name','class','grade')
w2
```

输出为:

```
   name class  grade
0   Tom  Math     87
1   Tom   Phy     79
2   Tom   Lit     80
3   Bob  Math     98
4   Bob   Phy     65
5   Bob   Lit     72
6  June  Math     69
7  June   Phy     88
8  June   Lit     86
```

5.7.2 把前面叠加的拆开: .unstack

利用前面的 w1=w.stack() 来拆分:

(1) level=-1:

```
w1.unstack() #等同于w1.unstack(level=-1)
```

输出为:

```
      Math  Phy  Lit
Tom     87   79   80
Bob     98   65   72
June    69   88   86
```

(2) level=0:

```
w1.unstack(0)
```

输出为:

```
       Tom  Bob  June
Math    87   98    69
Phy     79   65    88
Lit     80   72    86
```

5.7.3 改变表的结构: .pivot

先构造一个数据框:

```
v=np.random.choice(np.arange(60,100),(12,3))
name=np.repeat(['Tom','Bob','June'],4).reshape(-1,1)
year=np.array([2014,2015,2016,2017]*3).reshape(-1,1)
dd=np.hstack((name,year,v))
u=pd.DataFrame(data=dd,columns=['name','year','Math','Pys','Lit'])
print(u)
```

输出为:

```
    name  year Math Pys  Lit
0    Tom  2014   99  67   62
1    Tom  2015   80  86   86
2    Tom  2016   93  64   70
3    Tom  2017   90  64   95
4    Bob  2014   70  66   91
5    Bob  2015   74  91   62
6    Bob  2016   73  72   84
7    Bob  2017   67  78   89
8   June  2014   79  80   77
9   June  2015   94  73   91
10  June  2016   65  66   62
11  June  2017   70  89   99
```

1. 形成多维表格

下面把数据框中的 year 作为 index, 用 name 当列变量, 而分数为 values 在中间:

```
u.pivot(index ='year',columns ='name',values =['Math','Pys','Lit'])
```

输出为:

```
     Math              Pys            Lit
name  Bob June Tom Bob  June Tom Bob  June  Tom
year
2014   70   79  99  66   80   67  91   77   62
2015   74   94  80  91   73   86  62   91   86
```

```
2016    73    65  93  72    66  64  84    62  70
2017    67    70  90  78    89  64  89    99  95
```

2. 一列数值的多变量表格信息的提取

前面的数据 u 是一个标准的每个变量一列的数据，但我们遇到的很多数据的各列都用不同的变量名字，只有一列是数值，这种数据在诸如联合国等各个机构发布的数据中尤为普遍，下面根据前面关于 stack 的方法把这里的数据 u 化成常见的形式：

```
u1=pd.DataFrame(u.set_index(['name','year']).stack())
u1.reset_index(inplace=True)
u1.columns=['name','year','class','grade']
print(u1)
```

输出为：

```
    name  year class grade
0    Tom  2014  Math    84
1    Tom  2014   Pys    68
2    Tom  2014   Lit    83
3    Tom  2015  Math    66
4    Tom  2015   Pys    78
5    Tom  2015   Lit    80
6    Tom  2016  Math    66
7    Tom  2016   Pys    69
8    Tom  2016   Lit    73
9    Tom  2017  Math    87
10   Tom  2017   Pys    92
11   Tom  2017   Lit    64
12   Bob  2014  Math    62
13   Bob  2014   Pys    89
14   Bob  2014   Lit    64
15   Bob  2015  Math    77
16   Bob  2015   Pys    61
17   Bob  2015   Lit    90
18   Bob  2016  Math    84
19   Bob  2016   Pys    99
20   Bob  2016   Lit    71
21   Bob  2017  Math    74
22   Bob  2017   Pys    93
23   Bob  2017   Lit    62
24  June  2014  Math    88
25  June  2014   Pys    71
26  June  2014   Lit    87
```

```
27  June  2015  Math   77
28  June  2015   Pys   99
29  June  2015   Lit   67
30  June  2016  Math   64
31  June  2016   Pys   65
32  June  2016   Lit   71
33  June  2017  Math   95
34  June  2017   Pys   88
35  June  2017   Lit   89
```

现在,利用 pivot 把需要的信息提取出来.

(1) 某人的记录:

```
Tom=u1[u1['name']=='Tom'].pivot(index='year', columns='class',
    values='grade')
print(Tom)
```

输出为:

```
class Lit  Math  Pys
year
2014   83    84   68
2015   80    66   78
2016   73    66   69
2017   64    87   92
```

上面的记录中还有多余的 index 名字 year, 及列的总称 class, 可以去掉 (下面 axis=1 去掉 class, axis=0 去掉 year):

```
Tom.rename_axis(None,axis=1).rename_axis(None,axis=0)
```

输出就干净了:

```
      Lit  Math  Pys
2014  83    84   68
2015  80    66   78
2016  73    66   69
2017  64    87   92
```

如果要把年从 index 移动到 columns 中, 则用下面的代码 (如果 index 没有名字, 则下面用 reset_index()):

```
Tom.rename_axis(None,axis=1).reset_index('year')
```

输出为:

```
    year Lit Math Pys
0  2014  83   84  68
1  2015  80   66  78
2  2016  73   66  69
3  2017  64   87  92
```

(2) 通过类似于上面的操作, 得到某年的记录:

```
y2014=u1[u1['year']=='2014'].pivot(index='name',columns='class',values='grade')
y2014.reset_index(level="name").rename_axis(None,axis=1)
```

输出为:

```
   name Lit Math Pys
0   Bob  64   62  89
1  June  87   88  71
2   Tom  83   84  68
```

(3) 通过类似于上面的操作, 得到某科的记录:

```
Math=u1[u1['class']=='Math'].pivot(index='year',columns='name',values='grade')
Math.reset_index(level='year').rename_axis(None,axis=1)
```

输出为:

```
    year Bob June Tom
0  2014  62   88  84
1  2015  77   77  66
2  2016  84   64  66
3  2017  74   95  87
```

5.8 数据框文件的合并

首先建立两个数据框:

```
df1=pd.DataFrame({'X1': [1, 3., 2],'X2': [-2., -1, 9]},index=[0, 1, 2])
df2=pd.DataFrame({'X1': [1/2, 3.5, 12, 43],'X2': [6., -5, 4, 7]},index=[0, 1, 2, 3])
print(df1,'\n',df2)
```

输出为:

```
    X1   X2
0  1.0 -2.0
1  3.0 -1.0
2  2.0  9.0
      X1   X2
0   0.5  6.0
```

```
1    3.5 -5.0
2   12.0  4.0
3   43.0  7.0
```

5.8.1 使用 pd.concat 合并

1. 纵向合并

(1) 保持原来数据框的 index:

```
print(pd.concat((df1,df2))) #相当于 pd.concat((df1,df2),axis=0)
```

输出为:

```
      X1   X2
0    1.0 -2.0
1    3.0 -1.0
2    2.0  9.0
0    0.5  6.0
1    3.5 -5.0
2   12.0  4.0
3   43.0  7.0
```

(2) 重新设定默认 index:

```
print(pd.concat((df1,df2),ignore_index=True))
```

输出为:

```
      X1   X2
0    1.0 -2.0
1    3.0 -1.0
2    2.0  9.0
3    0.5  6.0
4    3.5 -5.0
5   12.0  4.0
6   43.0  7.0
```

2. 横向合并

再生成一个数据框:

```
df3=pd.DataFrame({'X3': ['Male', 'Female', 'Female', 'Male'],
                  'X4': ['H','P','G', 'H']},index=[5, 6, 7, 8])
print(df3)
```

输出为:

```
       X3 X4
0    Male  H
1  Female  P
2  Female  G
3    Male  H
```

(1) 横向合并, 保持原来的名字和 index (如果 index 不相同, 则会出现 NaN):

```
print(pd.concat((df1,df2,df3),axis=1))
```

输出为:

```
    X1   X2    X1   X2      X3 X4
0  1.0 -2.0   0.5  6.0    Male  H
1  3.0 -1.0   3.5 -5.0  Female  P
2  2.0  9.0  12.0  4.0  Female  G
3  NaN  NaN  43.0  7.0    Male  H
```

(2) 横向合并, 不再保持原来的名字和 index:

```
print(pd.concat((df1,df2,df3),ignore_index=True,axis=1))
```

输出为:

```
     0    1     2    3       4  5
0  1.0 -2.0   0.5  6.0    Male  H
1  3.0 -1.0   3.5 -5.0  Female  P
2  2.0  9.0  12.0  4.0  Female  G
3  NaN  NaN  43.0  7.0    Male  H
```

(3) 使用 `concat` 把 `pd.Series` 横向组合成数据框 (`keys` 覆盖原来的名字):

```
s1=pd.Series([1, 2, 3], name='H')
s2=pd.Series([6, 5, 4], name='A')
s3=pd.Series([8, 9, 7], name='C')
pd.concat([s1, s2, s3], axis=1, keys=['one', 'two', 'three'])
```

输出为:

```
   one  two  three
0    1    6      8
1    2    5      9
2    3    4      7
```

5.8.2 使用 pd.merge 和 .join 水平合并

先产生一些数据框:

```
df1=pd.DataFrame({'id': [1,3,5,2],'m_grade': [98,60,81,70]})
df2=pd.DataFrame({'id':[1,2,5,6],'s_grade':[50,90,78,60],'m_grade':[99,75,60,78]})
df3=pd.DataFrame({'xid': [6,1,2,4],'c_grade': [20,65,83,98]})
print(df1,'\n',df2,'\n',df3,'\n',df4)
```

输出为:

```
   id  m_grade
0   1       98
1   3       60
2   5       81
3   2       70
    id  s_grade  m_grade
0   1       50       99
1   2       90       75
2   5       78       60
3   6       60       78
    xid  c_grade
0     6       20
1     1       65
2     2       83
3     4       98
```

(1) 如果两个数据框有一个变量同名, 则按照该变量合并 (不符合的不会出现):

```
pd.merge(df1,df2[['id','s_grade']])#默认 how='inner'
```

输出为:

```
   id  m_grade  s_grade
0   1       98       50
1   5       81       78
2   2       70       90
```

(2) 如果两个数据框有一个变量同名, 则按照该变量合并 (使用 how='outer' 出现所有的, 不匹配的显示 NaN):

```
pd.merge(df1,df2[['id','s_grade']],how='outer')#默认 how='inner'
```

输出为:

```
   id  m_grade  s_grade
0   1     98.0     50.0
1   3     60.0      NaN
2   5     81.0     78.0
3   2     70.0     90.0
4   6      NaN     60.0
```

(3) 如果两个数据框有多于一个变量同名，则必须说明按照哪个同名变量合并，而另一个同名变量加上默认 (为 _x 及 _y) 或指定的扩展名:

```
pd.merge(df1,df2,left_on='id', right_on='id',suffixes=('_first', '_second'))
```

输出为:

```
   id  m_grade_first  s_grade  m_grade_second
0   1             98       50              99
1   5             81       78              60
2   2             70       90              75
```

(4) 如果两个数据框没有同名变量，则必须指定用哪两个变量匹配 (这里的 how='inner' 是默认值):

```
pd.merge(left=df2,right=df3,left_on='id',right_on='xid',how='outer')
```

输出为:

```
    id  s_grade  m_grade  xid  c_grade
0  1.0     50.0     99.0  1.0     65.0
1  2.0     90.0     75.0  2.0     83.0
2  5.0     78.0     60.0  NaN      NaN
3  6.0     60.0     78.0  6.0     20.0
4  NaN      NaN      NaN  4.0     98.0
```

(5) 在上一种情况，如果设 how='left' 则保持左边数据框匹配变量的所有值 (右边相应缺失的为 NaN)，设 how='right' 的情况是对称的:

```
pd.merge(left=df2,right=df3,left_on='id',right_on='xid',how='left')
```

输出为:

```
   id  s_grade  m_grade  xid  c_grade
0   1       50       99  1.0     65.0
1   2       90       75  2.0     83.0
2   5       78       60  NaN      NaN
3   6       60       78  6.0     20.0
```

(6) 使用 .join 没有共同变量的合并 (只合并共同 index outer='inner'):

```
df2.join(df3,how='inner')
```

输出为:

```
   id  s_grade  m_grade  xid  c_grade
0   1       50       99    6       20
1   2       90       75    1       65
2   5       78       60    2       83
3   6       60       78    4       98
```

(7) 使用 .join 有共同变量的合并 (只合并共同 index, 必须标明同名变量的扩展名):

```
df1.join(df2,lsuffix='_l', rsuffix='_r',how='inner')
```

输出为:

```
   id_l  m_grade_l  id_r  s_grade  m_grade_r
0     1         98     1       50         99
1     3         60     2       90         75
2     5         81     5       78         60
3     2         70     6       60         78
```

(8) 使用 .join 根据某变量的合并, 必须标明同名变量的扩展名 (how='inner' 情况):

```
df1.join(df2,on='id', lsuffix='_l', rsuffix='_r',how='inner')
```

输出为:

```
   id  id_l  m_grade_l  id_r  s_grade  m_grade_r
0   1     1         98     2       90         75
1   3     3         60     6       60         78
3   2     2         70     5       78         60
```

(9) 使用 .join 根据某变量的合并, 必须标明同名变量的扩展名 (how='outer' 情况):

```
df1.join(df2,on='id', lsuffix='_l', rsuffix='_r',how='outer')
```

输出为:

```
     id  id_l  m_grade_l  id_r  s_grade  m_grade_r
0.0   1   1.0       98.0   2.0     90.0       75.0
1.0   3   3.0       60.0   6.0     60.0       78.0
2.0   5   5.0       81.0   NaN      NaN        NaN
3.0   2   2.0       70.0   5.0     78.0       60.0
NaN   0   NaN        NaN   1.0     50.0       99.0
```

5.8.3 使用 .append 竖直合并

这里使用前面小节的数据框:

```
df1=pd.DataFrame({'id': [1,3,5,2],'m_grade': [98,60,81,70]})
df2=pd.DataFrame({'id':[1,2,5,6],'s_grade':[50,90,78,60],'m_grade':[99,75,60,78]})
```

(1) 保持各自 index (这里的 sort=True,ignore_index=False 是默认值):

```
df1.append(df2,sort=True,ignore_index=False)
```

输出为:

```
   id  m_grade  s_grade
0   1       98      NaN
1   3       60      NaN
2   5       81      NaN
3   2       70      NaN
0   1       99     50.0
1   2       75     90.0
2   5       60     78.0
3   6       78     60.0
```

(2) 用默认的统一 index:

```
df1.append(df2,sort=False,ignore_index=True)
```

输出为:

```
   id  m_grade  s_grade
0   1       98      NaN
1   3       60      NaN
2   5       81      NaN
3   2       70      NaN
4   1       99     50.0
5   2       75     90.0
6   5       60     78.0
7   6       78     60.0
```

(3) 用 dict 增加行:

```
d = [{'id':6,'m_grade':100},{'id':8,'m_grade':50}]
print(df1.append(d,ignore_index=True))
```

输出为:

```
    id  m_grade
 0   1       98
 1   3       60
 2   5       81
 3   2       70
 4   6      100
 5   8       50
```

(4) 用 pd.series 增加行:

```
s = pd.Series([6, 100], index=['id', 'm_grade'])
df1.append(s,ignore_index=True)
```

输出为:

```
    id  m_grade
 0   1       98
 1   3       60
 2   5       81
 3   2       70
 4   6      100
```

注意: 和 list 不同, 这里的 df1.append 并不改变 df1, 只有赋值 df1=df1.append 才能改变 df1.

5.9 pandas 序列的产生

和数据框类似, 只有一维的 pandas 序列可以用不同方式产生, 下面是两个例子:

```
np.random.seed(1010)
s=pd.Series(np.random.randn(4),index=['a','b','c','d'])
print('s=\n',s)
d=pd.Series({'a':2.7,'b':-3.6})
print('d=\n',d)
```

得到:

```
s=
a   -1.175448
b   -0.383148
c   -1.471366
d   -1.800569
dtype: float64
d=
a    2.7
b   -3.6
```

```
dtype: float64
```

5.10 pandas 序列的一些性质和计算

5.10.1 选择子序列

1. 根据下标选择子序列

和 numpy 数组根据下标选择子集一样，下面是选择子序列的例子：

```
print('s[:3]=\n',s[:3])
print('s[[0,3]]=\n',s[[0,3]])
```

结果输出为：

```
s[:3]=
 a   -1.175448
b   -0.383148
c   -1.471366
dtype: float64
s[[0,3]]=
 a   -1.175448
d   -1.800569
dtype: float64
```

2. 利用条件语句选择子序列

和数据框类似，可以利用条件语句挑选序列的子集，比如：

```
print("s[s.index>'b'=\n",s[s.index>'b'])
print("s[(s>-1.2) & (s<1.5)]=\n",s[(s>-1.2) & (s<1.5)])
```

结果输出为：

```
s[s.index>'b'=
 c   -1.471366
d   -1.800569
dtype: float64
s[(s>-1.2) & (s<1.5)]=
 a   -1.175448
b   -0.383148
dtype: float64
```

5.10.2 一些简单计算

利用上面产生的序列做简单计算的示例代码如下：

```
print('s*2+np.exp(s)-abs(s**3)=\n',s*2+np.exp(s)-abs(s**3))
print('s[:2]+s[1:]=\n',s[:2]+s[1:])
```

得到:

```
s*2+np.exp(s)-abs(s**3)=
a   -3.666305
b   -0.140830
c   -5.898509
d   -9.273460
dtype: float64
s[:2]+s[1:]=
a         NaN
b   -0.766295
c         NaN
d         NaN
dtype: float64
```

这里也体现了同样 index 才能运算的原则 (其他为 NaN).

5.10.3 带有时间的序列

下面产生一个随机序列, 在加上日期后产生图5.10.1(后面将会介绍画图模块以及 pandas 的画图函数), 这里的 %matplotlib inline 命令是要在 notebook 的界面中插入图形. 首先输入必要的模块:

```
import pandas as pd
import numpy as np
import matplotlib
from pandas.plotting import register_matplotlib_converters
register_matplotlib_converters()
import matplotlib.pyplot as plt
%matplotlib inline
```

然后模拟一个随机游走作为时间序列并产生图形:

```
from pandas.plotting import register_matplotlib_converters
register_matplotlib_converters()
np.random.seed(1010)
dates = pd.date_range('1989-01', periods=100, freq='M')
s1=pd.Series(np.random.randn(100).cumsum(), index=dates)
fig=plt.figure(figsize=(15,4))
plt.plot(s1)
```

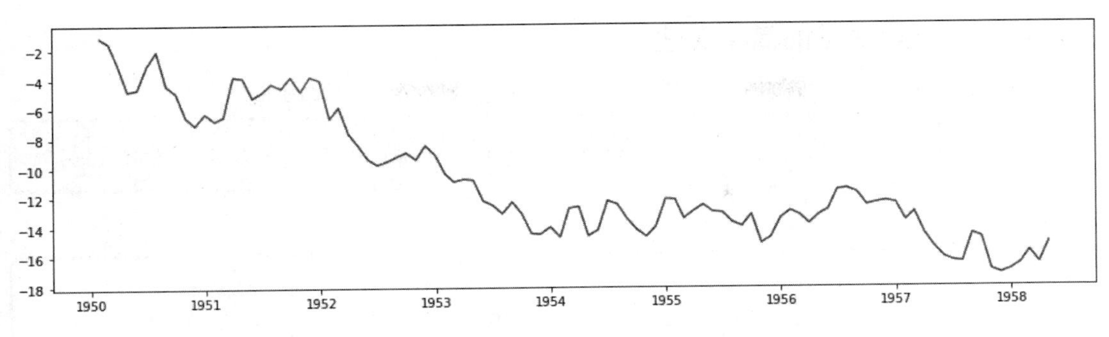

图 5.10.1 随机产生的时间序列图

5.11 一个例子

例 5.1 (diamonds.csv) 这个数据来自 R 程序包 `ggplot2`[1], 有 53940 个观测值及 10 个变量, 其中有 3 个分类变量 (cut,color,clarity), 其余是数量变量. 这些变量为: price (价格, 单位: 美元), carat (重量, 单位: 克拉), cut (加工质量, 5 个水平: Fair, Good, Premium, Ideal, Very Good), color (颜色, 7 个水平: D, E, F, G, H, I, J, 其中最差的是 J, 最好的是 D), clarity(纯净度, 有 8 个水平: I1 (worst), SI1, SI2, VS1, VS2, VVS1, VVS2, IF (best)), x (长度, 单位: 毫米), y (宽度, 单位: 毫米), z (深度, 单位: 毫米), depth (总深度百分比, 公式为 $z/((x+y)/2)$), table (相对于最宽处的顶宽度).

下面语句通过例5.1说明 pandas 描述该数据某些方面的功能.

1. 打印前几行、变量名字及数据形状

```
import pandas as pd
diamonds=pd.read_csv("diamonds.csv")
print(diamonds.head()) #打印前几行
print('diamonds.columns=\n',diamonds.columns) #变量名字
print('sample shape=', diamonds.shape) #样本形状(行, 列数目)
```

结果输出为:

```
#结果输出   carat      cut color clarity  depth  table  price     x     y     z
0    0.23    Ideal     E     SI2   61.5   55.0    326  3.95  3.98  2.43
1    0.21  Premium     E     SI1   59.8   61.0    326  3.89  3.84  2.31
2    0.23     Good     E     VS1   56.9   65.0    327  4.05  4.07  2.31
3    0.29  Premium     I     VS2   62.4   58.0    334  4.20  4.23  2.63
4    0.31     Good     J     SI2   63.3   58.0    335  4.34  4.35  2.75
diamonds.columns=
 Index(['carat', 'cut', 'color', 'clarity', 'depth', 'table', 'price', 'x', 'y',
       'z'],
      dtype='object')
sample shape= (53940, 10)
```

[1]H. Wickham (2009) *ggplot2: Elegant Graphics for Data Analysis*. Springer-Verlag New York.

2. 对数据中数量变量的简单描述

对除最后 3 个之外的数量变量进行描述 (对于字符型变量自动回避):

```
print(diamonds.iloc[:,:7].describe()) #对除最后3个之外的数量变量进行描述
```

结果输出为:

```
              carat         depth         table         price
count  53940.000000  53940.000000  53940.000000  53940.000000
mean       0.797940     61.749405     57.457184   3932.799722
std        0.474011      1.432621      2.234491   3989.439738
min        0.200000     43.000000     43.000000    326.000000
25%        0.400000     61.000000     56.000000    950.000000
50%        0.700000     61.800000     57.000000   2401.000000
75%        1.040000     62.500000     59.000000   5324.250000
max        5.010000     79.000000     95.000000  18823.000000
```

按照变量 cut 分群, 并显示各个变量相应于 cut 的各个水平的中位数:

```
cut=diamonds.groupby("cut") #按照变量cut的各水平分群
print('cut.median()=\n',cut.median()) #变量相应cut的各个水平的中位数
```

结果输出为:

```
cut.median()=
           carat  depth  table   price      x     y     z
cut
Fair       1.00   65.0   58.0  3282.0  6.175  6.10  3.97
Good       0.82   63.4   58.0  3050.5  5.980  5.99  3.70
Ideal      0.54   61.8   56.0  1810.0  5.250  5.26  3.23
Premium    0.86   61.4   59.0  3185.0  6.110  6.06  3.72
Very Good  0.71   62.1   58.0  2648.0  5.740  5.77  3.56
```

当然, 除了上面的 cut.median(), 还可以有 cut.mean()、cut.std()、cut.sum()、cut.count()、cut.max()、cut.min() 等类似的汇总函数.

下面语句可得到分类变量 cut 和 color 的列联表:

```
print('Cross table=\n',pd.crosstab(diamonds.cut,diamonds.color))
```

结果输出为:

```
Cross table=
 color        D    E    F    G    H    I    J
cut
Fair       163  224  312  314  303  175  119
```

```
Good          662   933   909   871   702   522   307
Ideal        2834  3903  3826  4884  3115  2093   896
Premium      1603  2337  2331  2924  2360  1428   808
Very Good    1513  2400  2164  2299  1824  1204   678
```

5.12 pandas 专门的画图命令

pandas 模块有专门针对数据框的画图函数`pandas.DataFrame.plot()`. 如果一个对象属于数据框 (比如下面的`x` 或`x5`), 在画图时只需要输入诸如`x.plot()` 或`x5.plot()` 的命令即可画出图形. 下面对此予以介绍.

5.12.1 安排几张图

下面是在一张图 (见图5.12.1) 中摆放两张图的示例代码.

```
np.random.seed(1010)
n=1000
x=pd.Series(np.random.randn(n),
index=pd.date_range('1/1/2014',periods=n,freq='D'))
x=x.cumsum()
x5=pd.DataFrame(np.random.randn(n,5),index=x.index,
columns=['One','Two','Three','Four','Five'])
x5=x5.cumsum()
fig,axes=plt.subplots(nrows=1,ncols=2,figsize=(12,4))
x.plot(ax=axes[0])
x5.plot(ax=axes[1])
```

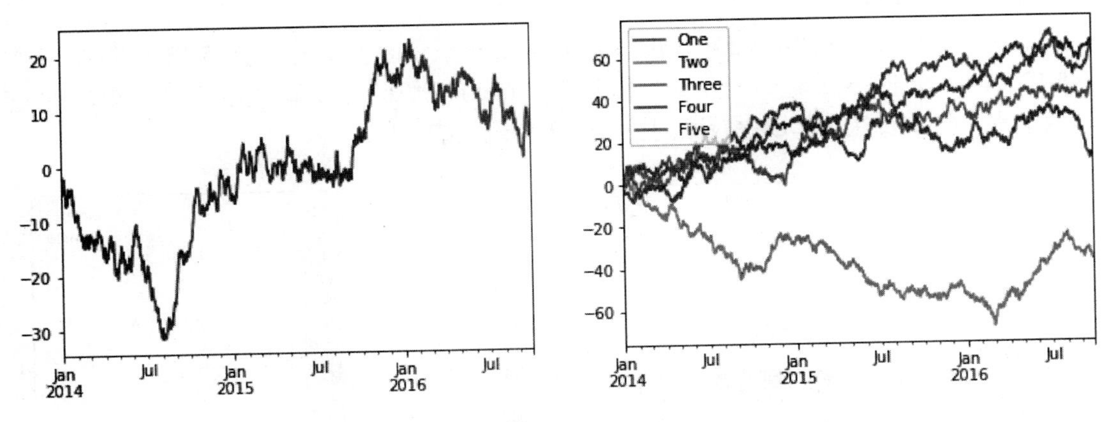

图 5.12.1 一条 (左) 和几条时间序列 (右) 曲线

图5.12.1(左) 为 1 条随机产生的时间序列曲线, 而图5.12.1(右) 为 5 条随机产生的时间序列曲线. 其中的时间也是任意确定的, 产生时间范围的`date_range()` 函数中的`periods` 选项输入序列的长度, 而`freq` 选项输入单位 (这里的`'D'` 代表每天一个数目). 代码中设成

两个小图的语句和以前有所区别, 这里使用了 1×2 的图形矩阵axes(有些类似于 R 中的语句: "par(mfrow=c(1,2))"), 然后把图形 (x 及x5) 分别分配到其中的两个位置axes[0] 和axes[1].

5.12.2 转换定性变量成哑元变量以产生条形图和饼图

不像在 R 中可以直接对用字符串表示水平的分类变量做条形图和饼图, 在 pandas 中必须将分类变量转换成哑元做计算 (这方面可参看后面10.4.3节), 然后求各个水平的频数之后再画图, 下面是关于后面第10章例10.2的分类变量workclass 作条形图和饼图 (见图5.12.2) 的代码:

```
xw=pd.get_dummies(adult['workclass']).sum(axis=0) #转换成哑元再求和
fig,axes=plt.subplots(nrows=1,ncols=2,figsize=(12,3)) #两个图的排列
xw.plot(kind='barh',ax=axes[0]) #条形图
xw.plot(kind='pie',ax=axes[1]) #饼图
```

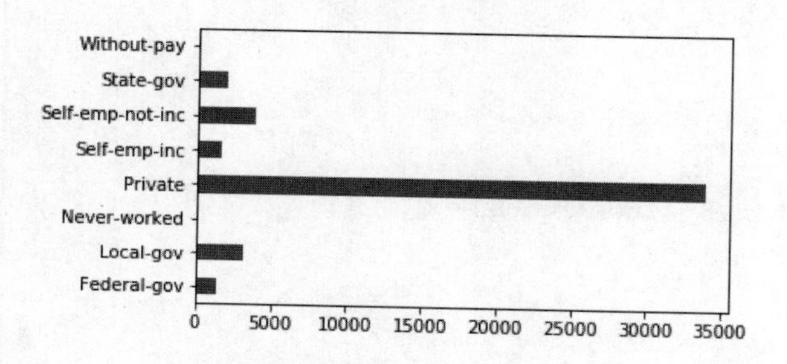

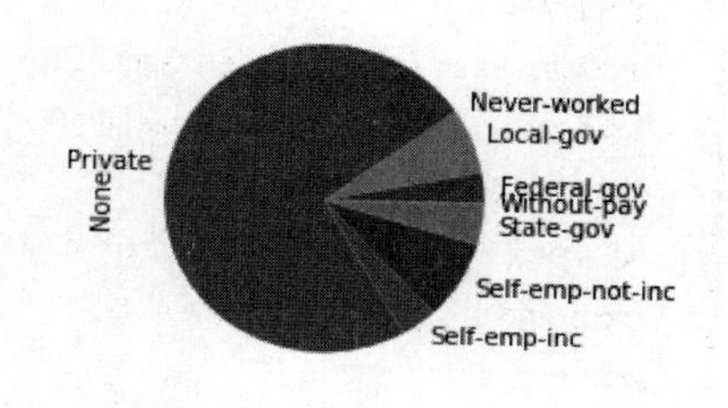

图 5.12.2 例10.2的关于分类变量 workclass 的条形图和饼图

5.12.3 不同的直方图

下面对例10.2数据的hours_per_week 画出一个横向直方图 (见图5.12.3 (左)), 又在图5.12.3 (右) 中把hours_per_week 按照性别 (sex) 分成两个数据 (分别称为M 和F), 并把这两个直方图重叠在一起以比较不同性别的工作时间的区别,

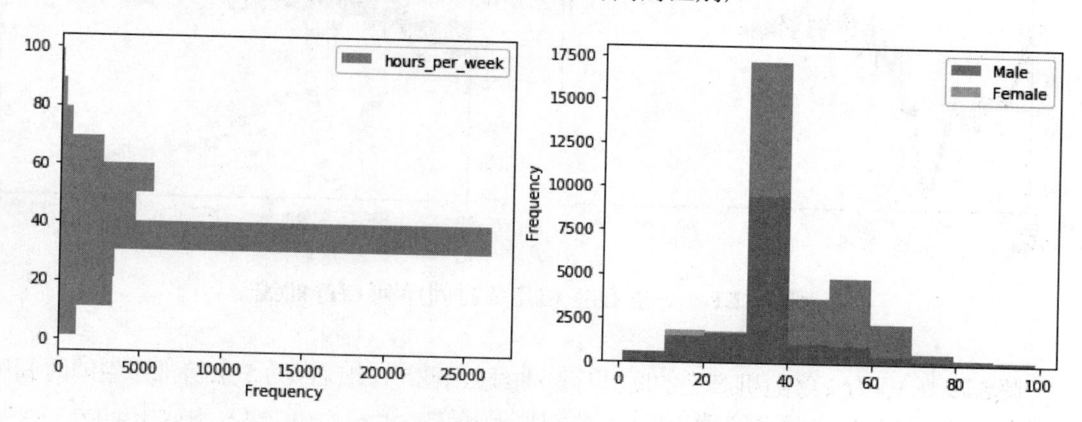

图 5.12.3 横放及重叠的直方图

生成图5.12.3的代码为:

```
w=adult
M=w['hours_per_week'][w['sex']=='Male']
F=w['hours_per_week'][w['sex']=='Female']
fig,axes=plt.subplots(nrows=1,ncols=2,figsize=(12,4))
w[['hours_per_week']].plot(kind='hist',orientation='horizontal',
alpha=0.5,ax=axes[0])
M.plot(kind='hist',alpha=0.5,ax=axes[1],label='Male')
F.plot(kind='hist',alpha=0.5,ax=axes[1],label='Female')
plt.legend()
```

把多个变量用条形图表示有多种形式, 下面是对随机产生的数据产生并排、叠放及水平叠放条形图 (见图5.12.4) 的代码:

```
np.random.seed(1010)
fig,axes=plt.subplots(nrows=1,ncols=3,figsize=(12,4))
x3=pd.DataFrame(np.random.rand(10,3),columns=['ABC','NBC','CBS'])
x3.plot(kind='bar',ax=axes[0])
x3.plot(kind='bar',stacked=True,ax=axes[1])
x3.plot(kind='barh',stacked=True,ax=axes[2])#水平叠放条形图
```

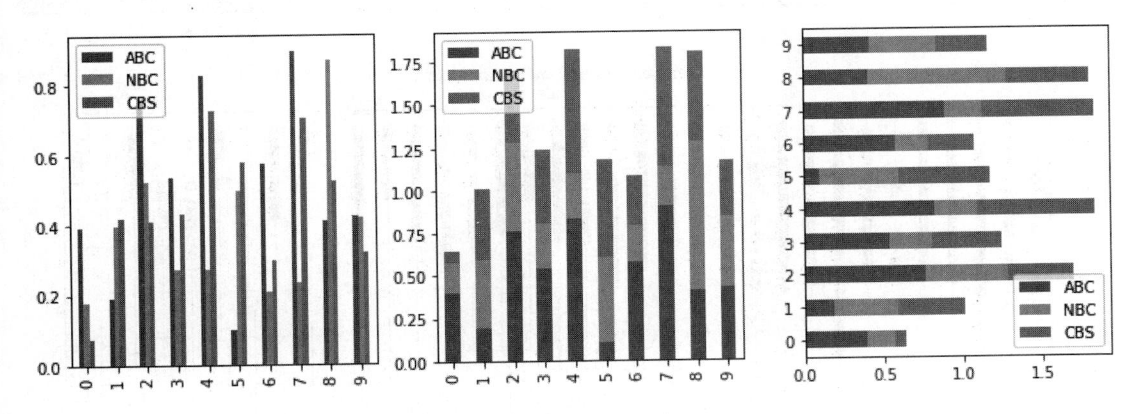

图 5.12.4 并排, 叠放和水平叠放条形图

5.12.4 按定性变量各水平画盒形图

接下来利用例5.1的数据 (diamonds.csv) 来描述如何根据一个分类变量 (这里是 cut) 的各个水平画出其相应于一个数量变量 (这里是 carat) 的盒形图 (见图5.12.5). 示例代码如下:

```
diamonds=pd.read_csv("diamonds.csv")
diamonds.boxplot(column='carat',by='cut',figsize=(12,4))
```

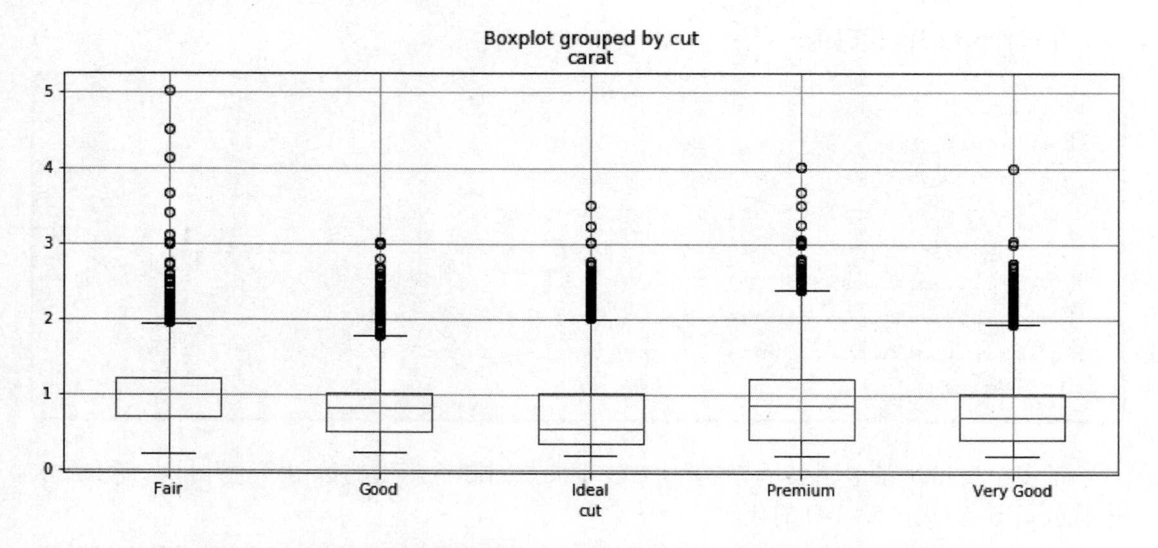

图 5.12.5 按照一分类变量的各水平分组画一个数量变量的盒形图

也可以对某一数量变量 (这里是 price) 按照不同分类变量的组合 (这里是 color 和 cut 的组合) 来画出盒形图 (见图5.12.6), 但由于组合太多, 因此图中下面的标记重叠而无法看清. 下面是代码:

```
diamonds.boxplot(column=['price'],by=['color','cut'],figsize=(12,5))
```

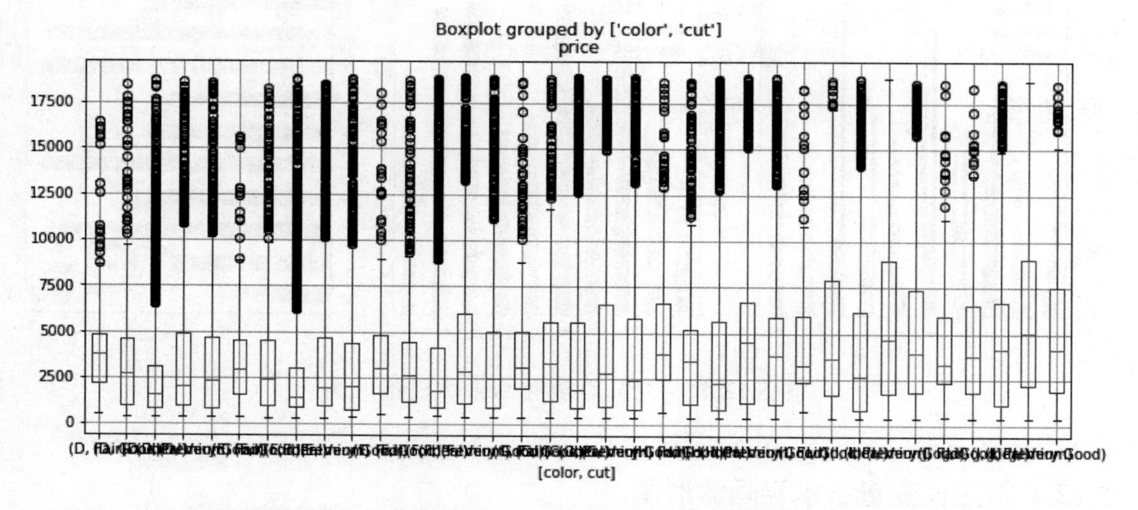

图 5.12.6 按照两个分类变量的各水平组合画一个数量变量的盒形图

5.12.5 面积图

还可以把若干同样符号 (同为正或同为负) 的曲线叠加或者重叠, 画出所谓 ‘‘面积图” (area plot), 下面是作出正弦函数和余弦函数面积图 (见图5.12.7) 的示例代码:

```
x=np.sin(np.arange(0,5,.2))+1
y=np.cos(np.arange(0,5,.2))+1
w=np.stack((x,y),axis=1)
w=pd.DataFrame(w,columns=['sin','cos'])
fig,axes=plt.subplots(nrows=1,ncols=2,figsize=(12,3.5))
w.plot(kind='area',ax=axes[0])
w.plot(kind='area',stacked=False,ax=axes[1])
```

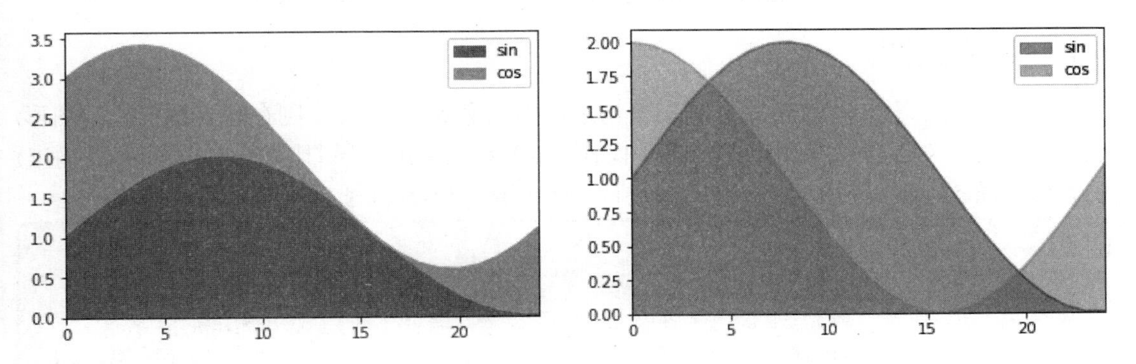

图 5.12.7 曲线叠加的面积图

5.12.6 含有多种信息的散点图

通过数据框画散点图可根据不同变量的值显示点的位置、大小和颜色深浅(见图5.12.8). 下面随机生成有 4 个变量(名为`'One'`, `'Two'`, `'Three'`, `'Four'`)的数据框, 其中头两个变量为横轴和纵轴的坐标, 第三个变量用来表示点的大小, 第四个变量显示颜色深浅.

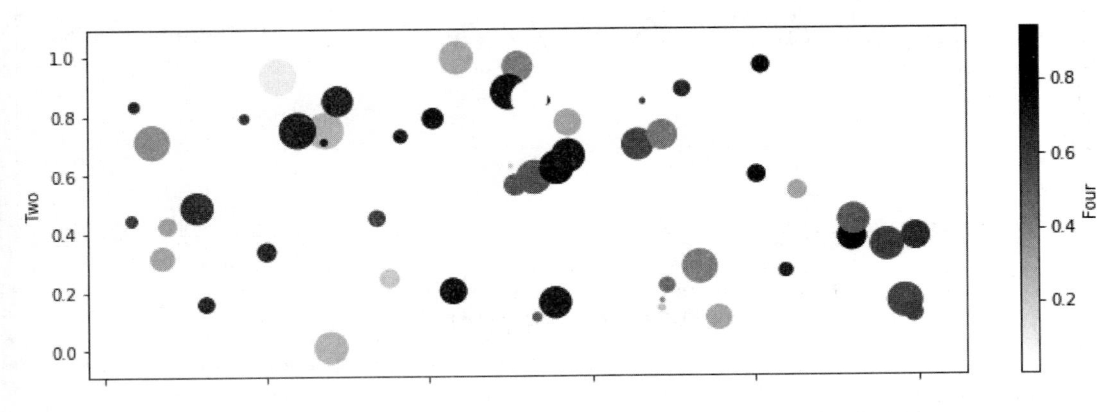

图 5.12.8 含有多种信息的散点图

产生图5.12.8的代码如下:

```
X=pd.DataFrame(np.random.rand(60, 4), columns=['One', 'Two', 'Three','Four'])
X.plot(kind='scatter',x='One',y='Two',c='Four', s=X.Three*500,figsize=(12,4))
```

第 6 章　matplotlib 模块

matplotlib 是一个非常强大的画图模块, 下面就其一些功能做简要介绍.

6.1　简单的图

首先输入模块. 注意, 一般在画图语句之后输入命令 `show()`, 则在独立窗口显示图形, 在那里还可以对图形做编辑以及保存等操作. 如果想在输出结果 (比如在 notebook 的输出) 中看到 “插图”, 则可用 `%matplotlib inline` 语句, 但独立图也有其方便的地方.

```
import matplotlib
%matplotlib inline
#如果输入上面一行, 则会产生在输出结果之间的插图(不是独立的图)
import matplotlib.pyplot as plt
```

下面介绍最简单的图, 这里产生曲线 $y = \sin(50x)/x$ (见图6.1.1).

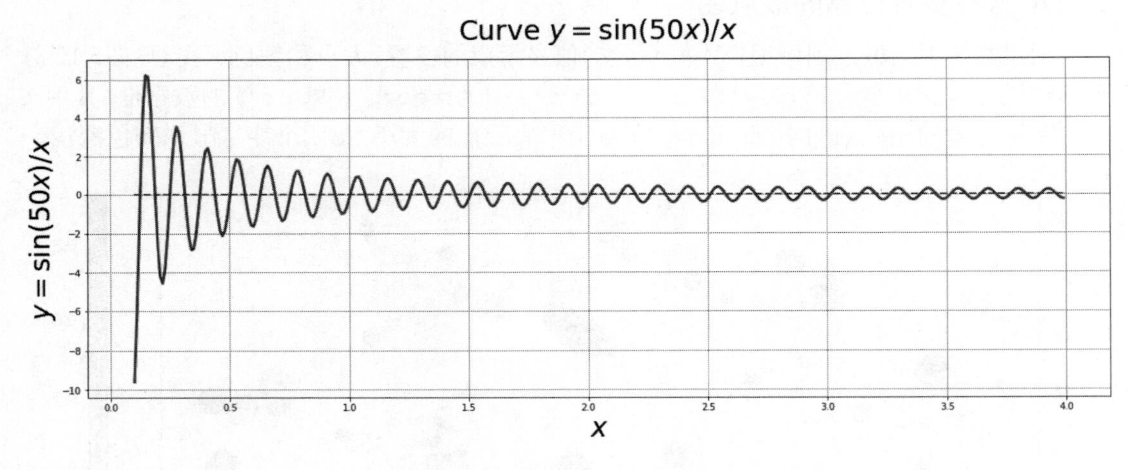

图 6.1.1　一个曲线图

产生图6.1.1的代码为:

```
x=np.arange(0.1,4,.01)
plt.figure(figsize=(20,7))
plt.plot(x,np.sin(x*50)/x,linewidth=3) #实线形式的曲线, 默认'b-'
plt.plot(x,np.zeros(len(x)),'g--',linewidth=2) #虚线形式的绿色水平线
plt.title('Curve $y=\sin(50x)/x$',fontsize=40,y=1.04)
```

```
plt.xlabel('$x$',fontsize=30)
plt.ylabel('$y=\sin(50x)/x$',fontsize=30)
plt.grid(True)
plt.savefig('mplsin.pdf') #存入文件
```

在产生图6.1.1的代码中, 用 `arange()` 函数产生一个等间隔序列 `x`, 然后为确定图形长宽比例, 用 `figure(figsize=(20,7))`, 再用 `plot(x,np.sin(x*50)/x)` 画了一条实线, 但因默认值是蓝色实线, 所以用不着标明默认的颜色及线条形状选项 (蓝色实线: `'b-'`), 后面命令则用选项 `'g--'` 画绿色 (g:'green') 水平短线虚线, 选项 `linewidth` 确定线的宽度, `fontsize` 确定文字标记的字体大小.

上面的代码都属于模块 `matplotlib.pyplot`, 简写为 `plt`, 因此所有函数前面都有 "`plt.`". 上面的画图代码核心是函数 `plot()`, 一般的语句除了变量 `x` 和 `y`, 还有前面提到过的表示颜色和形状的选项. 一般的颜色代码为: `'b'` 代表蓝色, `'g'` 代表绿色, `'r'` 代表红色, `'c'` 代表蓝绿色, `'m'` 代表洋红色, `'y'` 代表黄色, `'k'` 代表黑色, `'w'` 代表白色. 表示形状的选项也很多: `'-.'` 代表点线虚线, `':'` 代表点虚线, `'.'` 代表点, `'o'` 代表实心圆圈, `'v'` 代表下三角符号, `'<'` 和 `'>'` 分别代表左右指向的三角符号等等, 这里不一一列举.

此外, 读者可能注意到, 在 `plt.title` 和 `plt.ylabel` 中用了类似于 LaTeX 风格的表达式, 这使得在文字中放入一些数学公式十分方便. 在 `plt.title` 的代码选项中有 `y=1.04`, 这定义了标题的竖直空间. 语句 `plt.grid(True)` 要求画出浅虚线格子.

6.2 几张图同框

在一张图中同时作几条曲线, 可以用一个 `plot()` 语句, 也可以用几个 `plot()` 语句, 比如可以在一张图中产生若干条曲线 (见图6.2.1).

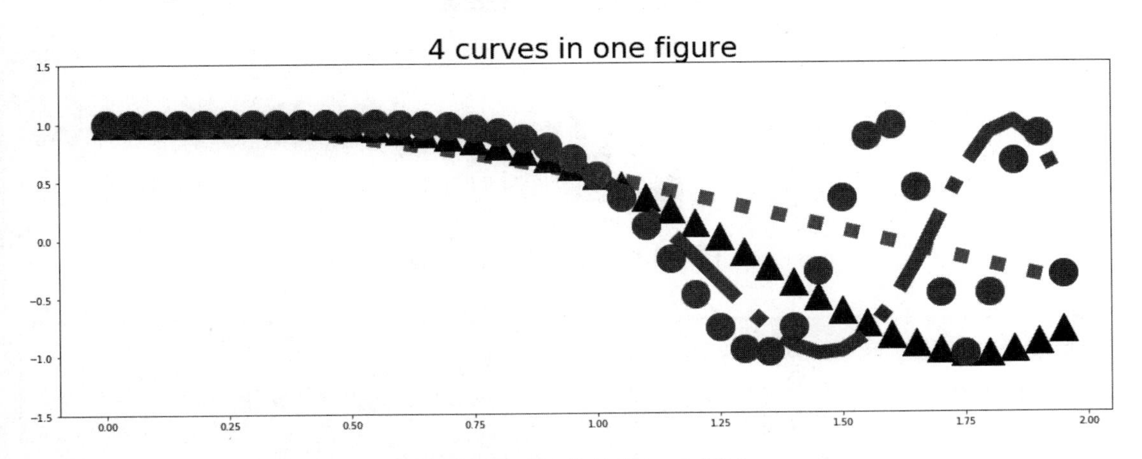

图 6.2.1 几条曲线在一张图中

下面是产生图6.2.1的代码:

```
x=np.arange(0.,2.,.05)
plt.figure(figsize=(20,7))
plt.plot(x,np.cos(x),'r:',x,np.cos(x**2),'b^',
x,np.cos(x**3),'g-.',x,np.cos(x**4),'mo',
linewidth=15,markersize=30)
plt.ylim((-1.5,1.5))
plt.title('4 curves in one figure',fontsize=30)
```

上面的代码等价于下面的多重 `plot()` 语句 (产生同样的图):

```
x=np.arange(0.,2.,.05)
plt.figure(figsize=(20,7))
plt.plot(x,np.cos(x),'r:',linewidth=15,markersize=30)
plt.plot(x,np.cos(x**2),'b^',markersize=30)
plt.plot(x,np.cos(x**3),'g-.',linewidth=15)
plt.plot(x,np.cos(x**4),'mo',markersize=30)
plt.ylim((-1.5,1.5)) #确定图形的纵向空间范围
plt.title('4 curves in one figure',fontsize=30)
```

6.3 排列几张图

上面只涉及一个图形, 如果需要同时展示几个图形 (见图6.3.1) 则可以用下面的语句.

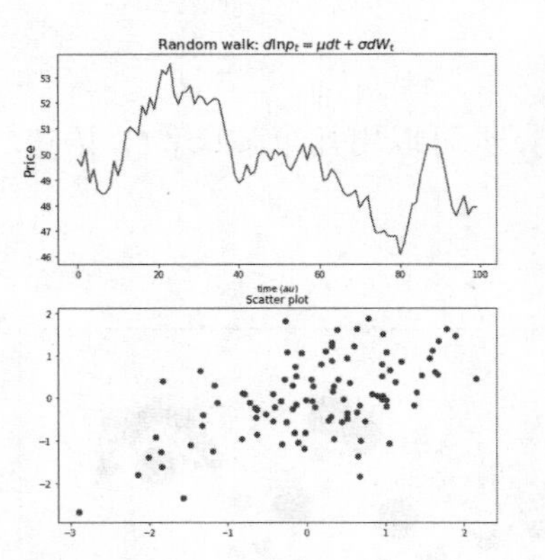

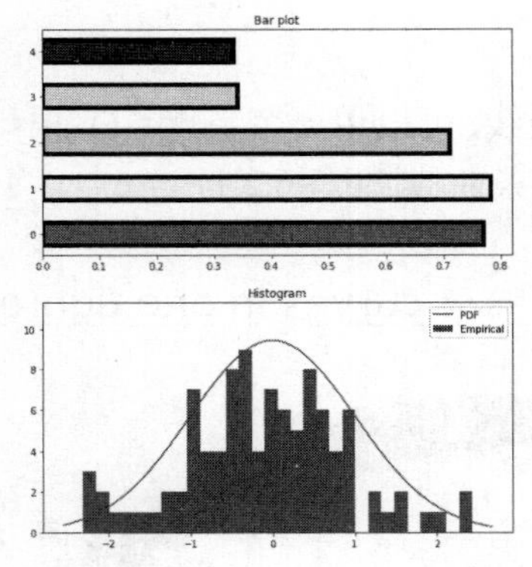

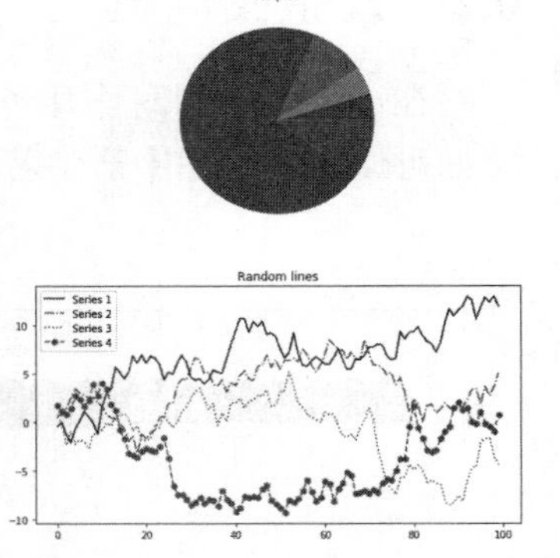

图 6.3.1 几个图形在一起

```
import scipy.stats as stats
plt.figure(figsize=(27,9))
plt.subplot(2, 3, 1) #2x3图形阵的第1个
y = 50*np.exp(.0004 + np.cumsum(.01*np.random.randn(100)))
plt.plot(y) #默认画蓝色实线
plt.xlabel('time ($\tau$)') #x轴标签
plt.ylabel('Price',fontsize=16) #y轴标签
```

```
plt.title('Random walk: $d\ln p_t = \mu dt + \sigma dW_t$',fontsize=16)

y = np.random.rand(5)
x = np.arange(5)
plt.subplot(2, 3, 2) #2x3图形阵的第2个
colors = ['#FF0000','#FFFF00','#00FF00','#00FFFF','#0000FF'] #颜色代码
plt.barh(x, y, height = 0.5, color = colors, \
edgecolor = '#000000', linewidth = 5) #水平条形图(barh)
plt.title('Bar plot')

y = np.random.rand(5)
y = y / sum(y)
y[y < .05] = .05
plt.subplot(2, 3, 3)
plt.pie(y) #饼图
plt.title('Pie plot')

z = np.random.randn(100, 2)
z[:, 1] = 0.5 * z[:, 0] + np.sqrt(0.5) * z[:, 1]
x = z[:, 0]
y = z[:, 1]
plt.subplot(2, 3, 4)
plt.scatter(x, y)
plt.title('Scatter plot')

plt.subplot(2, 3, 5)
x = np.random.randn(100)
plt.hist(x, bins=30, label='Empirical') #画直方图
xlim = plt.xlim()
ylim = plt.ylim()
pdfx = np.linspace(xlim[0], xlim[1], 200)
pdfy = stats.norm.pdf(pdfx) #scipy模块中的标准正态分布密度函数
pdfy = pdfy / pdfy.max() * ylim[1]
plt.plot(pdfx, pdfy,'r-',label='PDF')
plt.ylim((ylim[0], 1.2 * ylim[1]))
plt.legend()
plt.title('Histogram')

plt.subplot(2, 3, 6)
x = np.cumsum(np.random.randn(100,4), axis = 0)
plt.plot(x[:,0],'b-',label = 'Series 1')
plt.plot(x[:,1],'g-.',label = 'Series 2')
plt.plot(x[:,2],'r:',label = 'Series 3')
plt.plot(x[:,3],'h--',label = 'Series 4')
```

```
plt.legend()
plt.title('Random lines')
```

代码中在每个子图前面有一个 subplot 语句, 表明接下来的图在图形阵中的位置, 比如 subplot(2,3,3) 意味着在 2 × 3 的图形阵中的第 3 个 (按行数); 画图语句除 plot 之外, 还有画水平条形图的语句 (barh), 如果要画竖直条形图则用 bar 函数, 但是后面的 "高度"(height, 指水平条的粗细) 应该换成 "宽度"(width, 指竖直条的粗细); 此外, 这里的 pie 用于画饼图, scatter 用于画散点图, hist 用于画直方图等等. 其中的 legend 表明需要加上图例, 选项中的 label 显示不同的对象在图例中的标签, 代码中的 linspace 给出从初始点 (这里是 xlim[0], 即 x 的最小值) 到终点 (这里是 xlim[1], 即 x 的最大值) 的等间隔的点 (这里是 200 个点).

前面的代码直接使用 plt (模块 matplotlib.pyplot) 的函数, 我们也可以定义画图对象的名字, 定义之后, 就可以直接使用这些名字而不用 "plt." 了, 但有些代码会有变动, 见下面的例子 (见图6.3.2).

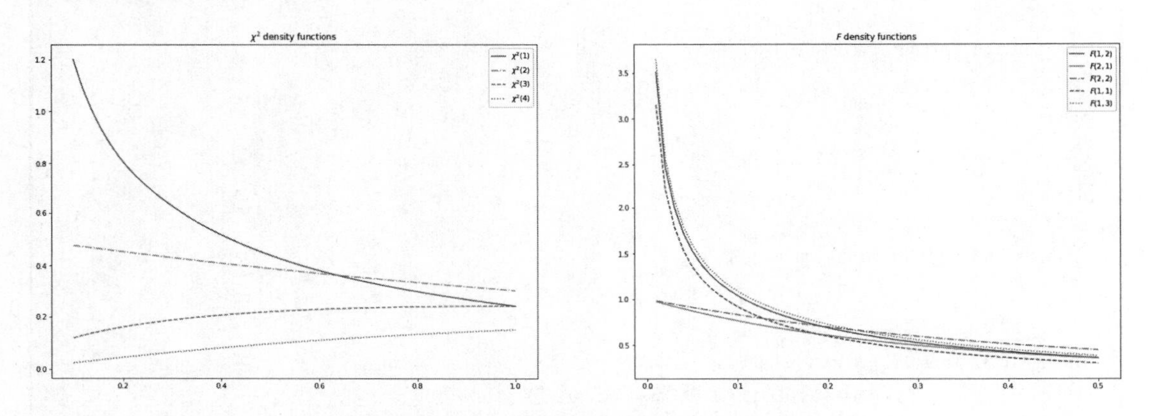

图 6.3.2 几个图形在一起 (继续)

产生图6.3.2的代码为:

```
fig=plt.figure(figsize=(10,3))
f1=fig.add_subplot(1,2,1)
x=np.linspace(0.1,1)
f1.plot(x,stats.chi2.pdf(x,1),'-', label='$\chi^2(1)$')
f1.plot(x,stats.chi2.pdf(x,2),'-.', label='$\chi^2(2)$')
f1.plot(x,stats.chi2.pdf(x,3),'--', label='$\chi^2(3)$')
f1.plot(x,stats.chi2.pdf(x,4),':', label='$\chi^2(4)$')
f1.set_title('$\chi^2$ density functions')
f1.legend()
f2=fig.add_subplot(1,2,2)
x=np.linspace(0.01,.5,50)
f2.plot(x,stats.f.pdf(x,1,2),'-', label='$F(1,2)$')
```

```
f2.plot(x,stats.f.pdf(x,2,1),'-', label='$F(2,1)$')
f2.plot(x,stats.f.pdf(x,2,2),'-.', label='$F(2,2)$')
f2.plot(x,stats.f.pdf(x,1,1),'--', label='$F(1,1)$')
f2.plot(x,stats.f.pdf(x,1,3),':', label='$F(1,3)$')
f2.set_title('$F$ density functions')
f2.legend()
```

6.4 三维图

下面为绘制一个三维曲面图 (见图6.4.1) 的代码:

```
from mpl_toolkits.mplot3d import Axes3D
from matplotlib import cm
X=np.arange(-5,5,0.25)
Y=np.arange(-5,5,0.25)
X,Y=np.meshgrid(X,Y) #X为每行相同的矩阵,Y为X转置
Z=np.sin(np.sqrt(X**2+Y**2))
x=X.reshape(len(X)**2)#把矩阵拉长成为一个向量
y=Y.reshape(len(Y)**2)
z=Z.reshape(len(Z)**2)
fig=plt.figure()
ax=fig.gca(projection='3d')
ax.plot_trisurf(x,y,z,cmap=cm.jet,linewidth=0.3)
```

上面代码中引进了 `Axes3D` 和 `cm` 两个组件, 目的分别是使 `fig.gca` 和最后的语句选项 `cmap=cm.jet` 可以执行.

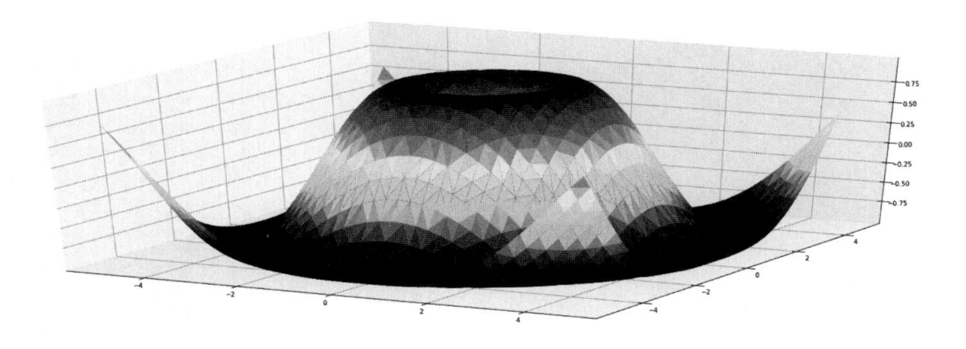

图 6.4.1 一个三维曲面图

下面是绘制一个三维曲线图 (见图6.4.2) 的代码:

```
z=np.linspace(-1,1,1000)
x=z*np.sin(100*z)
y=z*np.cos(100*z)
plt.figure(figsize=(30,10))
plt.axes(projection='3d')
plt.plot(x,y,z,'-b')
```

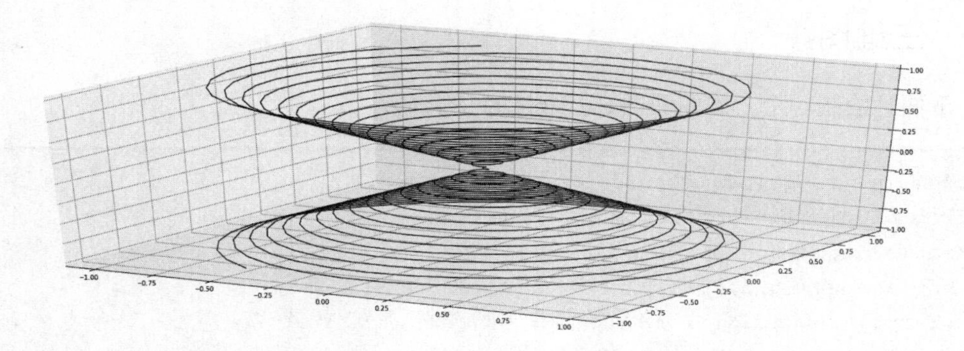

图 6.4.2　一个三维曲线图

第 7 章　scipy 模块

scipy 模块和许多应用数学及科学研究领域密切相关, 它有大量的特殊函数、各种优化方法、计算方法及其他与科学计算有关的领域. 但是因为它与 numpy 有很多功能重合, 我们这里仅仅对少数功能做简单介绍.

scipy 模块是和前文介绍的其他模块紧密结合的. 因此, 我们需要首先输入这些模块:

```
import scipy.stats as stats
import numpy as np
import matplotlib
import matplotlib.pyplot as plt
%matplotlib inline
import pandas as pd
```

这里主要介绍 scipy 与数据科学应用有关的一些方面.

7.1　存取各种数据文件

scipy 模块可以存取各种类型及不同软件格式的数据文件, 下面是一个存取扩展名为 mat 数据文件的简单例子.

```
from scipy import io as sio
np.random.seed(789)
data = np.random.randn(5, 4)
sio.savemat("randn.mat", {'normal': data})
data = sio.loadmat('randn.mat', struct_as_record=True)
data['normal']
```

输出为:

```
from scipy import io as sio
np.random.seed(789)
data = np.random.randn(5, 4)
sio.savemat("randn.mat", {'normal': data})
data = sio.loadmat('randn.mat', struct_as_record=True)
data['normal']
```

下面给出了各种格式文件的存取列表:

(1) MATLAB 文件:

1) `loadmat(file_name[, mdict, appendmat])`: 读取 MATLAB 文件;
2) `savemat(file_name, mdict[, appendmat,...])`: 存储 MATLAB 文件;
3) `whosmat(file_name[, appendmat])`: 列出 MATLAB 文件的变量名.

(2) 读取 IDL `sav` 文件: `readsav(file_name[, idict, python_dict,...])`.

(3) Matrix Market 文件:

1) `mminfo(source)`: 得到 Matrix Market 文件源的大小和存储参数;
2) `mmread(source)`: 读取 Matrix Market 文件源的内容到一个矩阵;
3) `mmwrite(target, a[, comment, field,...])`: 存储稀疏或稠密数据到 Matrix Market 文件源.

(4) 非格式化 Fortran 文件: `FortranFile(filename[, mode, header_dtype])`: 来自 Fortran 代码的非格式化文件序列对象.

(5) Netcdf 文件:

1) `netcdf_file(filename[, mode, mmap, version,...])`: Netcdf 数据文件对象;
2) `netcdf_variable(data, typecode, size, shape,...)`: Netcdf 文件数据对象.

(6) Harwell-Boeing 文件:

1) `hb_read(path_or_open_file)`: 读取 HB 格式文件;
2) `hb_write(path_or_open_file, m[, hb_info])`: 存储 HB 格式文件.

(7) Wav sound 文件 (scipy.io.wavfile):

1) `read(filename[, mmap])`: 读取 WAV 文件;
2) `write(filename, rate, data)`: 存储 WAV 文件.

(8) Arff 文件 (scipy.io.arff):

1) `loadarff(f)`: 读取 ARFF 文件;
2) `MetaData(rel, attr)`: 保存 ARFF 数据集的必要信息.

7.2 常用的随机变量的分布及随机数的产生

在笔者用的 Python 3 版本中, `scipy.stats` 中的离散分布有 13 个, 连续分布有 94 个, 多元分布有 8 个. 针对每个分布都可以得到其 (连续变量的) 概率密度函数 (`pdf`) 或 (离散变量的) 概率质量函数 (`pmf`)、累积分布函数 (`cdf`)、分位数 (`ppf`, 为 `cdf` 的逆)、随机数 (`rvs`)、对数概率密度函数 (`logpdf`)、对数累积分布函数 (`logcdf`)、生存函数 (`sf`)、逆生存函数 (`isf`)、均值、方差、偏度和峰度 (`stats`) 和非中心矩 (`moment`) 等等.

下面是就标准正态分布对上述一些函数作图 (见图7.2.1) 的代码:

```
plt.figure(figsize=(18,4))
plt.subplots_adjust(top=1.5) #调节每个图四周的空间
x=np.arange(-4,4,.01)
plt.subplot(2,2,1)
plt.plot(x,stats.norm.cdf(x))
```

```
plt.title('cdf of $N(0,1): \Phi(x)$')
plt.subplot(2,2,2)
plt.plot(x,stats.norm.pdf(x))
plt.title('pdf of $N(0,1): \phi(x)$')
plt.subplot(2,2,3)
plt.plot(x,stats.norm.sf(x))
plt.title('sf of $N(0,1): 1-\Phi(x)$')
x=np.arange(.01,.99,.01)
plt.subplot(2,2,4)
plt.plot(x,stats.norm.ppf(x))
plt.title('ppf of $N(0,1): \Phi^{-1}(x)$')
```

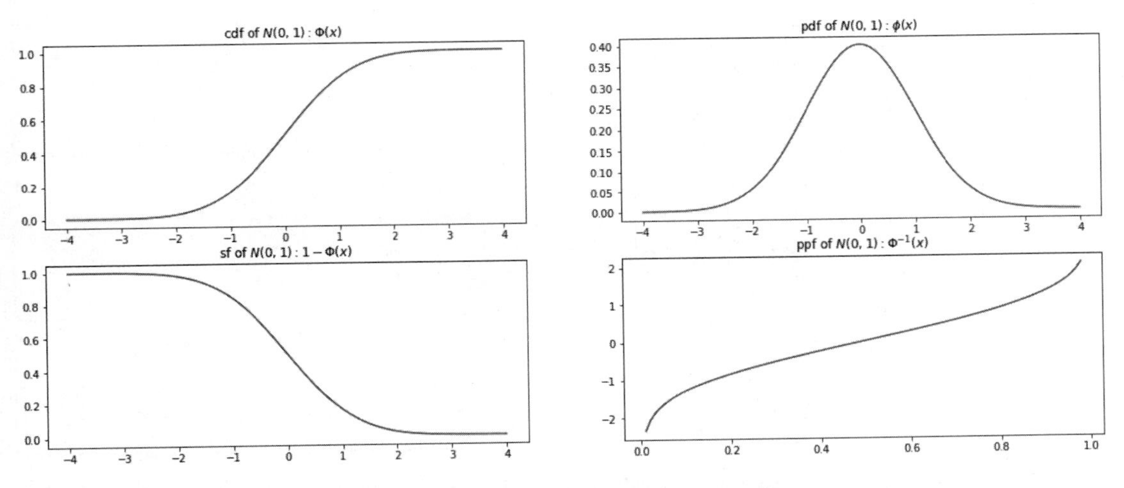

图 7.2.1 标准正态分布的 cdf, pdf, sf 及 ppf

下面是给定随机种子 (比如 999) 时产生 10 个均值为 5, 标准差为 2 的正态分布随机数的代码:

```
np.random.seed(999)
stats.norm.rvs(size=10,loc=5,scale=2)
```

这些代码等价于下面的代码 (它产生同样的 10 个随机数, 但随机种子仅作为函数的一个选项):

```
stats.norm.rvs(size=10,random_state=999,loc=5,scale=2)
```

注意, 代码 `stats.norm.rvs(10)` 会产生均值为 10, 标准差为默认值 1 的一个随机数, 而 `stats.norm.rvs(size=10)` 会产生标准正态分布的 10 个随机数. 这是因为 `rvs` 函数的变元次序为: (1) 均值 (`loc`), (2) 标准差 (`scale`), (3) 样本量 (`size`), (4) 随机数 (`random_state`). 如果不按照次序输入变元, 必须写明变元名称.

如果反复和某一种分布 (比如 $N(5,2)$) 打交道, 就可以一次 "冻结" 这个分布, 把它赋值于一个对象, 然后就不用每次输入那些涉及分布及参数选项的代码了, 请看下面的代码:

```
fr=stats.norm(loc=5,scale=2) #把N(5,2)冻结到对象fr下面可得到各种有关结果
print('rvs(size=3,random=999): %s \nmean: %s \nstd: %s\
\ncdf(5.97): %s\npdf([-0.5,2.96]): %s \nkwds %s' \
      %(fr.rvs(size=3,random_state=999),fr.mean(),fr.std(),\
        fr.cdf(5.97),fr.pdf([-0.5,2.96]),fr.kwds))
```

得到:

```
rvs(size=3,random=999): [5.25431569 7.80378176 5.62962997]
mean: 5.0
std: 2.0
cdf(5.97): 0.6861618272430887
pdf([-0.5,2.96]): [0.00454678 0.11856598]
kwds {'loc': 5, 'scale': 2}
```

下面的代码产生对应于一些概率点的标准正态分布右侧尾临界值表:

```
stats.norm.isf([0.1,0.05,0.025,0.01,0.001])
#等价代码: -stats.norm.ppf([0.1,0.05,0.025,0.01,0.001])
```

输出为:

```
array([ 1.28155157,  1.64485363,  1.95996398,  2.32634787,  3.09023231])
```

类似地, 下面的代码产生对应于一些概率点的三种自由度 (2,5,500) 的 t 分布右侧尾临界值表:

```
stats.t.isf([0.1,0.05,0.025,0.01,0.001],[[2],[5],[500]])
#等价代码: -stats.t.ppf([0.1,0.05,0.025,0.01,0.001],[[2],[5],[500]])
```

得到 (每一行对应于一个自由度):

```
array([[ 1.88561808,  2.91998558,  4.30265273,  6.96455672, 22.32712477],
       [ 1.47588405,  2.01504837,  2.57058184,  3.36493   ,  5.89342953],
       [ 1.28324702,  1.64790685,  1.96471984,  2.33382896,  3.10661162]])
```

显然, 在自由度很大时, t 分布的临界点很接近标准正态分布的临界点了.

7.3 自定义分布的随机变量及随机数的产生

7.3.1 自定义连续分布

利用 scipy 可以自己定义随机变量的分布, 虽然想弄清楚细节则需要关于 class 和 subclass 的一些基本知识 (参见第3章), 但可以照猫画虎. 下面通过密度函数定义指数分布 (参数

为 L):

```
from scipy.stats import rv_continuous
class exponential_gen(rv_continuous):
    '''Exponential distribution'''
    def _pdf(self,x,L):
        return L*np.exp(-x*L)
    def _cdf(self,x,L):
        return 1-np.exp(-x*L)
```

由于从前辈 class rv_continuous 继承了许多方法, 这样得到的分布可以享受现存分布函数的各种 "特权", 比如下面代码所显示的:

```
Exp=exponential_gen(name='exponential')
print('Exp.cdf:\n',Exp.cdf(np.arange(1,4,.3),.5))
print('Exp.pdf:\n',Exp.pdf(np.arange(1,4,.3),.6))
print('Exp.ppf:\n',Exp.ppf([0.1,0.05,0.01],.6))
print('Exp.rvs:\n',Exp.rvs(.6,size=7))
print('Exp.mean(.6):\n',Exp.mean(.6), Exp.var(.7),Exp.std(.7))
```

得到输出:

```
Exp.cdf:
 [0.39346934 0.47795422 0.55067104 0.61325898 0.66712892 0.7134952
 0.75340304 0.78775203 0.81731648 0.84276283]
Exp.pdf:
 [0.32928698 0.27504361 0.22973573 0.19189141 0.16028118 0.1338781
 0.11182439 0.09340358 0.07801723 0.06516547]
Exp.ppf:
 [0.17560086 0.08548882 0.01675056]
Exp.rvs:
 [2.03164754 0.87654809 3.40911609 1.23362439 0.91257522 0.91241673
 0.64601185]
Exp.mean(.6):
 1.6666666666666668 2.040816326530487 1.4285714285713849
```

需要注意的是, 在子类 exponential_gen 中没有定义而衍生出来的函数 (比如 ppf), 都是程序计算出来的, 有时进行诸如积分等浮点运算会出现意外. 下面例子定义了一般的均值为 m, 标准差为 s 的正态分布, 但这里仅仅定义了 pdf, 因此在计算 cdf 时可能会出错.

```
from scipy.stats import rv_continuous
class gaussian_gen(rv_continuous):
    '''Gaussian distribution'''
    def _pdf(self,x,m,s):
        return np.exp(-(x-m)**2/2./s**2)/np.sqrt(2.0*s**2*np.pi)
```

执行下面语句没有问题:

```
Gaussian=gaussian_gen(name='gaussian')
print('Gaussian.cdf:\n',Gaussian.cdf(np.arange(-4,4,1),.01,3))
print('Gaussian.pdf:\n',Gaussian.pdf(np.arange(-4,4,1),0.01,2))
print('Gaussian.rvs:\n',Gaussian.rvs(0.001,2,size=3))
print('Gaussian.mean:\n',Gaussian.mean(0.001,2),Gaussian.var(0.1,2))
print('Gaussian.ppf:\n',Gaussian.ppf([.1,.2,.5,.9],2,4))
```

得到 (看得到浮点运算的错误, 比如方差不刚好是 4, 而且算得慢):

```
Gaussian.cdf:
 [0.09066573 0.15785003 0.2514289  0.3681841  0.49867019 0.62930002
 0.74644145 0.84053683]
Gaussian.pdf:
 [0.02672654 0.06427412 0.12038044 0.17559094 0.19946865 0.17647109
 0.12159028 0.0652455 ]
Gaussian.rvs:
 [ 1.47625043  3.88755326 -0.79042144]
Gaussian.mean:
 0.0010000000000001967 4.000000001559113
Gaussian.ppf:
 [-3.12620626 -1.36648493  2.          7.12620626]
```

但执行下面语句就有问题了 (出现 `[nan    nan]`), 猜测是浮点积分时的问题.

```
print(Gaussian.cdf([2,0.1],0,2))
```

7.3.2 自定义离散分布

和连续分布情况类似, 也可以自定义离散分布, 比如 Poisson 分布函数:

```
from scipy.stats import rv_discrete
class pois_gen(rv_discrete):
    '''Poisson distribution'''
    def _pmf(self,k,m):
        return np.exp(-m)*m**k/math.factorial(k)
import math
```

但更实际的是根据 $x_1, x_2, \ldots, x_K$ 的概率 $p_1, p_2, \ldots, p_K$ 自定义离散分布, 下面是这样的一个例子. 首先定义离散概率分布:

```
x=np.arange(1,6,1)
p=np.array([.1,.2,.3,.3,.1])
mydf=rv_discrete(name='mydf',values=(x,p))
```

运行下面代码还可画出该离散分布的概率质量图和累积分布图 (见图7.3.1):

```
plt.figure(figsize=(12,5))
plt.subplot(1,2,1)
plt.xlim((0,6))
plt.ylim((0,.4))
plt.plot(x,mydf.pmf(x),'bo',ms=12,mec='r')
plt.title('PMF')
#上面ms为markersize简写, mec为markeredgecolor简写
plt.vlines(x,0,mydf.pmf(x),colors='k',lw=5)
plt.subplot(1,2,2)
plt.xlim((0,5))
plt.ylim((0,1.5))
plt.step(x,mydf.cdf(x),'b--',lw=4)
plt.title('CDF')
```

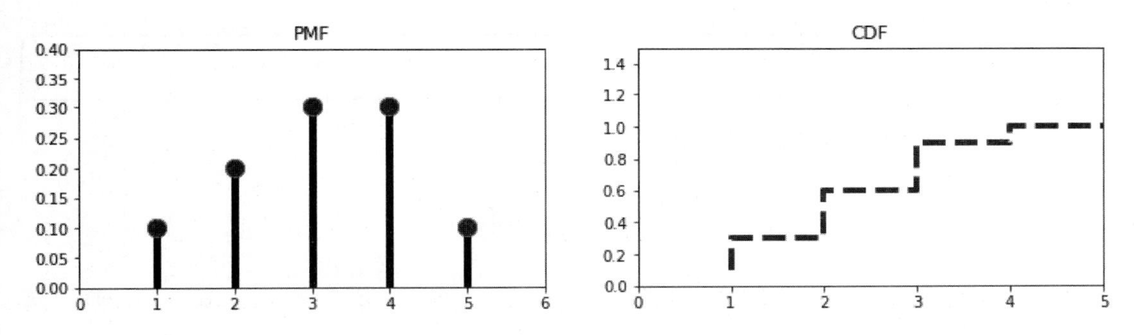

图 7.3.1　自定义离散分布概率质量 (pmf) 和累积分布 (cdf) 图

7.4　定积分的数值计算

假定要做数值积分

$$\int_0^4 (6x^3 - 2x^2 + x - 1)\mathrm{d}x$$

则可以用 scipy 模块中 integrate 的一般积分函数 quad():

```
from scipy import integrate
f = lambda x: 6*x**3-2*x**2+x-1 #定义被积函数f
integrate.quad(f, 0, 4)    #做f的从0到4的积分
```

得到:

```
(345.3333333333333, 3.842356655157620e-12)
```

结果中的第一个数目是积分结果, 第二个数目是误差.

再看一个有参数的积分例子:

$$\int_1^{\infty} \frac{e^{-xt}}{t^n} dt.$$

我们先定义被积函数和写成参数的函数的积分 (参数是 (n,x)), 最后用向量化函数嵌套 (参见4.7节):

```
def g(t, n, x):
    return np.exp(-x*t) / t**n
def gint(n, x):
    return integrate.quad(g, 1, np.inf, args=(n, x))[0]
vec_gint = np.vectorize(gint) #向量化
```

然后我们可以对 $n = 5$ 以及 4 个不同的 x 值 ($x = 4.3, 3.1, 0.2, 0.21$) 做积分:

```
vec_gint(5, [4.3,3.1,0.2,0.21])
```

得到 4 个积分值:

```
array([ 0.00153955,  0.00597441,  0.19221033,  0.18973336])
```

对上述积分再做从 0 到 ∞ 的积分, 则为

$$\int_0^{\infty} \int_1^{\infty} \frac{e^{-xt}}{t^n} dt dx.$$

(该积分已知结果是 $1/n$), 只要对上面的 gint 再使用一次一般积分函数 quad() 即可 (这里 $n = 4$):

```
integrate.quad(lambda x: gint(4, x), 0, np.inf)
```

得到 ($1/n = 0.25$):

```
(0.2500000000043577, 1.0518245715721669e-09) #第二个数目是误差估计
```

二重积分可以用 dblquad() 函数. 比如计算积分

$$\int_{y=0}^{1/3} \int_{x=0}^{1-3y} xy dx dy$$

可以用下面的语句:

```
integrate.dblquad(lambda x, y: x*y, 0, 1/3.,lambda x: 0,lambda x: 1-3.*x)
```

得到:

```
(0.004629629629629629, 5.13992141030165e-17)
```

n 重积分可以用 nquad() 函数. 比如上面的积分, 可以用下面的语句得到和上面相同的结果:

```
def f(x, y):return x*y
def by():return [0, 1/3.]
def bx(y):return [0, 1-3.*y]
integrate.nquad(f, [bx, by])
```

对于前面的积分

$$\int_0^\infty \int_1^\infty \frac{\mathrm{e}^{-xt}}{t^n}\mathrm{d}t\mathrm{d}x$$

也可以用 nquad() 函数. 使用下面的语句 ($n = 4$) 得到同样的结果:

```
def f(t, x):return np.exp(-x*t) / t**4
integrate.nquad(f, [[1, np.inf],[0, np.inf]])
```

第三部分

编程思维训练

第 8 章 基本编程训练

学习编程需要实践,如果不动手编程,即使对软件说明书能够倒背如流,也等于没学. 编程是一种思维方式,光靠使用一些高层的函数是不可能形成编程思维的. 在使用晶体管计算机的 FORTRAN77 和 Algo60 语言时代,完全没有那些高级函数,人们只能通过最基本的编程代码来实现非常复杂的计算. 本章旨在通过实践从基础编程开始来训练编程能力. 能够自由使用一些基础代码实现较高层函数的目标是编程实力的最好证明.

本章的练习以习题形式列出,紧接着为参考答案,这些答案并不是唯一的,也不一定是最合理或最简洁的编程范例,仅仅给出一种供参考的解决方案.

这一部分编程练习的目的是用最基本的代码实现一些初等目的. 要求是不要用或者尽量少用现成函数. 本小节允许使用的函数包括 `np.array`、`append`、`extend` 等固有函数和自己在前面练习编写的函数. 当然,也允许使用诸如 `for`、`while`、`if`、`else`、`elif` 等非函数语句. 希望读者尽量克制用现成函数 (即使是自己编的) 的欲望,以练好编程基本功.

8.1 基本编程

8.1.1 写出和 np.arange 有类似功能的函数

我们知道 `np.arange` 可以有一个、两个、三个变元,下面是例子:

```
(np.arange(2.5),np.arange(3,8),np.arange(2,-4.6,-.5))
```

输出为:

```
(array([0., 1., 2.]),
 array([3, 4, 5, 6, 7]),
 array([ 2. ,  1.5,  1. ,  0.5,  0. , -0.5, -1. , -1.5, -2. , -2.5, -3. ,
        -3.5, -4. , -4.5]))
```

只可以用 `append` 函数,请写出类似的函数,并且和上面使用 `np.arange` 的结果比较.

参考解决方案:

```
def Arange(x,y=None,step=None):
    if y==None and step==None:
        z=[]
```

```
        i=0
        while i< x:
            z.append(i)
            i+=1
        return(z)
    elif y!=None and step==None:
        z=[]
        i=x
        if y>x:
            while i< y:
                z.append(i)
                i+=1
        else:
            while i>y:
                z.append(i)
                i-=1
        return(z)
    elif y!=None and step!=None:
        z=[]
        i=x
        if y>x and step>0:
            while i< y:
                z.append(i)
                i+=step
        elif y<x and step<0:
            while i> y:
                z.append(i)
                i+=step
        else:
            print('Error1')
        return(z)
    else:
        print('Error2')

(Arange(2.5),Arange(3,8),Arange(2,-4.6,-.5),Arange(2,-5))
```

输出为:

```
([0, 1, 2],
 [3, 4, 5, 6, 7],
 [2, 1.5, 1.0, 0.5, 0.0, -0.5, -1.0, -1.5, -2.0, -2.5, -3.0, -3.5, -4.0, -4.5],
 [2, 1, 0, -1, -2, -3, -4])
```

8.1.2 向量的长度及矩阵维数

根据前面介绍我们知道, 向量的长度及矩阵维数可以用诸如 len, shape, size 这样的函数来得到, 但如果没有这些函数又该如何计算呢? 下面是一些练习.

(1) 不用任何非允许的函数 (除了函数 hasattr) 写出求 list 长度的函数 (类似于len).

参考解决方案:

```
def Length(x):
    if not hasattr(x, '__iter__'):
        return 1
    else:
        n=0
        for i in x:
            n+=1
        return n

x=[-6.3830e-01, -9.0400e-02, 2.2958e+00, -6.2140e-01, 8.5560e-01,
-9.6000e-03, 5.4290e-01, 3.4290e-01, 1.5519e+00, -8.4850e-01,
 1.0000e-04, 1.9846e+00, 1.2267e+00, 1.6071e+00, 2.4000e-03,
 6.4780e-01, 2.4260e-01, -1.5200e+00, 2.4870e-01, -7.4300e-01,
-5.8180e-01, -1.6385e+00, -4.3300e-02, 1.5950e+00, -7.1700e-01]
y='I am a student'
z={1:[2,4,6],'b':'list'}
(Length(x),Length(-2.3),Length('a'),Length(y),Length(z))
```

输出为:

```
(25, 1, 1, 14, 2)
```

(2) 不用任何非自编的函数写出求矩阵维度 (numpy 矩阵或可转换为 numpy 矩阵的 list) 的函数. 如果是向量则显示为列向量 (第二维度为 1).

参考解决方案:

```
def Dim(x):
    n1=Length(x)
    n2=0
    if hasattr(x[0], '__iter__'):
        for i in x[0]:
            n2+=1
    else:
        n2=1
    return(n1,n2)
# 测试
import numpy as np
x=np.random.randn(137,560)
Dim(x),Dim([[3,2],[3,4],[3,3]]),Dim([2,-1,5]),Dim(np.random.randn(12))
```

输出为:

```
((137, 560), (3, 2), (3, 1), (12, 1))
```

(3) 不用任何现成函数 (除了 `hasattr`), 求 list 的元素个数及每个元素中包含的元素个数 (只数到第二层), 写出代码的函数形式.

参考解决方案:

```
def DimList(x):
    n=[]
    k=0
    for i in x:
        j=0
        k+=1
        if not hasattr(i, '__iter__'):
            n.append(1)
        else:
            for m in i:
                j+=1
            n.append(j)
    return (k,n)

# 测试:
x=[{2:1,'s':3},'a',['I am', 'a', 'student'],'probability',(1,'a')]
DimList(x)
```

输出为:

```
(5, [2, 1, 3, 11, 2])
```

8.1.3 求数量向量的基本汇总统计量的函数

最多只用自己编写的函数求数量向量的和、均值、乘积、极值、方差、标准差、累积和、累积均值、标准化的函数.

参考解决方案:

```
def SumV(x): #向量和
    s=0
    for i in x:
        s=s+i
    return s

def SumAll(x): #求两层list或矩阵全部元素和
    z=0
    for i in x:
        if Length(i)>1:
```

```
            for j in i:
                z+=j
        else:
            z+=i
    return z

def Mean(x): #向量均值
    n=Length(x)
    return SumV(x)/n

def Prod(x): #向量乘积
    s=1
    for i in x:
        s=s*i
    return s

def Var(x): #样本方差
    s=SumV((np.array(x)-Mean(x))**2)/(Length(x)-1)
    return s

def Sd(x): #样本标准差
    s=Var(x)**(.5)
    return s

def Max(x):
    m=x[0]
    for i in x:
        if i>m:
            m=i
    return m

def Min(x):
    m=x[0]
    for i in x:
        if i<m:
            m=i
    return m

def CumSum(x): #向量累积和
    C=[]
    c=0
    for i in x:
        c=c+i
        C.append(c)
```

```
    return C

def CumMean(x): #向量累积和或累积均值
    M=[]
    c=0
    k=0
    for i in x:
        k+=1
        c=c+i
        M.append(c/k)
    return M

def Scale(x): #向量标准化, 每个元素减去样本均值后除以样本标准差
    s=[]
    m=Mean(x)
    sd=Sd(x)
    for i in x:
        s.append((i-m)/sd)
    return s

# 测试
x=[1,4,2,6,-1,.9,-.3]
print('sum =',SumV(x),'prod =',Prod(x),
      'mean =',Mean(x),'sd =',Sd(x),'var =',Var(x),
      '\nMax =',Max(x),'Min =',Min(x),
      '\ncum sum =\n', CumSum(x),'\ncum mean =\n', CumMean(x),
      '\nScale =\n',Scale(x),'\nSumAll=', SumAll([x,x]))
```

上面各个函数的测试输出为:

```
sum = 12.6 prod = 12.96 mean = 1.8 sd = 2.4569628948493842 var = 6.036666666666666
Max = 6 Min = -1
cum sum =
 [1, 5, 7, 13, 12, 12.9, 12.6]
cum mean =
 [1.0, 2.5, 2.3333333333333335, 3.25, 2.4, 2.15, 1.8]
Scale =
 [-0.3256052428292945, 0.8954144177805599, 0.0814013107073236,
 1.709427524853796, -1.1396183499025305, -0.3663058981829563, -0.854713762426898]
SumAll= 25.2
```

8.1.4 对数量矩阵的行列做各种运算

写出一个函数把前面自己写的对向量的运算函数用于一个 numpy 矩阵 (或可以转换成 numpy 矩阵的 list). 只能用允许的及自己编写的函数.

参考解决方案:

```
def FApply(M,axis=0,fun=Mean):
    R=[]
    X=np.array(M)
    r,c=Dim(X)
    if axis==0:
        j=0
        while j<c:
            R.append(fun(X[:,j]))
            j+=1
    if axis==1:
        i=0
        while i<r:
            R.append(fun(X[i,:]))
            i+=1
    return R
```

用前面一小节对向量所编的函数进行测试

对一个函数求行 (列) 和、行 (列) 均值、行 (列) 方差、行 (列) 标准差、行 (列) 标准化矩阵、行 (列) 累计均值矩阵、行 (列) 累积和矩阵.

```
x=[[-1.,4.,2.,7.],[12,6,-1,.9],[5,16,-11,5.9]]
print('\ncolumn sum:',FApply(x,0,SumV),'\nrow sum:',FApply(x,1,SumV))
print('\ncolumn max:',FApply(x,0,Max),'\nrow max:',FApply(x,1,Max))
print('\ncolumn min:',FApply(x,0,Min),'\nrow min:',FApply(x,1,Min))
print('\ncolumn mean:',FApply(x,0,Mean),'\nrow mean:',FApply(x,1,Mean))
print('\ncolumn var:',FApply(x,0,Var),'\nrow var:',FApply(x,1,Var))
print('\ncolumn sd:',FApply(x,0,SumV),'\nrow sd:',FApply(x,1,SumV))
print('\ncolumn scale:\n',Trans(np.array(FApply(x,0,Scale))),'\nrow scale:\n',
      np.array(FApply(x,1,Scale)))
print('\ncolumn cummean:\n',Trans(np.array(FApply(x,0,CumMean))),'\nrow cummean:\n',
      np.array(FApply(x,1,CumMean)))
print('\ncolumn cumsum:\n',Trans(np.array(FApply(x,0,CumSum))),'\nrow cumsum:\n',
      np.array(FApply(x,1,CumSum)))
```

为了整齐, 输出的标准化矩阵、累积均值矩阵、累积和矩阵转换成 `np.array`, 并且对于列运算, 按照习惯用后面自定义的函数 `Trans` 做了转置 (当然, 对于测试也可以用 numpy 的 "`.T`" 做转置).

```
column sum: [16.0, 26.0, -10.0, 13.8]
row sum: [12.0, 17.9, 15.9]

column max: [12.0, 16.0, 2.0, 7.0]
row max: [7.0, 12.0, 16.0]

column min: [-1.0, 4.0, -11.0, 0.9]
```

```
row min: [-1.0, -1.0, -11.0]

column mean: [5.333333333333333, 8.666666666666666, -3.3333333333333335,
 4.6000000000000005]
row mean: [3.0, 4.475, 3.975]

column var: [42.333333333333336, 41.33333333333333, 46.33333333333333, 10.57]
row var: [11.333333333333334, 33.9025, 124.53583333333334]

column sd: [16.0, 26.0, -10.0, 13.8]
row sd: [12.0, 17.9, 15.9]

column scale:
 [[-0.97339949 -0.72586619  0.78352337  0.7381995 ]
 [ 1.02463104 -0.41478068  0.34279147 -1.13805757]
 [-0.05123155  1.14064686 -1.12631485  0.39985806]]
row scale:
 [[-1.18817705  0.29704426 -0.29704426  1.18817705]
 [ 1.29238123  0.26191115 -0.94030395 -0.61398842]
 [ 0.09184948  1.07755121 -1.34189849  0.1724978 ]]

column cummean:
 [[-1.          4.          2.          7.        ]
 [ 5.5         5.          0.5         3.95      ]
 [ 5.33333333  8.66666667 -3.33333333  4.6       ]]
row cummean:
 [[-1.          1.5         1.66666667  3.        ]
 [12.          9.          5.66666667  4.475     ]
 [ 5.         10.5         3.33333333  3.975     ]]

column cumsum:
 [[ -1.    4.    2.    7. ]
 [ 11.   10.    1.    7.9]
 [ 16.   26.  -10.   13.8]]
row cumsum:
 [[-1.   3.   5.  12. ]
 [12.  18.  17.  17.9]
 [ 5.  21.  10.  15.9]]
```

8.1.5 矩阵的一些工具函数

1. 产生常数矩阵或向量

不用任何函数, 编写一个全部是某个数 (如 0 或 1 等) 的 $n \times m$ 矩阵或向量.

参考解决方案:

```
def AllConst(c,n,m=None):
    if m==None:
        z=[]
        i=0
        while i<n:
```

```
            z.append(c)
            i+=1
    else:
        z=[]
        i=0
        while i<n:
            z0=[]
            j=0
            while j<m:
                z0.append(c)
                j+=1
            z.append(z0)
            i+=1
    return np.array(z)

print(AllConst(1.,3,5),'\n',AllConst(0.,10))
```

输出为:

```
(array([[1., 1., 1., 1., 1.],
        [1., 1., 1., 1., 1.],
        [1., 1., 1., 1., 1.]]),
 array([0., 0., 0., 0., 0., 0., 0., 0., 0., 0.]))
```

2. 关于对角阵和矩阵对角线元素

(1) **抽取矩阵对角线元素.** 只能用自己编写的函数, 写出提取一个 `np.array` (不一定正方) 矩阵对角线元素的函数.

参考解决方案:

```
def DM(x):
    n,m=Dim(x)
    if n!=m:
        print('Not square matrix')
    if n>m:
        w=m
    else:
        w=n
    z=[]
    i=0
    while i<w:
        z.append(x[i,i])
        i+=1
    return np.array(z)
```

```
# 测试
np.random.seed(1010)
y=np.random.randn(5,13)
DM(y)
```

输出为:

```
Not square matrix
array([-1.1754479 ,  2.70323738, -0.91853495, -0.5845538 , -0.72020251])
```

(2) 产生单位矩阵. 编写一个产生 n 维单位矩阵的函数, 只能用 append 函数.

参考解决方案:

```
def Diag(n):
    i=0
    Z=[]
    while i<n:
        j=0
        z=[]
        while j<n:
            if i==j:
                z.append(1)
            else:
                z.append(0)
            j+=1
        i+=1
        Z.append(z)
    return np.array(Z)

# 测试:
Diag(5)
```

输出为:

```
array([[1, 0, 0, 0, 0],
       [0, 1, 0, 0, 0],
       [0, 0, 1, 0, 0],
       [0, 0, 0, 1, 0],
       [0, 0, 0, 0, 1]])
```

(3) **用已知向量做对角线元素的对角阵.** 只能用自己编写的函数, 写出对角线元素为已知向量元素的对角矩阵的函数.

参考解决方案:

```
def MD(x):
    n=Length(x)
    i=0
    Z=[]
    while i<n:
        j=0
        z=[]
        while j<n:
            if i==j:
                z.append(x[i])
            else:
                z.append(0)
            j+=1
        i+=1
        Z.append(z)
    return np.array(Z)

# 测试:
np.random.seed(1010)
y=np.random.randn(4)
MD(y)
```

输出为:

```
array([[-1.1754479 ,  0.        ,  0.        ,  0.        ],
       [ 0.        , -0.38314768,  0.        ,  0.        ],
       [ 0.        ,  0.        , -1.47136618,  0.        ],
       [ 0.        ,  0.        ,  0.        , -1.80056852]])
```

8.1.6 条件语句的编程

建立一个关于人名字及年龄的 dict:

```
a={'Ray':2,'Tom': 64,'Babara':99,'Ted':47,'John':53,'Jane':30,'Titi':21,
'Baby': 10,'Lucy': 5}
```

试图用条件语句把人按照区间 $[0,30)$, $[30,70)$, $[70,150)$ 分为青年、中年及老年组.

参考解决方案:

```
old=[];middle=[];young=[]
for k in a:
    if a[k]<30: young.append(k)
    elif a[k]<70: middle.append(k)
```

```
    else: old.append(k)
print('old:',old,'middle:',middle,'young:',young)
```

输出为:

```
old: ['Babara'] middle: ['Tom', 'Ted', 'John', 'Jane']
 young: ['Ray', 'Titi', 'Baby', 'Lucy']
```

8.2 更多的和矩阵有关的编程

8.2.1 矩阵和向量改变维数

1. 不用任何非允许函数编写一个函数, 把一个矩阵拉直成一个序列.

参考解决方案:

```
def Straighten(y):
    z=[]; k=0
    if Dim(y)[1]==1: return y
    while (k<Dim(y)[0]):
        z.extend(y[k,:])
        k+=1
    return np.array(z)

# 测 试:
np.random.seed(1010)
y=np.random.choice(range(50),24,replace=True)
Y=y.reshape(4,6)
Straighten(Y),Straighten(y)
```

输出为:

```
(array([36,  8, 10, 18, 14,  3, 22, 42, 12, 34, 17,  0, 22, 26, 47, 29, 24,
        33, 40, 31, 16, 49,  7, 47]),
 array([36,  8, 10, 18, 14,  3, 22, 42, 12, 34, 17,  0, 22, 26, 47, 29, 24,
        33, 40, 31, 16, 49,  7, 47]))
```

2. 不用任何非允许函数 (可用自编函数) 编写一个函数, 把一个序列按照行排列成矩阵 (和 reshape 函数类似). 注意维数的匹配.

参考解决方案:

```
def Reshape(y,r=3,c=8):
    if Prod(Dim(y))!=r*c:
        return print('Wrong dimension!')
    if Dim(y)[1]!=1:
        y1=Straighten(y)
```

```
    else:
        y1=y
    m=[]
    k=1
    while (k<=r):
        m.append(y1[(k-1)*c:k*c])
        k+=1
    return np.array(m)

# 测试
Reshape(Y),Reshape(y) #使用前面生成的Y和y
```

输出为:

```
(array([[36,  8, 10, 18, 14,  3, 22, 42],
        [12, 34, 17,  0, 22, 26, 47, 29],
        [24, 33, 40, 31, 16, 49,  7, 47]]),
 array([[36,  8, 10, 18, 14,  3, 22, 42],
        [12, 34, 17,  0, 22, 26, 47, 29],
        [24, 33, 40, 31, 16, 49,  7, 47]]))
```

8.2.2 矩阵按行或按列合并

(1) 不用任何非允许函数 (除了 tolist 及前面自编函数 Dim) 编写类似于 np.vstack 或者 np.hstack 的函数.

参考解决方案:

```
def Stack(x,y,axis=0): #axis=1 等于 hatsck; axis=0 等于 vatsck
    rx,cx=Dim(x)
    ry,cy=Dim(y)
    if axis==1:
        if rx!=ry:
            return('Dimension wrong')
        i=0
        res=[]
        while (i<=rx-1):
            res0=[]
            res0.extend(x[i,:].tolist())
            res0.extend(y[i,:].tolist())
            res.append(res0)
            i+=1
        return np.array(res)
    elif axis==0:
        if cx!=cy:
```

```
            return('Dimension wrong')
        i=0
        res=x.tolist()
        res.extend(y.tolist())
        return np.array(res)

# 测试:
np.random.seed(1010)
x=np.random.rand(3,2)
y=np.random.rand(3,3)
z=np.random.rand(2,5)
w=np.random.rand(3,5)
xy=Stack(x,y,axis=1)
zw=Stack(z,w,axis=0)
(xy,zw)
```

输出为:

```
(array([[0.39425649, 0.17559247, 0.7625821 , 0.5214099 , 0.41088322],
        [0.07270586, 0.19188087, 0.53744427, 0.27056231, 0.43332662],
        [0.39980431, 0.41812333, 0.82726629, 0.27185322, 0.72738781]]),
 array([[0.10024028, 0.49778603, 0.58031585, 0.57667458, 0.20703908],
        [0.29615325, 0.89736259, 0.23230671, 0.70447106, 0.40899385],
        [0.87068056, 0.5229694 , 0.42163211, 0.42157711, 0.32132106],
        [0.76962889, 0.97400863, 0.34615922, 0.14224769, 0.87016154],
        [0.80802215, 0.10289518, 0.73917545, 0.29946476, 0.79895745]]))
```

(2) 重复实现上面一题的任务, 可以用自己编写的任何函数 (不能用其他函数).

参考解决方案:

```
def Stack2(x,y,axis=0):#axis=1 等于 hatsck; axis=0 等于 vatsck
    rx,cx=Dim(x)
    ry,cy=Dim(y)
    if axis==1:
        if rx!=ry:
            return('Dimension wrong')
        z=AllConst(0.,rx,cx+cy)
        z[:,:cx]=x
        z[:,cx:]=y
        return z
    elif axis==0:
        if cx!=cy:
            return('Dimension wrong')
        z=AllConst(0.,rx+ry,cx)
        z[:rx,:]=x
```

```
        z[rx:,:]=y
        return z

#产生数据测试函数:
np.random.seed(1010)
x=np.random.randn(2,3)
y=np.random.randn(2,2)
z=np.random.randn(3,3)
xy=Stack2(x,y,axis=1)
xz=Stack2(x,z,axis=0)
(xy,xz)
```

输出为:

```
(array([[-1.1754479 , -0.38314768, -1.47136618,  0.99316068, -2.3637072 ],
        [-1.80056852,  0.13010042,  1.59561863, -0.47959227, -1.65038194]]),
 array([[-1.1754479 , -0.38314768, -1.47136618],
        [-1.80056852,  0.13010042,  1.59561863],
        [-0.54348966,  0.77961145, -0.50260878],
        [ 0.28588951,  2.70323738, -0.07451682],
        [-1.37010266,  0.35858722,  0.59804988]]))
```

8.2.3 矩阵的转置

不能用任何非允许函数 (可用自编函数), 得到某矩阵 (比如x) 的转置 (和 x.T 相同) 的函数.

参考解决方案:

```
def Trans(x):
    r,c=Dim(x)
    i=0
    R=[]
    while i<c:
        e=[]
        j=0
        while j<r:
            e.append(x[j,i])
            j+=1
        R.append(e)
        i+=1
    return np.array(R)

# 测试:
np.random.seed(1010)
x=np.random.rand(3,2)
```

```
(Trans(x),Trans(Trans(x)))
```

输出为:

```
(array([[0.39425649, 0.07270586, 0.39980431],
        [0.17559247, 0.19188087, 0.41812333]]),
 array([[0.39425649, 0.17559247],
        [0.07270586, 0.19188087],
        [0.39980431, 0.41812333]]))
```

向量之间的外积类运算

这一类运算是在两个np.array 向量之间进行,得到的是一个矩阵,其行列数分别等于两个向量的长度,而第 ij 个元素为第一个向量的第 i 个元素与第二个向量的第 j 个元素计算而得. 请最多仅用自己编写的函数来写出实行这个运算的函数.

参考解决方案:

```
def Outer(x,y,math=["+","-","*","/","%","**",">","<"]):
    op=math[0]
    nx=Length(x)
    ny=Length(y)
    R=AllConst(0.,nx,ny)
    i=0
    while i < nx:
        j=0
        while j < ny:
            R[i,j]=eval(str(x[i])+op+str(y[j]))
            j+=1
        i+=1
    return R

# 测试
np.random.seed(8888)
x=np.random.randn(3)
y=np.random.randn(5)
Outer(x,y,"*"),Outer(x,y,"%"),Outer(x,y,"+"),Outer(x,y,"/"),Outer(x,y,"<")
```

输出为:

```
(array([[-1.02290028, -0.07132935,  0.4547973 ,  0.24944288, -0.03887011],
        [-0.12419446, -0.00866039,  0.05521878,  0.03028587, -0.00471938],
        [ 0.45422117,  0.03167396, -0.20195377, -0.11076567,  0.01726036]]),
 array([[ 2.07625352,  0.10915256, -0.41122049, -0.41122049,  0.06139837],
        [ 2.43754607,  0.12352974, -0.04992794, -0.04992794,  0.04459583],
        [ 0.18260338,  0.0091457 , -0.92336608, -0.42398817,  0.08807961]]),
 array([[ 2.07625352, -0.23776281, -1.51718995, -1.01781205, -0.31669672],
        [ 2.43754607,  0.12352974, -1.15589741, -0.6565195 ,  0.04459583],
        [ 2.6700774 ,  0.35606107, -0.92336608, -0.42398817,  0.27712716]]),
 array([[-0.1653165 , -2.37072513,  0.37181903,  0.6779199 , -4.35044524],
        [-0.02007174, -0.28783933,  0.04514405,  0.082309  , -0.52820516],
```

```
       [ 0.07340916,  1.05272583, -0.16510708, -0.30103186,  1.931825  ]]),
 array([[1., 1., 0., 0., 1.],
        [1., 1., 0., 0., 1.],
        [1., 0., 0., 0., 0.]]))
```

8.2.4 向量与矩阵按行或按列的运算

除了自己编写的函数及 eval 函数, 不能用任何函数, 编写向量对矩阵行或列做各种运算, 包括四则运算、余、乘方、大于、小于等.

参考解决方案:

```
def Sweep(M,V,axis=0,math=["+","-","*","/","%","**",">","<"]):
    #axis=0 按列(对行元素)运算,axis=1 按行(对列元素)运算
    op=math[0]
    r,c=Dim(M);n=Length(V)
    if axis==0:
        if c!=n: return ('Wrong dimension!')
    else:
        if r!=n: return ('Wrong dimension!')
    R=AllConst(0.,r,c)
    i=0
    while i < r:
        j=0
        while j < c:
            if axis==0:
                R[i,j]=eval(str(M[i,j])+op+str(V[j]))
            else:
                R[i,j]=eval(str(M[i,j])+op+str(V[i]))
            j+=1
        i+=1
    return R

# 测试
np.random.seed(1010)
M=np.random.randn(3,4); V=np.random.randn(4)
W=np.random.choice(np.arange(10),3)
Sweep(M,V,0,"%"),Sweep(M,W,1,"**"),Sweep(M,V,0,"/"),Sweep(M,W,1,"-")
```

输出为:

```
(array([[-0.17023034,  0.18863134,  1.2318712 , -0.01216486],
        [-0.37250836,  0.16617107,  0.99316068, -0.0536858 ],
        [-0.47959227,  0.06495512,  2.15974772, -0.04007356]]),
 array([[ -3.5263437 ,  -1.14944304,  -4.41409854,  -5.40170557],
        [  0.65050209,   7.97809313,   4.96580338, -11.81853598],
```

```
       [ -3.83673813, -13.20305555,  -4.34791729,   6.23689162]]),
 array([[  2.33869352,  -1.34019495,  -0.54429781,  24.16324991],
       [ -0.25885027,   5.58124229,   0.36739677,  31.72045213],
       [  0.9542059 ,  -5.77279642,  -0.2010514 , -10.46222129]]),
 array([[-4.1754479 , -3.38314768, -4.47136618, -4.80056852],
       [-4.86989958, -3.40438137, -4.00683932, -7.3637072 ],
       [-8.47959227, -9.65038194, -8.54348966, -7.22038855]]]))
```

8.2.5 矩阵之间的乘积

除了自己编写的函数, 不能用任何函数, 编写矩阵乘积 (试着产生 x.dot(y.T) 的结果) 的函数.

参考解决方案:

```
def MProd(x,y):
    rx,cx=Dim(x)
    ry,cy=Dim(y)
    if cx!=ry:
        return ('Wrong dimension')
    z=AllConst(0.,rx,cy)
    for i in Arange(rx):
        for j in Arange(cy):
            for k in Arange(cx):
                z[i,j]+=x[i,k]*y[k,j]
    return z

# 测试
np.random.seed(1010)
x=np.random.rand(3,20)
y=np.random.rand(4,20)
MProd(x,Trans(y))
```

输出为:

```
array([[3.18984798, 3.92811269, 2.92628039, 3.89453952],
       [4.66062963, 4.59292125, 4.59440976, 5.39416463],
       [3.4170792 , 4.05139357, 3.46833317, 4.16486727]])
```

8.2.6 求逆矩阵

只允许使用前面自己编写的函数, 用主元 Gauss-Jordan(高斯-约当) 消元法求逆矩阵的函数.

Gauss-Jordan 消元法解决方案的原理是把要求逆的方阵放在单位阵旁边 (比如左边), 然后用行乘以常数并互相加减把目标矩阵转换成单位阵, 而原先的单位阵在同样的行操作之

后则转换为逆矩阵. 具体的做法是: 首先, 把 $n \times n$ 目标阵 $\boldsymbol{X} = \{x_{ij}\}$ 放在单位阵左边, 形成一个 $n \times 2n$ 的矩阵 $[\boldsymbol{X}|\boldsymbol{I}]$, 然后实施下面步骤:

(1) 用第一行除以适当的数目, 在矩阵左上角 (第一行最左边元素 x_{11}) 得到一个 "1";

(2) 用每一行都减去第一行乘以适当的数目, 把第二行开始的第一列都转换成 "0", 也就是 $x_{i1} = 0\ (i = 2, 3, \ldots, n)$;

(3) 然后再把第 2 行第 2 列的元素 x_{22} 转换成 "1";

(4) 再把第 2 列其他元素转换成 "0", 即 $x_{i2} = 0\ (i \neq 2)$;

(5) 如此下去, 把矩阵 $[\boldsymbol{X}|\boldsymbol{I}]$ 左边的 $\boldsymbol{X}$ 转换成对角阵, $[\boldsymbol{X}|\boldsymbol{I}]$ 右边的单位阵 $\boldsymbol{I}$ 则转换成原始矩阵 $\boldsymbol{X}$ 的逆矩阵 $\boldsymbol{X}^{-1}$.

下面是上面步骤的一个直观示例:

$$\boldsymbol{X} = \begin{bmatrix} 5 & 4 & 4 \\ 8 & 9 & 8 \\ 9 & 4 & 7 \end{bmatrix} \Rightarrow \left[\begin{array}{ccc|ccc} 5 & 4 & 4 & 1 & 0 & 0 \\ 8 & 9 & 8 & 0 & 1 & 0 \\ 9 & 4 & 7 & 0 & 0 & 1 \end{array}\right] \overset{x_{1j}/5}{\Longrightarrow} \left[\begin{array}{ccc|ccc} 1 & 4/5 & 4/5 & 1/5 & 0 & 0 \\ 8 & 9 & 8 & 0 & 1 & 0 \\ 9 & 4 & 7 & 0 & 0 & 1 \end{array}\right]$$

$$\overset{\substack{x_{2j} - x_{1j} \times 8 \\ x_{3j} - x_{1j} \times 9}}{\Longrightarrow} \left[\begin{array}{ccc|ccc} 1 & 4/5 & 4/5 & 1/5 & 0 & 0 \\ 0 & 9 - 8 \times 4/5 & 8 - 8 \times 4/5 & -8/5 & 1 & 0 \\ 0 & 4 - 9 \times 4/5 & 7 - 9 \times 4/5 & -9/5 & 0 & 1 \end{array}\right]$$

$$= \left[\begin{array}{ccc|ccc} 1 & 0.8 & 0.8 & 0.2 & 0 & 0 \\ 0 & 2.6 & 1.6 & -1.6 & 1 & 0 \\ 0 & -3.2 & -2 \times 0.8 & -1.8 & 0 & 1 \end{array}\right]$$

$$\overset{x_{2j}/2.6}{\Longrightarrow} \left[\begin{array}{ccc|ccc} 1 & 0.8 & 0.8 & 0.2 & 0 & 0 \\ 0 & 1 & 1.6/2.6 & -1.6/2.6 & 1/2.6 & 0 \\ 0 & -3.2 & -1.6 & -1.8 & 0 & 1 \end{array}\right] \overset{\substack{x_{1j} - x_{2j} \times 0.8 \\ x_{3j} - x_{2j} \times (-3.2)}}{\Longrightarrow}$$

$$\left[\begin{array}{ccc|ccc} 1 & 0 & 0.8 - 0.8 \times (1.6/2.6) & 0.2 - 0.8 \times (-1.6/2.6) & -0.8 \times (1/2.6) & 0 \\ 0 & 1 & 1.6/2.6 & -1.6/2.6 & 1/2.6 & 0 \\ 0 & 0 & -1.6 - (-3.2)(1.6/2.6) & -1.8 - (-3.2)(-1.6/2.6) & -(-3.2)(1/2.6) & 1 \end{array}\right]$$

$$\Longrightarrow \cdots$$

$$\Longrightarrow \left[\begin{array}{ccc|ccc} 1 & 0 & 0 & 1.3478261 & -0.52173913 & -0.1739130 \\ 0 & 1 & 0 & 0.6956522 & -0.04347826 & -0.3478261 \\ 0 & 0 & 1 & -2.1304348 & 0.69565217 & 0.5652174 \end{array}\right]$$

$$\Longrightarrow \boldsymbol{X}^{-1} = \begin{bmatrix} 1.3478261 & -0.52173913 & -0.1739130 \\ 0.6956522 & -0.04347826 & -0.3478261 \\ -2.1304348 & 0.69565217 & 0.5652174 \end{bmatrix}.$$

参考解决方案:

```
def Inv(w):
    n=Dim(w)
    I=Diag(n[0])
    W=Stack(w.astype('float'),I,1)
    for i in Arange(n[1]):
        W[i,:]=W[i,:]/W[i,i]
```

```
        for j in Arange(n[0]):
            if j!=i:
                W[j,:]=W[j,:]-W[i,:]*W[j,i]
            else:
                continue
    return W[:,n[0]:]

# 测试:
np.random.seed(1010)
w=np.random.rand(5,5)
np.round(MProd(Inv(w),w),12)
```

验证结果为 (四舍五入到小数点后 12 位):

```
array([[ 1.,  0.,  0.,  0.,  0.],
       [-0.,  1., -0., -0., -0.],
       [ 0.,  0.,  1.,  0.,  0.],
       [ 0.,  0.,  0.,  1.,  0.],
       [-0.,  0., -0., -0.,  1.]])
```

8.2.7 序列的排序

序列的排序有很多办法, 下面给出的参考解决方案仅仅是其中少数, 而且不那么精练, 相信读者可以写出更好的函数.

(1) 只可以用自己编写的函数把一个序列从小到大 (或从大到小) 排序.

参考解决方案:

```
def SimpleSort(z, increasing=True):
    x=z.copy()
    n = Length(x)
    for i in Arange(n-1):
        for j in Arange(0, n-i-1):
            if increasing:
                if x[j] > x[j+1] :
                    x[j], x[j+1] = x[j+1], x[j]
            else:
                if x[j] < x[j+1] :
                    x[j], x[j+1] = x[j+1], x[j]
    return x

# 测试
x = [64, 34, 25, -2,12, 22, 11, 90,25,-1]
SimpleSort(x,increasing=False),SimpleSort(x,True),x
```

输出为:

```
([90, 64, 34, 25, 25, 22, 12, 11, -1, -2],
 [-2, -1, 11, 12, 22, 25, 25, 34, 64, 90],
 [64, 34, 25, -2, 12, 22, 11, 90, 25, -1])
```

(2) 写出一个函数 (只可以用自己编写的函数及 `insert`), 把一个序列从小到大 (或从大到小) 排序.

参考解决方案:

```
def SORT(x,decreasing=False):
    if x[0]<x[1]:
        s=x[:2].tolist()
    else:
        s=[x[1],x[0]]
    for i in Arange(2,Length(x)):
        j=0
        while j<Length(s):
            if x[i]<s[j]:
                s.insert(j,x[i])
                break
            elif j==Length(s)-1 and x[i]>s[j]:
                s.insert(j+1,x[i])
                break
            else:
                j+=1
    if decreasing==True:
        s=s[::-1]
    return s

# 测试:
np.random.seed(1010)
x=np.random.randn(10)
print(np.array(SORT(x)))
print(np.array(SORT(x,decreasing=True)))
y=np.array(['I', 'am', 'a', 'student', 'and', 'you','are', 'a', 'teacher'])
print(SORT(y))
print(SORT(y,decreasing=True))
```

输出为:

```
[-2.3637072  -1.80056852 -1.65038194 -1.47136618 -1.1754479  -0.47959227
 -0.38314768  0.13010042  0.99316068  1.59561863]
[ 1.59561863  0.99316068  0.13010042 -0.38314768 -0.47959227 -1.1754479
 -1.47136618 -1.65038194 -1.80056852 -2.3637072 ]
['I', 'a', 'a', 'am', 'and', 'are', 'student', 'teacher', 'you']
['you', 'teacher', 'student', 'are', 'and', 'am', 'a', 'a', 'I']
```

(3) 写出一个函数 (只可以用自己编写的函数, 不用 `insert`), 把序列从小到大 (或从大到小) 排序. 下面给出的参考方案比较笨拙, 浪费计算次数, 但编程不易出错.

参考解决方案:

```
def Sort(x, decreasing=False):
    m=Length(x)
    s=AllConst(0.,m,m)
    for i in range(m):
        for j in Arange(m):
            s[i,j]=(x[i]<x[j])*1

    ind=AllConst(0.,m)
    for i in Arange(m):
        ind[i]=SumAll(s[i,:])

    m=len(ind);k=0;z=AllConst(0.,m)
    for i in Arange(m)[::-1]:
        for j in Arange(m):
            if ind[j]==i:
                z[k]=x[j]
                k+=1
                j=j+1
            else:
                continue
    if decreasing==True:
        return z[::-1]
    else:
        return z

#测试:
np.random.seed(1010)
x=np.random.randn(5)
Sort(x),Sort(x,decreasing=True)
```

输出为:

```
(array([-1.80056852, -1.47136618, -1.1754479 , -0.38314768,  0.13010042]),
 array([ 0.13010042, -0.38314768, -1.1754479 , -1.47136618, -1.80056852]))
```

(4) 改写 Sort 函数 (只可以用自己编写的函数), 给出一个序列从小到大 (或从大到小) 排序后的原始向量的下标.

```
def Order(x, decreasing=False):
    m=Length(x)
    s=AllConst(0.,m,m)
    for i in range(m):
        for j in Arange(m):
```

```
            s[i,j]=(x[i]<x[j])*1

    ind=AllConst(0.,m)
    for i in Arange(m):
        ind[i]=SumAll(s[i,:])

    m=len(ind);k=0;z=AllConst(0.,m)
    for i in Arange(m)[::-1]:
        for j in Arange(m):
            if ind[j]==i:
                z[k]=j
                k+=1
                j=j+1
            else:
                continue
    if decreasing==True:
        return z[::-1].astype('int')
    else:
        return z.astype('int')

#测试:
np.random.seed(1010)
x=np.random.randn(5)
Order(x),Order(x,decreasing=True),x
```

输出为:

```
(array([3, 2, 0, 1, 4]),
 array([4, 1, 0, 2, 3]),
 array([-1.1754479 , -0.38314768, -1.47136618, -1.80056852,  0.13010042]))
```

(5) 改写 SORT 函数, 给出对序列从小到大 (或从大到小) 排序及排序后的原始向量的下标.

参考解决方案:

```
def ORDERSORT(x,decreasing=False):
    if x[0]<x[1]:
        s=x[:2].tolist()
        O=[0,1]
    else:
        s=[x[1],x[0]]
        O=[1,0]
    for i in Arange(2,Length(x)):
        j=0
        while j<Length(s):
            if x[i]<s[j]:
                s.insert(j,x[i])
                O.insert(j,i)
```

```
                break
            elif j==Length(s)-1 and x[i]>s[j]:
                s.insert(j+1,x[i])
                O.insert(j+1,i)
                break
            else:
                j+=1
    if decreasing==True:
        s=s[::-1]
        O=O[::-1]
    return O,s

# 测试:
np.random.seed(1010)
x=np.random.randn(10)
y=np.array(['I', 'am', 'a', 'student', 'and', 'you','are', 'a', 'teacher'])
print(np.array(ORDERSORT(x)))
print(np.array(ORDERSORT(x,decreasing=True)))
print(ORDERSORT(y)[0],'\n',ORDERSORT(y)[1])
print(ORDERSORT(y,decreasing=True)[0],'\n',ORDERSORT(y,decreasing=True)[1])
```

输出为:

```
[[ 7.          3.          9.          2.          0.          8.
   1.          4.          6.          5.        ]
 [-2.3637072  -1.80056852 -1.65038194 -1.47136618 -1.1754479  -0.47959227
  -0.38314768  0.13010042  0.99316068  1.59561863]]
[[ 5.          6.          4.          1.          8.          0.
   2.          9.          3.          7.        ]
 [ 1.59561863  0.99316068  0.13010042 -0.38314768 -0.47959227 -1.1754479
  -1.47136618 -1.65038194 -1.80056852 -2.3637072 ]]
[0, 2, 7, 1, 4, 6, 3, 8, 5]
 ['I', 'a', 'a', 'am', 'and', 'are', 'student', 'teacher', 'you']
[5, 8, 3, 6, 4, 1, 7, 2, 0]
 ['you', 'teacher', 'student', 'are', 'and', 'am', 'a', 'a', 'I']
```

根据排序可以计算各种分位数, 目前常用的计算分位数的方法很多, 大约有 10 种, 这里不赘述.

8.3 和若干简单应用有关的编程训练

这一部分编程练习涉及少数具体的应用课题, 自然都有相应的模块或程序包来解决, 但希望尽量用最基本的函数来实现. 我们给出的程序当然也仅仅是参考而已, 相信读者可以写出更好的代码.

8.3.1 随机游走

如果一个喝醉的人, 每走一步都要随机地换个方向和步长, 那么其路径就差不多像个二维**随机游走** (random walk). 形式上, 每一维的步长和方向服从正态分布 $N(0,1)$ 的 m 步 n 维

随机游走可以定义为:

$$\boldsymbol{x}_m = \boldsymbol{x}_0 + \sum_{i=1}^{m} \boldsymbol{e}_i, \boldsymbol{e}_i \sim N(\boldsymbol{0}, \boldsymbol{I}) \ \ \forall i,$$

这里的 $\boldsymbol{x}_m$、$\boldsymbol{e}_i$、$\boldsymbol{x}_0$ 都是 n 维向量, $\boldsymbol{0}$ 是 n 维 0 均值向量, $\boldsymbol{I}$ 为单位协方差阵.

请产生一个二维随机游走, 并画出路径图..

参考解决方案:

这里没有用 numpy 模块的随机数, 因为笔者认为其随机正态产生器不如 random 模块.

```
import random
import matplotlib.pyplot as plt
x=0;y=0;X=[];Y=[]
random.seed(1010)
for i in range(1000):
    x=x+random.normalvariate(0,1)
    y=y+random.normalvariate(0,1)
    X.append(x)
    Y.append(y)
plt.figure(figsize=(20,7))
plt.plot(X,Y,'b.-')
```

上面的代码产生产生图8.3.1.

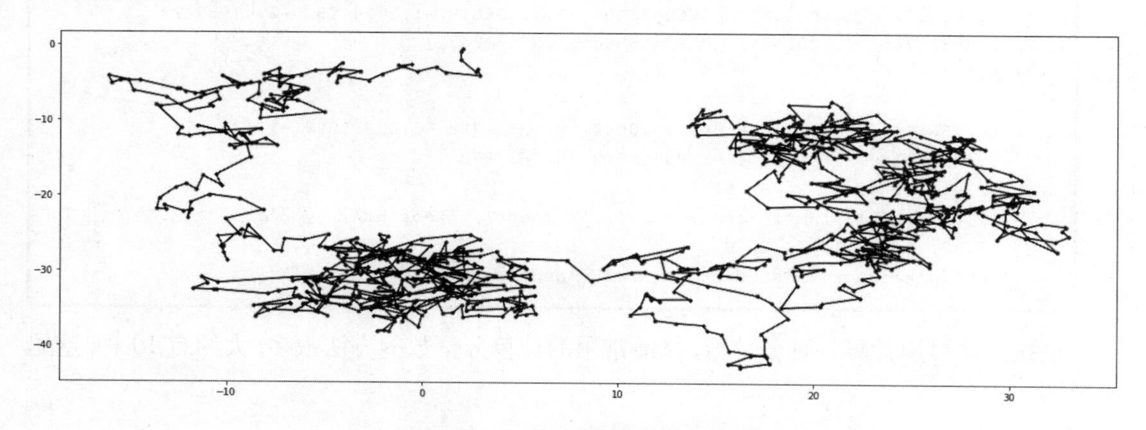

图 8.3.1 二维随机游走路径图

8.3.2 最小二乘回归

构造一个有 m 个数量自变量、一个常数项、一个因变量及 n 个观测值的线性回归模型, 并且解出最小二乘回归系数. 可以假定 $m = 20, n = 200$.

参考解决方案:

```
np.random.seed(1010)
X=np.hstack((np.ones(200).reshape(-1,1),np.random.normal(20,3,(200,10))))
y=X.dot(np.array([29,10,-7,8,2,9,-2,-12,23,3,6]))+np.random.randn(200)
```

```
np.linalg.inv(X.T.dot(X)).dot(X.T).dot(y)
```

输出的最小二乘回归系数估计为:

```
array([ 26.74357941,  10.00444132,  -6.96471518,   8.01669091,
         2.02106219,   8.97725075,  -1.98969247, -11.9307627 ,
        23.0001888 ,   3.00204475,   5.97911552])
```

8.3.3 牛顿法求非线性方程解

用牛顿法求非线性方程的原理如下. 目标是想得到方程 $f(x)=0$ 的近似解. 取一个解的初始近似值 x_0. 该初始并不一定是好的近似, 也可能只是一个猜测而已, 我们希望找到更好的近似值. 为此首先得到 $f(x)$ 在 x_0 的切线:

$$y=f(x_0)+f'(x_0)(x-x_0).$$

然后找到该切线与横轴的交点, 它是下面方程的解 x_1:

$$0=f(x_0)+f'(x_0)(x_1-x_0)$$
$$x_1=x_0-\frac{f(x_0)}{f'(x_0)}.$$

然后再求在 x_1 上的切线与横轴交点 x_2:

$$x_2=x_1-\frac{f(x_1)}{f'(x_1)}.$$

因此, 只要原始近似值的导数不为零, 我们就可以继续不断找到新的近似值 $x_3, x_4, \ldots$, 满足

$$x_{n+1}=x_n-\frac{f(x_n)}{f'(x_n)},\quad n=0,1,2,\ldots,$$

直到收敛为止.

请写出用牛顿法求非线性方程, 比如

$$\log(x)+\frac{3}{16-2\mathrm{e}^x}$$

的一个实数解的程序 (或函数).

参考解决方案:

```
def f(x):
    return np.log(x)+3/(16-2*np.exp(x))

def df(x):
```

```
    return 1/x+6*np.exp(x)/(16-2*np.exp(x))**2

ep=30;x0=.5;k=0
while abs(ep) > 10**-15 and k<10000:
    x0=x0-f(x0)/df(x0)
    ep=f(x0)
    k+=1
print('root=',x0,'\nf(x)=',f(x0),'\nafter',k,'iterations')
```

得到:

```
root= 0.7732530737377892
f(x)= -5.551115123125783e-17
after 5 iterations
```

8.3.4 用三次插值法求函数极小值点

如果有个可导函数 $f(x)$ 在区间 (a,b) 之间有极小值 (极大值类似), 那么可以用许多方法求其极小值, 其中之一是三次插值法. 具体步骤如下:

(1) 基于区间 (a,b) 用下面方法近似一个极小值点 y:

$$U=f'(b);\ V=f'(a);$$
$$Z=3\frac{f(b)-f(a)}{b-a}-U-V;\ W=\sqrt{Z^2-UV};$$
$$y=a+(b-a)\left(1-\frac{U+W+Z}{U-V+2W}\right).$$

如果 $f'(y)$ 充分小, 则认为 y 是极小值点, 否则按照下面规则重新定义区间点:

$$\begin{cases} b=y, & \text{如果 } f'(y)>0;\\ a=y, & \text{如果 } f'(y)<0.\end{cases}$$

(2) 回到 (1), 计算新的 y, 直到满意为止.

请编一个程序, 求函数

$$f(x)=\frac{\mathrm{e}^x+\mathrm{e}^{-x}}{2}$$

的极小值点.

参考解决方案:

```
def ee(x):
    y=(np.exp(x)+np.exp(-x))/2
    return y

def ee1(x):
```

```
    y=(np.exp(x)-np.exp(-x))/2
    return y

def p3(a,b):
    U=ee1(b);V=ee1(a);
    Z=3*(ee(b)-ee(a))/(b-a)-U-V
    W=np.sqrt(Z**2-U*V)
    y=a+(b-a)*(1-(U+W+Z)/(U-V+2*W))
    return y

k=0
a=-200;b=300
y=p3(a,b)
while abs(ee1(y))>10**-15 and k<100:
    if y>0:
        b=y
        y=p3(a,b)
    else:
        a=y
        y=p3(a,b)
    k+=1
print('y=',y,'\nf(x)=',ee(y),'f(x)=',ee1(y),'k=',k)
```

得到:

```
y= -7.761532302280605e-17
f(x)= 1.0 f(x)= -5.551115123125783e-17 k= 15
```

8.3.5 黄金分割法求函数在区间中的最小值

该方法就是用黄金分割法 (0.618 法) 求函数在区间 (a_1, a_2) 中的最小值.

令 $G = (\sqrt{5}-1)/2 \approx 0.618$, 具体步骤为:

(1) 取定初始区间端点 (a_1, a_2), 计算:

$$a_3 = a_2 - G(a_2 - a_1);\ a_4 = a_1 + G(a_2 - a_1);\ f_3 = f(a_3);\ f_4 = f(a_4);$$

如果 $|a_3 - a_4|$ 充分小, 则认为 a_3 或 a_4 是极小值点, 否则按照下面规则重新定义区间点及在上面的函数值:

$$\begin{cases} a_2 = a_4,\ a_4 = a_3,\ f_4 = f_3,\ a_3 = a_2 - G(a_2 - a_1),\ f_3 = f(a_3), & \text{如果 } f_3 < f_4; \\ a_1 = a_3,\ a_3 = a_4,\ f_3 = f_4,\ a_4 = a_1 + G(a_2 - a_1),\ f_4 = f(a_4), & \text{如果 } f_3 > f_4. \end{cases}$$

(2) 回到 (1), 继续迭代, 直到满意为止.

请编一个程序, 求函数

$$f(x) = \frac{e^x + e^{-x}}{2}$$

的极小值点.

参考解决方案:

```
def f(x):
    y=(np.exp(x)+np.exp(-x))/2
    return y

G=(np.sqrt(5)-1)/2
a1=-200;a2=300
a3=a2-G*(a2-a1)
a4=a1+G*(a2-a1)
f3=f(a3);f4=f(a4)
k=0
while abs(a3-a4)>10**-15 and k<1000:
    if f3<f4:
        a2=a4
        a4=a3
        f4=f3
        a3=a2-G*(a2-a1)
        f3=f(a3)
    else:
        a1=a3
        a3=a4
        f3=f4
        a4=a1+G*(a2-a1)
        f4=f(a4)
    k+=1
print('abs(a3-a4)=',np.abs(a3-a4),'abs(f3-f4)=',np.abs(f3-f4),
  'f(a_3)=',f3,'k=',k)
```

得到:

```
abs(a3-a4)= 8.610496798983278e-16 abs(f3-f4)= 0.0 f(a_3)= 1.0 k= 82
```

8.3.6 最古老的伪随机数产生器

1. $(0-1)$ 区间上的均匀分布

最老的伪随机数产生器为:

$$x_{n+1} = \text{MOD}(\beta \times x_n + \alpha, m),$$

式中, $0 < m, 0 < \beta < m, 0 \leqslant \alpha < m, 0 \leqslant x_0 < m$, x_0 为随机种子. 产生的 $(0,1)$ 区间的随机数序列为 $R_i = x_i/m$. 符号 $\mathrm{MOD}(x,y)$ 表示 x/y 的余数.

编一个程序产生 $(0,1)$ 区间的随机数列. 在老程序中, 人们经常取 $m = 65536, \beta = 2053, \alpha = 13849$, 其实没有关系, 但 m 需要取大一些, 比如 $m = 2^{16}$. 也请点出随机数的散点图及直方图 (见图8.3.2), 看其像不像是随机的.

参考解决方案:

```
def Rand(n,seed):
    U=2053.;V=13849.;R=seed
    a=[]
    i=0
    S=2**16
    while i<n:
        R=(U*R+V)%S
        a.append(R/S)
        i+=1
    return a
# 测 试: 画 散 点 图 及 直 方 图
import matplotlib.pyplot as plt
import seaborn as sns
y=Rand(10000,1010)
fig = plt.figure(figsize=(20,5))
plt.subplot(121)
plt.scatter(range(len(y)),y,s=5)
plt.subplot(122)
sns.distplot(y, hist=True, kde=True, bins=int(300/5), color = 'darkblue',
    hist_kws={'edgecolor':'black'},kde_kws={'linewidth': 4})
```

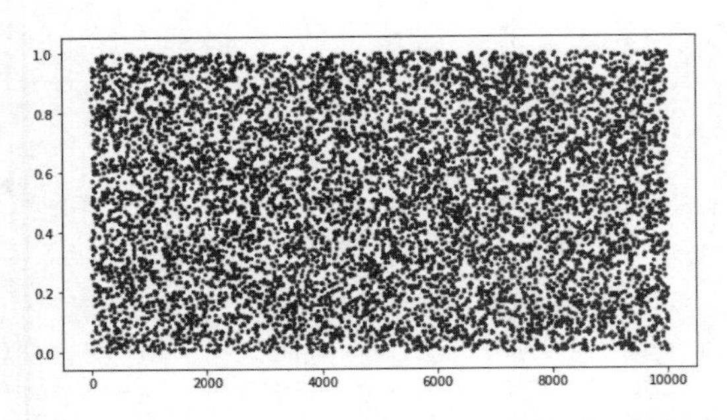

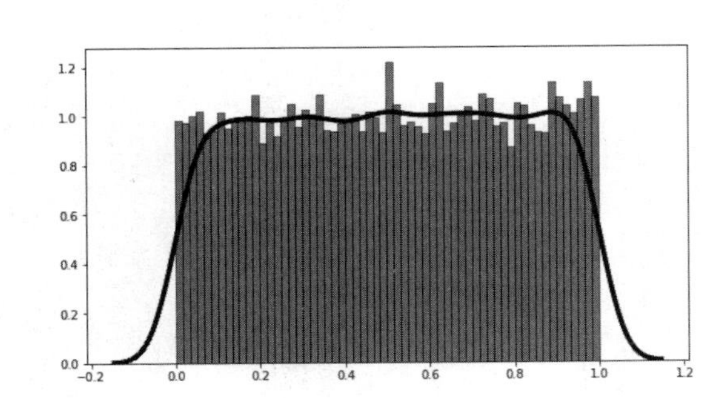

图 8.3.2　伪随机数散点图 (左) 及直方图 (右)

2. 正态分布 $N(\mu, \sigma^2)$

有了均匀分布的伪随机数, 就可以很容易产生各种有解析式的其他分布. 根据中心极限定理, 对于任意分布的独立同分布且均值和方差分别为 μ 和 σ^2 的随机变量 $X_1, X_2, \ldots, X_n$,

当 n 充分大时, 下式趋于 $N(0,1)$ 分布

$$\frac{1}{\sqrt{n}\sigma}\left(\sum_{i=1}^{n}X_i-n\mu\right).$$

由于均匀分布的均值 $\mu=1/2$, 方差 $\sigma^2=1/12$, 上式成为

$$\frac{1}{\sqrt{n/12}}\left(\sum_{i=1}^{n}X_i-n/2\right).$$

这可以近似 $N(0,1)$, 显然, 上式乘以预定的正态标准差再加上预定的正态均值就可近似 $N(\mu,\sigma^2)$ 了, 因此, 产生一个服从正态分布 $N(\mu,\sigma^2)$ 的伪随机数的产生公式如下:

$$y=\mu+\sigma\frac{\sum_{i=1}^{n}U_i-\frac{n}{2}}{\sqrt{n/12}},$$

其中 U_i $(i=1,2,\ldots,n)$ 为 $(0,1)$ 区间均匀分布伪随机数, 这里的 n 为一个足够大的数 ($n=12$ 已经相当不错了).

请编写一个产生状态随机数序列的函数, 并用直方图来验证.

参考解决方案:

```
def RandN(n,loc,sd,seed=1010):
    A=[]
    i=0
    Seed=(np.array(Rand(n,seed))*10000)
    while i<n:
        RN=np.array(Rand(12,Seed[i]))
        A.append(loc+sd*(SumV(RN[:12])-6))
        i+=1
    return A

# 测试并画图
import seaborn as sns
y=RandN(10000,0.,1.)
fig = plt.figure(figsize=(20,5))
plt.subplot(121)
plt.scatter(range(len(y)),y,s=5)
plt.subplot(122)
sns.distplot(y, hist=True,
             kde=True,
             bins=int(300/5),
             color = 'darkblue',
             hist_kws={'edgecolor':'black'},
             kde_kws={'linewidth': 4})
```

上面的代码产生图8.3.3.

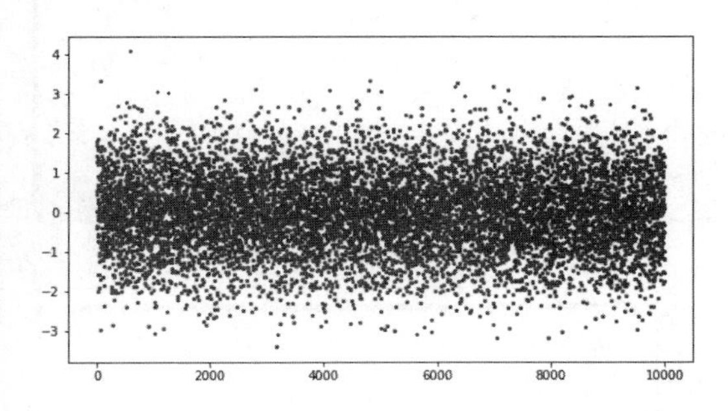
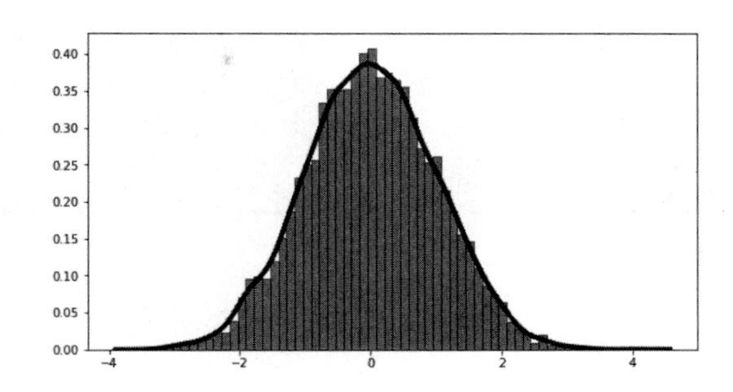

图 8.3.3 伪标准正态随机数散点图 (左) 及直方图 (右)

8.3.7 软件不同函数产生的 ‘‘伪随机数’’ 能对大数定理做验证吗?

根据弱大数定理, 如果 $X_1, X_2, \ldots, X_n$ 为独立同分布随机变量, 如果其共同分布的均值为 $\mu = E(X)$, 那么,

$$当\ n \longrightarrow \infty\ 时,\ \overline{X}_n = \frac{1}{n}\sum_{i=1}^{n} X_i \xrightarrow{P} \mu,$$

上式的 “$\xrightarrow{P}$” 意味着依概率收敛.

我们发现, Python 的 `numpy.random` 及 `random` 模块的标准正态随机变量产生器不那么 “标准”, 至少用来验证大数定理收敛极慢. 请利用累积均值来探讨这个问题.

参考解决方案:

画出两种函数得到的最大 $n = 50000$ 的累积均值图 (图8.3.4左面是 $n > 5000$ 的累积均值图, 而右边是最后 50 个累积均值图).

```
import random
random.seed(1010)
np.random.seed(1010)
n=50000
x_np=np.random.randn(n)
y=[]
for i in range(n):
    y.append(random.normalvariate(0,1))
x_sq=CumMean(x_np)
y_sq=CumMean(y)
print(x_sq[-1],y_sq[-1])

plt.figure(figsize=(20,6))
plt.subplot(121)
plt.plot(x_sq[1000:],'b-',label='numpy.random',linewidth=1)
plt.plot(y_sq[1000:],'g-',label='random',linewidth=1)
plt.plot(np.zeros(n-1000),'k--',label='zeros',linewidth=1)
plt.legend(loc='best')
```

```
plt.subplot(122)
plt.plot(x_sq[-50:],'b-o',label='numpy.random',linewidth=5)
plt.plot(y_sq[-50:],'g-s',label='random',linewidth=5)
plt.plot(np.zeros(50),'k--',label='zeros',linewidth=5)
plt.legend(loc='best')
```

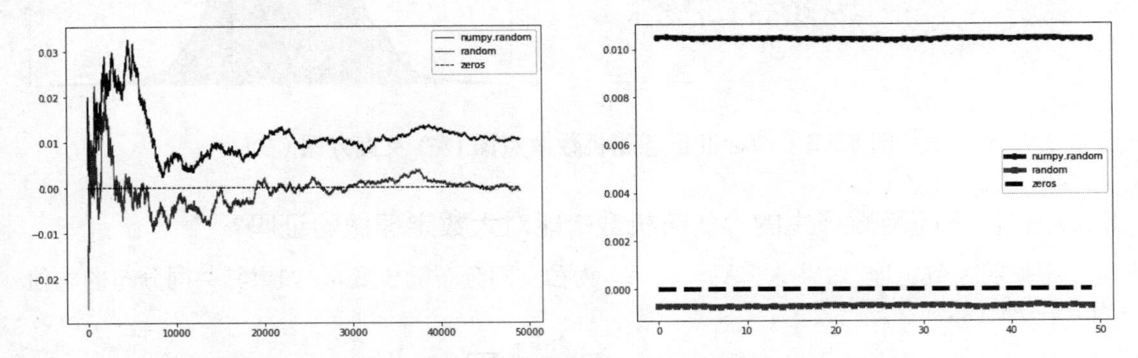

图 8.3.4 左面是 $n>1000$ 的累积均值图, 而右边是最后 50 个累积均值图

计算最后 3000 个累积均值中大于 0 的比例:

```
print('numpy.random: ',np.mean(np.array(x_sq[-3000:])>0),
      '\nrandom: ',np.mean(np.array(y_sq[-3000:])>0))
```

输出的最后 3000 个累积均值中大于 0 的比例分别为 100%及 61%:

```
numpy.random:  1.0
random:  0.42966666666666664
```

输出的 $n=50000$ 时的两个均值输出分别为 0.0104 (numpy.random) 和 -0.0007 (random), 根本不接近于 "真实均值" ($\mu=0$). **这个结果说明得到的标准正态随机数有些不 "标准", 而 numpy.random 似乎不如 random. 用伪随机数产生的累计均值验证大数定理可行吗?**

8.4 在 Excel 表格之外处理 Excel 数据的训练

很多人在处理 Excel 数据时需要打开 Excel 表格, 并利用里面的一些工具来进行必需的计算, 并把所得到的结果存入新的 Excel 表格. 对于简单的问题及少数数据量不大的表格, 这不会形成任何问题, 但是当有大量表格及非常多的观测值时, 就可能会造成烦琐且容易产生不易核对错误的折磨性工作过程.

另外, 由于 Excel 表格广泛用于企事业及行政部门层层汇总上报的数据处理, 往往要从一些表格多次转换到另外一些表格, 其中很多问题是这些中间环节表格的格式规范不同造成的, 这看上去增加了很多 Excel 操作的 "技术含量". 实际上, 如果能够从最原始的数据得到任何想要的汇总或图形, 那些神秘的表格到表格操作就完全失去了意义, 这些操作可以很容易被 Python 或 R 一类的通用软件来执行.

当然,除此之外,还有使用盗版 office 软件的各种法律、道德及技术上的问题.我们通过实际例子来说明如何通过编程来避免那些费时费力又不讨好的 Excel 操作.

8.4.1 空气污染站点监测数据

例 8.1 该数据共有四个省市的总共 34 个站点的数据 Excel 文件,每个文件有 5 年的按照小时的数据,约 3.3 万条.每个数据有除序号外的 14 个变量,除了省市、区县、经纬度和时间(年月日时),有 7 个测量指标和 1 个空气级别的定性变量指标.

我们的目的是找出各个站点各年、各月、各日及全年各个小时的各个测量指标及空气级别的平均值(月平均是跨年的,小时平均也是跨年跨月的),并且把 4 个省市各区县的汇总数据按照省市合并存成 4 个 Excel 文件,每个文件有 4 页分别存储年月日时的均值数据.

值得注意的是,该数据的一些变量格式和其他 Excel 的格式并不一定一样,这也给我们带来一些额外的挑战.

8.4.2 收集路径及文件名以及各种必要的信息

数据文件应该放在一起,然后查看路径和文件名的信息,并提取必要信息.这些都是实现自动化的必要手段,尽量避免手工操作.

(1) 提取路径和数据文件信息:

```
import os

path = '/users/data/站点监测数据/'
files = []
file_names=[]
# r=root, d=directories, f = files
for r, d, f in os.walk(path):
    for file in f:
        if '.xlsx' in file:
            files.append(os.path.join(r, file))
            file_names.append(file)
```

这里得到的 `files` 为带有路径及文件名的 list,而 `file_names` 为仅有文件名的 list,如果你的工作目录就是数据目录,则读取文件时就不用 `files`,而只需要 `file_names`.

(2) 首先提取省市名称,当然可以人工形成,但这是我们尽量避免的,因为当有很多地区时,人工输入是下策:

```
CP=[]
for i in pd.Series(file_names):
    CP.append(i.split('_')[0])
CP=np.unique(CP)
CP
```

对于我们的数据,输出为:

```
array(['北京', '安徽', '河北', '重庆'], dtype='<U2')
```

为了编程方便，我们把这些文件路径按照省市分成若干组，形成一个 dict:

```
#产生与CP对应的dict() FD相应于CP的元素 各元素为相应省市文件地址
FD=dict()
for i in CP:
    FD[i]=list()

for i in CP:
    for j in files:
        if j.split('/')[7].split('_')[0]==i:
            FD[i].append(j)
```

(3) 为了后面计算方便，我们根据文件中日期的特点，编写了抽取年、月、日、小时的特有字符信息的函数，同时也输出了普通的字符形式:

```
def DY(w):
    Date=[]
    Year=[]
    y=w.f_datetime[0].split(' ')[0].split('/')[0]
    s=w.f_datetime[0].split(' ')[0]
    Date.append(s)
    Year.append(y)

    for i in w.f_datetime:
        if i.split(' ')[0] !=s:
            s=i.split(' ')[0]
            Date.append(s)
        if i.split(' ')[0].split('/')[0]!=y:
            y=i.split(' ')[0].split('/')[0]
            Year.append(y)
    Month=list(map(lambda x: '/'+str(x)+'/', range(1,13)))
    Hour=list(map(lambda x: ' '+str(x)+':', range(24)))
    month=np.arange(1,13)
    hour=np.arange(24)

    return {'Date':Date,'Year':Year,'Month':Month,'Hour':Hour},\
    {'Date':Date,'Year':Year,'Month':month,'Hour':hour}
```

对于某个数据，这些信息可以通过如下代码得到 (并输出部分结果)，并且存入到一个 dict 中 (程序使用了名字 B 和 B0 的对象):

```
w=pd.read_excel(files[0])
B,B0=DY(w)
print(B.keys(),B['Year'],B['Month'],B['Hour'],B['Date'][:10])
print(B0.keys(),'\n',B0['Hour'],'\n',B0['Month'])
```

输出为:

```
dict_keys(['Date', 'Year', 'Month', 'Hour'])
 ['2014', '2015', '2016', '2017', '2018', '2019']
 ['/1/', '/2/', '/3/', '/4/', '/5/', '/6/', '/7/', '/8/', '/9/', '/10/',
 '/11/', '/12/']
 [' 0:', ' 1:', ' 2:', ' 3:', ' 4:', ' 5:', ' 6:', ' 7:', ' 8:', ' 9:',
 ' 10:', ' 11:', ' 12:', ' 13:', ' 14:', ' 15:', ' 16:', ' 17:', ' 18:',
 ' 19:', ' 20:', ' 21:', ' 22:', ' 23:']
 ['2014/5/13', '2014/5/14', '2014/5/15', '2014/5/16', '2014/5/17','2014/5/18',
  '2014/5/19', '2014/5/20', '2014/5/21', '2014/5/22']
dict_keys(['Date', 'Year', 'Month', 'Hour'])
 [ 0  1  2  3  4  5  6  7  8  9 10 11 12 13 14 15 16 17 18 19 20 21 22 23]
 [ 1  2  3  4  5  6  7  8  9 10 11 12]
```

8.4.3 对一个数据 (站点) 得到各种均值的程序

然后, 对每一个站点数据 w 按照数据时间变量 f_datetime 的年月日时的编码格式 (本例数据中的年月日时的形式如 2015/1/3 1:00:00), 建立以下的求 4 种均值、结果为 4 个数据框的函数代码 (输出结果存在一个 dict 中), 这里利用了前面的函数 DY.

```
def EX(w):#只有一个文件(站点)的4个汇总
    from astropy.time import Time
    B,B0=DY(w) #提取文件中的日和年(字符串), 月和小时比较规范不用函数
    nm=w.columns #文件中所有变量的名称表
    X=w[nm[7:]] #X不包括省市站点经纬度和时间, 从级别开始的度量
    X=pd.get_dummies(X, dummy_na=False) #把仅有的定性变量"级别"哑元化
    X.iloc[:,-6:]=X.iloc[:,-6:].astype('float') #把数量变量标为浮点型
    X=w[nm[1:7]].join(X)#加入前面未包含的省市站点经纬度和时间等变量
    W=dict() #准备一个dict以待装入年, 月, 小时, 日的平均
    for b in B:
        df=pd.DataFrame() #准备空DataFrame
        for i in B[b]:
            A=X[X['f_datetime'].str.contains(i)].iloc[:,6:].mean()
            df=df.append(pd.DataFrame(data=A.values.reshape(1,-1),columns=A.index),\
                sort=None)
        df.insert(0,value=B0[b],column=b) #插入到DataFrame
        for i in np.arange(1,6)[::-1]:
            df.insert(0,value=w[nm[i]][0],column=nm[i])
        if b=='Date': #转换日期格式
            df['Year']=list(map(lambda x: x.split('/')[0],df.Date))
            df.Date=list(map(lambda x: (Time(x.replace('/','-')).value)\
                .split(' ')[0],df.Date))
            df['Month']=list(map(lambda x: x.split('-')[1],df.Date))
            df['YearMonth']=list(map(lambda x: x.split('-')[0]+'-'+x.split('-')[1],\
```

```
                df.Date))
        W[b]=df
    return W
```

8.4.4 具体计算

然后对于每个省市的所有站点做上述计算, 并且把相应的年月日时平均放入相应的省市名称的 dict 元素中:

```
RS=dict()
for cp in CP: #省市名
    print(cp) #查看进度, 输出省市名称
    U=dict() #制造空dict
    for i in B:
        U[i]=pd.DataFrame()
    for i in FD[cp]: #文件地址
        print(i) #查看进度, 输出文件路径
        u=pd.read_excel(i) #读入cp省市的一个站点数据
        W=EX(u)
        for k in U: #对年月日时分别合并各个站点数据
            U[k]=U[k].append(W[k],ignore_index=True)
    RS[cp]=U  #形成省市为元素的dict
```

到底这个输出的 RS 中有什么内容呢. 它是一个包含了四个省市的 dict, 而每个省市又都是 dict, 分别包含有年月日时的平均的 4 个数据框, 可以用下面代码查看内容:

```
for i in RS:
    print(i)
    for j in RS[i]:
        print(j, RS[i][j].shape, type(RS[i][j]))
```

输出为:

```
北京
Date (19932, 22) <class 'pandas.core.frame.DataFrame'>
Year (72, 19) <class 'pandas.core.frame.DataFrame'>
Month (144, 19) <class 'pandas.core.frame.DataFrame'>
Hour (288, 19) <class 'pandas.core.frame.DataFrame'>
安徽
Date (7291, 22) <class 'pandas.core.frame.DataFrame'>
Year (27, 19) <class 'pandas.core.frame.DataFrame'>
Month (72, 19) <class 'pandas.core.frame.DataFrame'>
Hour (144, 19) <class 'pandas.core.frame.DataFrame'>
河北
Date (9966, 22) <class 'pandas.core.frame.DataFrame'>
```

```
Year (36, 19) <class 'pandas.core.frame.DataFrame'>
Month (72, 19) <class 'pandas.core.frame.DataFrame'>
Hour (144, 19) <class 'pandas.core.frame.DataFrame'>
重庆
Date (14722, 22) <class 'pandas.core.frame.DataFrame'>
Year (54, 19) <class 'pandas.core.frame.DataFrame'>
Month (120, 19) <class 'pandas.core.frame.DataFrame'>
Hour (240, 19) <class 'pandas.core.frame.DataFrame'>
```

8.4.5 把结果存入相应的 Excel 文件中

下面把上面结果存入 4 个以省市名称为名的 Excel `xlsx` 文件, 每个省市的文件包括 4 页, 分别存入年月日时的均值, 此外, 为了分析方便, 这些数据都在 dict `RS` 之中, 里面包含 4 个子 dict.

```
for i in RS:
    print(i)
    with pd.ExcelWriter(i+'.xlsx') as writer:
        for j in RS[i]:
            print(j)
            RS[i][j].to_excel(writer,sheet_name=j)
```

8.4.6 使用前面得到的汇总结果做一些基本描述的例子

1. 北京各站点诸年空气一级比例图

(1) 首先把前面结果 `RS` 中相应于 `'北京'`、`'Year'` 的数据框选出, 并用 `pivot` 函数把列变成 `'c_station'`(站点), 内容变成 `'g_level_一级'`, index 用 `'Year'` 代表. 为了在图中展示方便, 用站点编号代替实际名称:

```
v1=RS['北京']['Year'].pivot(index='Year',columns='c_station',
    values='g_level_一级')
st=list(map(lambda x: 'Station-'+str(x),range(12)));st
for i in range(len(st)):
    print(st[i],'=',v1.columns[i])
```

输出的站点编号和实际站点名称对照为:

```
Station-0 = 万寿西宫
Station-1 = 东四
Station-2 = 农展馆
Station-3 = 古城
Station-4 = 天坛
Station-5 = 奥体中心
```

```
Station-6 = 官园
Station-7 = 定陵
Station-8 = 怀柔镇
Station-9 = 昌平镇
Station-10 = 海淀区万柳
Station-11 = 顺义新城
```

(2) 画图 (见图8.4.1):

```
Marker=['o','^','s','P','p','*','D','v','<','>','X','H']
import matplotlib.pyplot as plt
plt.figure(figsize=(20,6))
for i in range(12):
    plt.plot(v1.iloc[:,i],marker=Marker[i], linestyle='dashed',linewidth=2,
        markersize=12)
plt.legend(loc='best',ncol=6, shadow=True,labels=st)
plt.title('Beijing level-1 percentage for 12 stations from 2014 to 2019')
```

从图8.4.1可以看出, 定陵和怀柔空气相对较好, 而古城较差, 趋势是一级空气比例越来越多, 但各个站点并不一致, 比如万柳站点在变差.

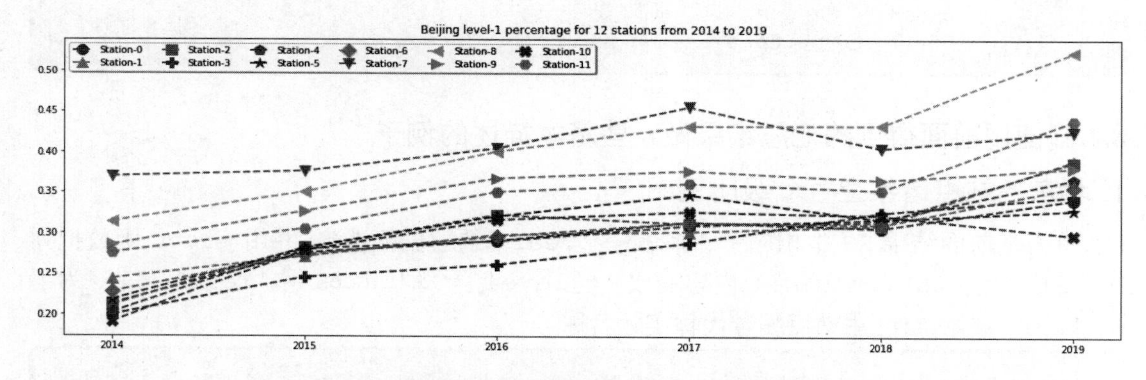

图 8.4.1 北京各站点诸年空气一级比例图

2. 各省市所有站点一级空气比例的诸小时均值

(1) 首先把前面结果 RS 中相应于 4 个城市名 (在 CP 中储存的)、'Hour' 的数据框选出, 并用 groupby(['Hour']).mean() 求各个变量均值, 选取 'g_level_一级', 最终形成 4 个 dict 组合成数据框. 为了在图中展示方便, 用汉语拼音代替汉字省市名称:

```
H=dict()
for i in CP:
    H[i]=RS[i]['Hour'].groupby(['Hour']).mean().reset_index()['g_level_一级']
H=pd.DataFrame(H)
print(H.head())
```

数据的头几行为:

```
     北京        安徽        河北        重庆
0  0.280334  0.202510  0.097365  0.268391
1  0.297331  0.208149  0.104549  0.283649
2  0.310979  0.206498  0.110333  0.301284
3  0.327459  0.209336  0.113564  0.316398
4  0.341667  0.209948  0.114869  0.326266
```

(2) 画图 (见图8.4.2):

```
Marker=['o','^','s','P']
CP0=['Beijing','Anhui','Hebei','Chongqing']
import matplotlib.pyplot as plt
plt.figure(figsize=(20,6))
for i in range(len(Marker)):
    plt.plot(H[CP[i]],'.-',marker=Marker[i], linestyle='dashed',linewidth=2,
        markersize=12)
plt.legend(loc='best',ncol=4, shadow=True,labels=CP0)
plt.title('Level-1 percentage of 24 hours for 4 places')
```

图8.4.2表明, 一般来说, 夜间空气不如白天好.

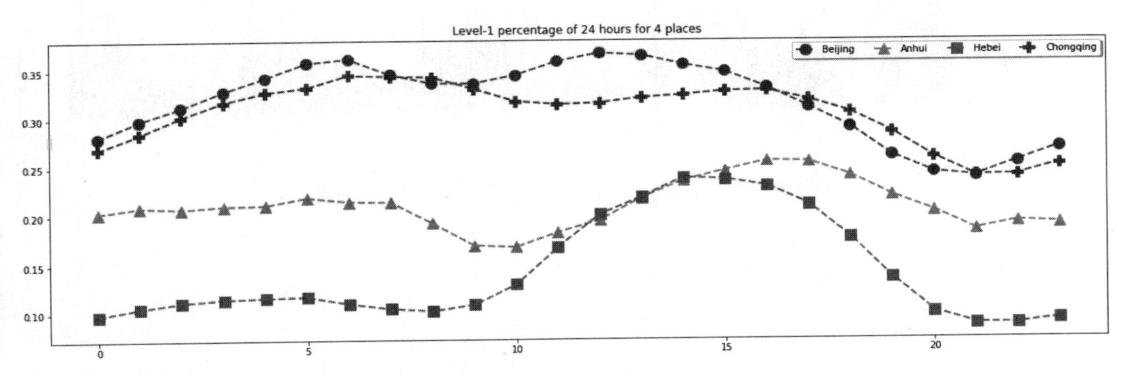

图 8.4.2 各省市所有站点一级空气比例的诸小时均值

3. 各省市所有站点 pm2.5 的诸日均值点图及体会

(1) 首先, 把前面结果 `RS` 中相应于 4 个城市名 (在 `CP` 中储存的)、`'Date'` 的数据框中的变量 `'i_gkd_pm25(g/m3)'` 直接选出, 形成 4 个包含数据框的 dict. 为了在图中展示方便, 我们用汉语拼音代替汉字省市名称:

```
D=dict()
for i in CP:
    D1=RS[i]['Date'].loc[:,['Date','i_gkd_pm25(g/m3)']]
    D1.rename(columns={'i_gkd_pm25(g/m3)':i},inplace=True)
    D1=D1.set_index('Date')
    D[i]=D1
```

(2) 画图 (产生图8.4.3):

```
Marker=['o','^','s','P']
CP0=['Beijing','Anhui','Hebei','Chongqing']
import matplotlib.pyplot as plt
plt.figure(figsize=(20,6))
for i in range(len(CP)):
    t=list(map(lambda x: np.datetime64(Time(x.replace('/','-')).value,'D')\
            -np.datetime64('2014-01-01','D'),D[CP[i]].index))
    t=list(map(lambda x: x.astype('int'),t))
    plt.scatter(t,D[CP[i]].values,marker=Marker[i])
plt.legend(loc='best',ncol=4, shadow=True,labels=CP0)
plt.title('Daily PM-2.5 in 4 places for 6 years')
```

图8.4.3显示, 几次 pm2.5 出现高峰的省市皆为河北省及北京市. 安徽省缺 2014 年数据.

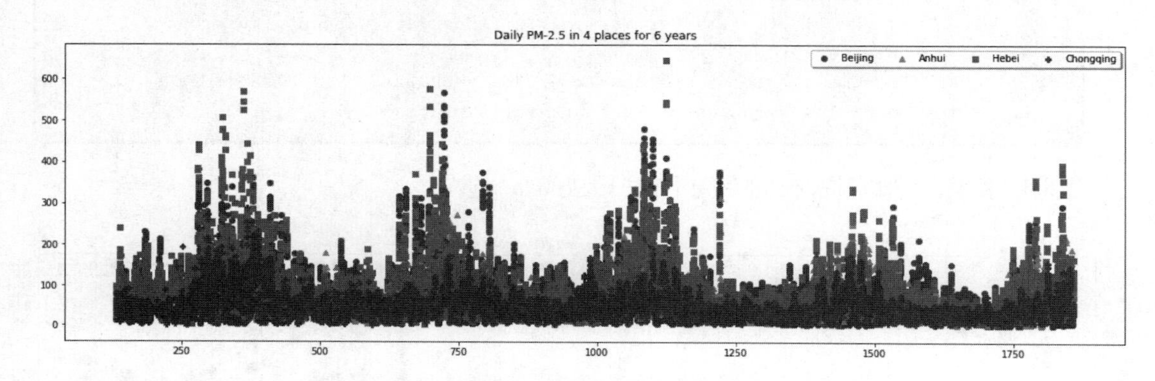

图 8.4.3 各省市所有站点 PM2.5 的诸日值

4. 各省市所有站点 pm2.5 的月均值

(1) 首先把前面结果 `RS` 中相应于 4 个城市名 (在 `CP` 中储存的)、`'Month'` 的数据框的 `'i_gkd_pm25(g/m3)'` 直接选出, 按月求平均, 形成 4 个数据框, 用省市名字替换共同的 pm2.5 名字, 并且横向按照变量 `'Month'` 合并这 4 个数据框成为一个数据框. 为了在图中展示方便, 用汉语拼音代替汉字省市名称.

```
M=RS['北京']['Month'].loc[:,['Month','i_gkd_pm25(g/m3)']].groupby('Month').mean()
M.rename(columns={'i_gkd_pm25(g/m3)':'北京'},inplace=True)
for i in CP[1:]:
    M1=RS[i]['Month'].loc[:,['Month','i_gkd_pm25(g/m3)']].groupby('Month').mean()
    M1.rename(columns={'i_gkd_pm25(g/m3)':i},inplace=True)
    M=pd.merge(M,M1,left_on='Month', right_on='Month')
print(M.head())
```

结果的数据框的头几行为:

```
            北京              安徽              河北              重庆
Month
```

```
1      70.560937  91.443887  120.020162  77.351293
2      63.443239  70.603740   97.273678  66.525028
3      82.670852  62.377776   79.843685  45.307647
4      63.520951  53.787762   61.773914  37.705900
5      58.395664  53.202137   57.626080  37.912219
```

(2) 画图 (见图8.4.4):

```
Marker=['o','^','s','P']
CP0=['Beijing','Anhui','Hebei','Chongqing']
import matplotlib.pyplot as plt
plt.figure(figsize=(20,6))
for i in range(len(Marker)):
    plt.plot(M[CP[i]],'.-',marker=Marker[i], linestyle='dashed',
        linewidth=2, markersize=12)
plt.legend(loc='best',ncol=4, shadow=True,labels=CP0)
plt.title('Monthly PM-2.5 in 4 places for 6 year mean')
```

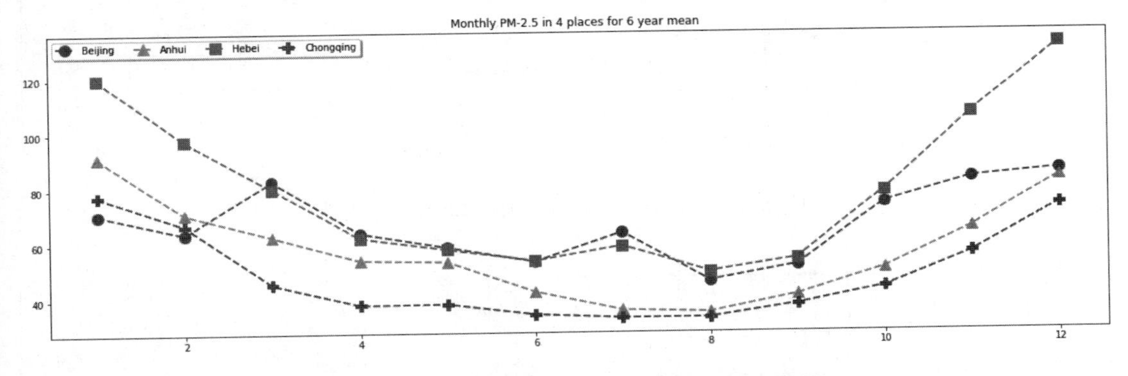

图 8.4.4 各省市所有站点 pm2.5 的月均值

普遍来说, 在夏季的 pm2.5 比冬季要低, 而重庆及安徽的 pm2.5 远小于河北省及北京市.

5. 重庆市各站点 pm2.5 的月均值

(1) 首先把前面结果 RS 中相应于重庆的'Month' 的数据框的 'i_gkd_pm25(g/m3)' 直接选出, 以 10 个站点为列形成数据框. 为了在图中展示方便, 用代号代替汉字站点名称.

```
vc=RS['重庆']['Month'].pivot(index='Month',columns='c_station',
    values='i_gkd_pm25(g/m3)')
st=list(map(lambda x: 'Station-'+str(x),range(len(vc.columns))));st
for i in range(len(st)):
    print(st[i],'=',vc.columns[i])
```

站点代号对应表为:

```
Station-0 = 两路
Station-1 = 南坪
Station-2 = 南泉
Station-3 = 白市驿
Station-4 = 礼嘉
Station-5 = 空港
Station-6 = 缙云山
Station-7 = 解放碑
Station-8 = 龙井湾
Station-9 = 龙洲湾
```

(2) 画图 (见图8.4.5):

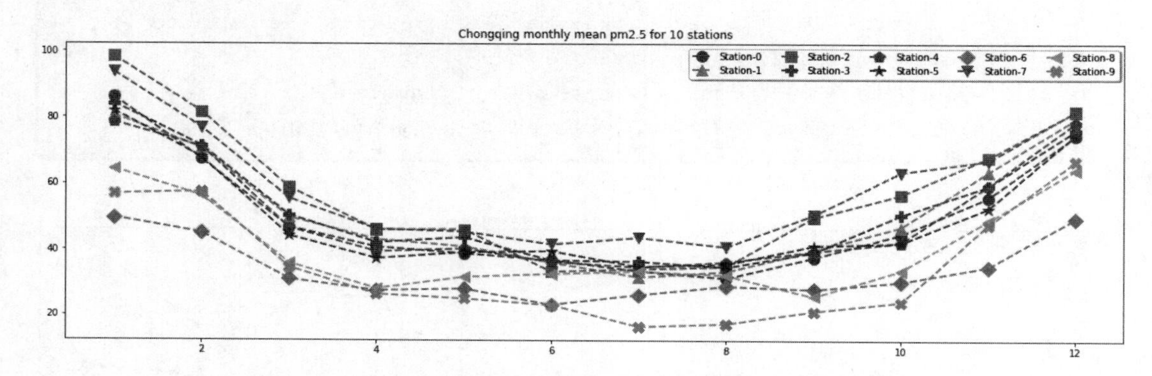

图 8.4.5 重庆市各站点 pm2.5 的月均值

```
Marker=['o','^','s','P','p','*','D','v','<','X']
import matplotlib.pyplot as plt
plt.figure(figsize=(20,6))
for i in range(len(vc.columns)):
    plt.plot(vc.iloc[:,i],marker=Marker[i], linestyle='dashed',
        linewidth=2, markersize=12)
plt.legend(loc='best',ncol=5, shadow=True,labels=st)
plt.title('Chongqing monthly mean pm2.5 for 10 stations')
```

和其他地方类似, 夏季的 pm2.5 比冬季要低. pm2.5 浓度较小的地方为龙洲湾, 浓度较大的地方为南坪和解放碑.

6. 各省市 pm2.5 的年均值

(1) 首先把前面结果 RS 中相应于 4 个城市名 (在 CP 中储存的)、'Year' 的数据框中的列名 'i_gkd_pm25(g/m3)' 直接选出, 按年求平均, 形成 4 个数据框, 用省市名字替换共同的 pm2.5 名字, 并且横向按照变量 'Year' 合并这 4 个数据框成为一个数据框. 为了在图中展示方便, 用汉语拼音代替汉字省市名称.

```
Y=RS['北京']['Year'].loc[:,['Year','i_gkd_pm25(g/m3)']].groupby('Year').mean()
Y.rename(columns={'i_gkd_pm25(g/m3)':'北京'},inplace=True)

for i in CP[1:]:
    Y1=RS[i]['Year'].loc[:,['Year','i_gkd_pm25(g/m3)']].groupby('Year').mean()
    Y1.rename(columns={'i_gkd_pm25(g/m3)':i},inplace=True)
    Y=pd.concat((Y,Y1),axis=1,sort=False)
print(Y)
```

结果的数据框的头几行为:

```
            北京         安徽         河北         重庆
Year
2014  77.092543        NaN   96.421578  55.967130
2015  81.630725  60.635673   87.278851  53.171081
2016  71.544517  58.013218   78.812280  52.471351
2017  56.592116  60.060600   74.452503  54.676770
2018  51.448184  52.991860   63.328276  37.072784
2019  51.938307  94.352403  112.234562  69.432325
```

(2) 画图 (见图8.4.6):

```
Marker=['o','^','s','P']
CP0=['Beijing','Anhui','Hebei','Chongqing']
import matplotlib.pyplot as plt
plt.figure(figsize=(20,6))
for i in range(len(CP)):
    plt.plot(Y.index,Y.iloc[:,i],marker=Marker[i], linestyle='dashed',
        linewidth=2, markersize=12)
plt.legend(loc='best',ncol=len(CP), shadow=True,labels=CP0)
plt.title('Yearly PM-2.5 in 4 places')
```

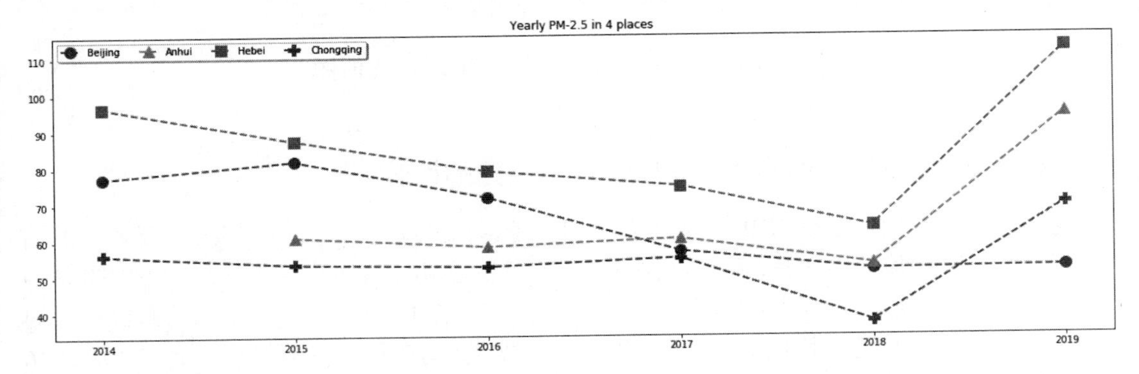

图 8.4.6　各省市 pm2.5 的年均值

从图8.4.6来看, 河北和北京 pm2.5 较高, 在 2018 年前有总体下降趋势, 但北京在 2019 年有“反弹”, 但这个“反弹”是不真实的, 因为 2019 年只有冬季的两个月数据, 没有什么年概括性的意义 (2014 年的数据除缺安徽之外, 其他省市也不是全年数据), 下面的逐月 pm2.5 均值图 (见图8.4.7) 更能够说明问题.

7. 各省市 pm2.5 的各年逐月均值

下面画出各省市 pm2.5 的各年逐月均值图 (见图8.4.7).

```
Marker=['o','^','s','P']
CP0=['Beijing','Anhui','Hebei','Chongqing']
import matplotlib.pyplot as plt
plt.figure(figsize=(20,6))
for j in range(len(CP)):
    pm=RS[CP[j]]['Date'].groupby('YearMonth').mean()
    plt.plot(pm.index,pm['i_gkd_pm25(g/m3)'],marker=Marker[j],
                linestyle='dashed',linewidth=1, markersize=5)
plt.legend(loc='best',shadow=True,labels=CP0)
plt.xticks(rotation=45)
plt.title('Monthly mean PM-2.5 in 4 places through years')
```

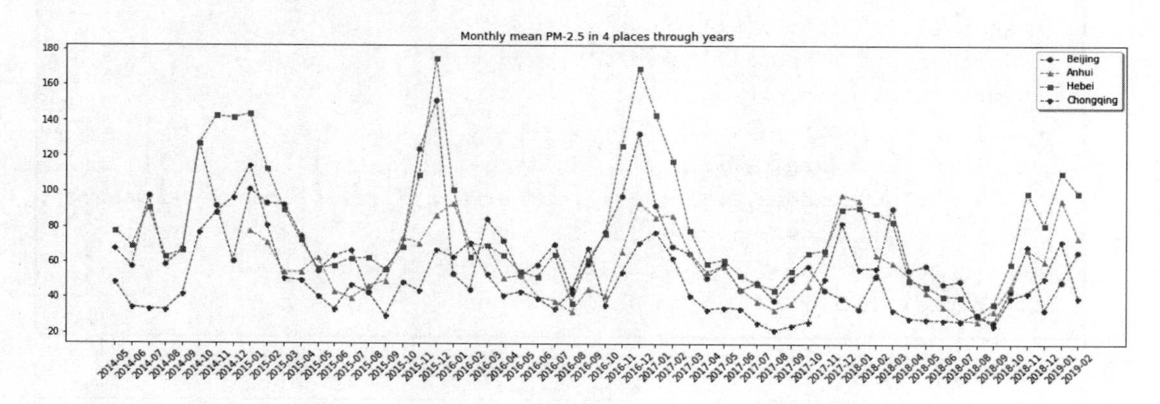

图 8.4.7 各省市 pm2.5 的各年逐月均值图

8. 各省市 pm2.5 的各年逐月均值和逐月中位数的比较

我们知道, 均值容易受极端值的影响, 而中位数则更接近多数数值. 如果没有多少极端值, 则中位数和均值差不太多. 我们就各省市 pm2.5 的各年逐月数据分别取均值 (见图8.4.7) 和取中位数做比较 (下面图8.4.8右图), 这里的纵轴尺度相同. 可以看出对于均值有极端值的一些数据点, 中位数要比均值低得多; 如果没有极端值, 均值和中位数差别不大. 比如 2016 年 12 月北京 pm2.5 的均值高达 132.8, 而相应的中位数只有 104.0, 相差 28.8; 但 2016 年 10 月重庆 pm2.5 的均值为 36.2, 而相应的中位数为 34.5, 相差只有 1.7. 具体产生图8.4.8右图的代码和产生图8.4.7(等同于图8.4.8左图) 的代码仅差两个字符 (把 `mean` 改成 `median`).

```
Marker=['o','^','s','P']
CP0=['Beijing','Anhui','Hebei','Chongqing']
import matplotlib.pyplot as plt
plt.figure(figsize=(20,6))
plt.subplot(121)
for j in range(len(CP)):
    pm=RS[CP[j]]['Date'].groupby('YearMonth').mean()
    plt.plot(pm.index,pm['i_gkd_pm25(g/m3)'],marker=Marker[j],
             linestyle='dashed',linewidth=1, markersize=5)
plt.legend(loc='best',shadow=True,labels=CP0)
plt.xticks(rotation=45,fontsize=5)
plt.ylim(top=180)
plt.title('Monthly mean PM-2.5 in 4 places through years')
plt.subplot(122)
for j in range(len(CP)):
    pm=RS[CP[j]]['Date'].groupby('YearMonth').median()
    plt.plot(pm.index,pm['i_gkd_pm25(g/m3)'],marker=Marker[j],
             linestyle='dashed',linewidth=1, markersize=5)
plt.legend(loc='best',shadow=True,labels=CP0)
plt.xticks(rotation=45,fontsize=5)
plt.ylim(top=180)
plt.title('Monthly median PM-2.5 in 4 places through years')
```

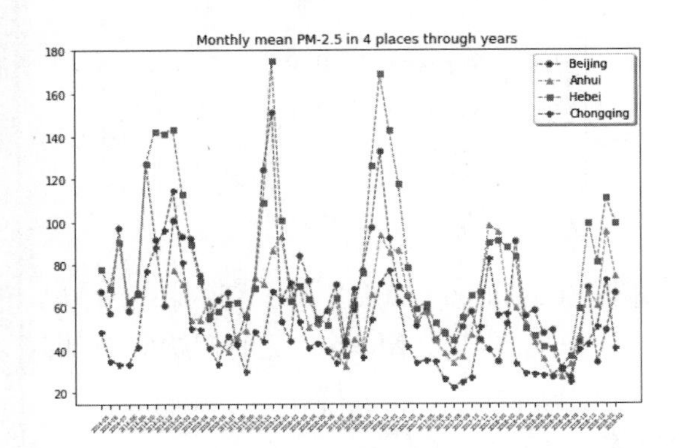

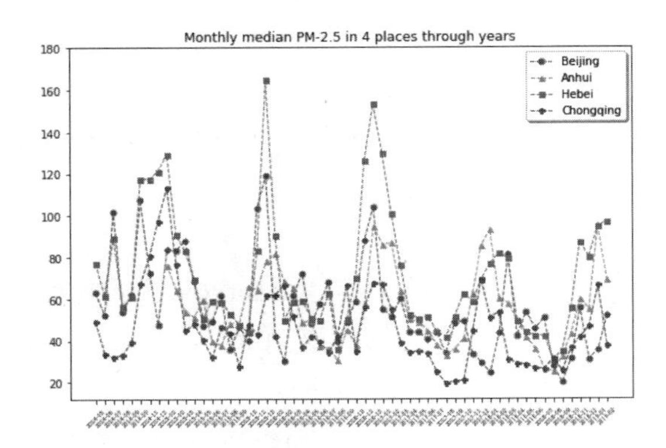

图 8.4.8 各省市 pm2.5 的各年逐月均值 (左) 和中位数 (右) 图

第 9 章　若干计算方法的编程训练

9.1 Markov 链

9.1.1 Markov 链及 Markov 转移矩阵

Markov 过程为随机变量的集合 $\{X_t\}$, 这里的 X_t 为在 t 时刻的状态. 它满足 Markov 性, 即未来的状态仅仅依赖于目前状态, 而独立于过去的历史, 即

$$P(X_t = j|X_0 = i_0, X_1 = i_1, \ldots, X_{t-1} = i_{t-1}) = P(X_t = j|X_{t-1} = i_{t-1}).$$

如果随机变量 X_t 的 Markov 过程取离散值 $a_1, \ldots, a_N$, 则有

$$P(x_t = a_{i_t}|x_{t-1} = a_{i_{t-1}}, \ldots, x_1 = a_{i_1}) = P(x_t = a_{i_t}|x_{t-1} = a_{i_{t-1}}),$$

而且序列 $\{x_t\}$ 称为 **Markov 链**或**马氏链**.

为简单计, 假定 Markov 链的状态空间为 $1, 2, \ldots, N$, 那么记

$$p_{ij} = P(x_{t+1} = j|x_t = i), \text{ 或 } \boldsymbol{P} = \{p_{ij}\} = \begin{bmatrix} p_{11} & p_{12} & \cdots & p_{iN} \\ p_{21} & p_{22} & \cdots & p_{2N} \\ \vdots & \vdots & \ddots & \vdots \\ p_{N1} & p_{N2} & \cdots & p_{NN} \end{bmatrix}. \tag{9.1.1}$$

式 (9.1.1) 的矩阵 $\boldsymbol{P}$ 称为 Markov 链的转移概率矩阵 (transition matrix), 每一行的和为 1, 记 $\boldsymbol{\pi} = (\pi_1, \pi_2, \ldots, \pi_N)$, 这里 $\pi_i = P(x_0 = i)$ $(i = 1, 2, \ldots, N)$ 为 Makrov 链的初始概率, 即 $x_0 \sim \boldsymbol{\pi}$, 那么有

$$x_0 \sim \boldsymbol{\pi},\ x_1 \sim \boldsymbol{\pi P},\ x_2 \sim \boldsymbol{\pi P}, \cdots, x_t \sim \boldsymbol{\pi P^t},$$

这里 $\boldsymbol{P^t} = \overbrace{\boldsymbol{PP\cdots P}}^{t}$. 即

$$P(x_{n+t} = j|x_n = i) = \left(\boldsymbol{P}^t\right)_{ij}.$$

如果从任意一个状态到任意另一个状态的概率都大于 0, 则 Markov 链称为遍历的 (ergodic), 也称为不可约的. 如果 Markov 链转移概率矩阵元素都是正的, 则称为规则的. 规则的 Markov 链满足

$$\lim_{t\to\infty} \boldsymbol{P}^t = \boldsymbol{W},$$

这里的矩阵 $\boldsymbol{W}$ 元素都是正的, 而且有相同的行 (记其行向量为 $\boldsymbol{w}$, 列向量为 $\boldsymbol{c}$). 可以证明有

下面的性质:

(1) $\boldsymbol{wP} = \boldsymbol{w}$, 而且对于任何满足 $\boldsymbol{vP} = \boldsymbol{v}$ 的行向量 $\boldsymbol{v}$, 都是 $\boldsymbol{w}$ 的常数倍.

(2) $\boldsymbol{Pc} = \boldsymbol{c}$, 而且对于任何满足 $\boldsymbol{Px} = \boldsymbol{x}$ 的列向量 $\boldsymbol{x}$, 都是 $\boldsymbol{c}$ 的常数倍.

(3) 如果 $\boldsymbol{v}$ 是一个任意的概率向量, 则

$$\lim_{t\to\infty} \boldsymbol{vP}^t = \boldsymbol{w}.$$

根据 (1), $\boldsymbol{w}^\top$ 是矩阵 $\boldsymbol{P}^\top$ 等于 1 的特征值 (最大特征值) 相应的特征向量.

9.1.2 构造 Markov 链转移概率矩阵并探索其性质

构造一个 3 状态的 Markov 链转移概率矩阵 (行和为 1 的 3×3 方阵)$\boldsymbol{P}$, 计算并绘出多次迭代相乘的轨迹图 $\boldsymbol{P}^t$ (见图9.1.1), 同时点出转移矩阵转置 $\boldsymbol{P}^\top$ 的第一特征向量标准化 (除以元素和而成为概率向量) 的 3 个点 (和收敛点一致).

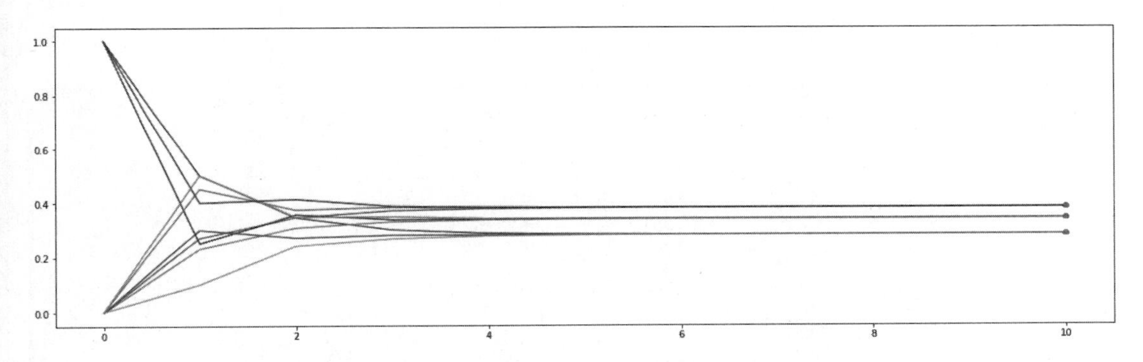

图 9.1.1 转移矩阵收敛图

参考解决方案:

```
def iter(x, P, n):
    res = np.zeros((n+1, len(x)))
    res[0,] = x
    for i in range(n):
        x=x.dot(P)
        res[i+1,] = x
    return res

P=np.array([[.5,.23,.27],[.3,.25,.45],[.1,.5,.4]])

x=np.identity(3)
n=10
y={}
for i in range(x.shape[1]):
    y[i]=iter(x[i,:], P, n)
```

```
ev=np.linalg.eig(P.T)[1][:,0]
ev=ev/ev.sum()

import matplotlib.pyplot as plt
fig = plt.figure(figsize=(20,6))
for i in range(len(y)):
    plt.plot(y[i])
    plt.plot([10,10,10],ev,'p')
```

9.1.3 从某一状态出发的 Markov 链状态变化图

根据前一小节的设定, 画出 Markov 链从某一状态出发根据转移概率在 n 步中变化的状态 $\{x_t\}$ 图.

参考解决方案:

```
def run(i,P, n): # i 是出发状态, P是转移阵, n是走多少步
    res = []
    for t in range(n):
        i=np.random.choice(P.shape[0], size=1,p= P[int(i)])
        res.append(i)
    return res

np.random.seed(1010)
s = run(0,P, 100)

fig = plt.figure(figsize=(20,6))
plt.step(range(len(s)),s)
```

从状态 0 出发 (一共三个状态: $\{0,1,2\}$) 取 $n=100$, 产生图9.1.2.

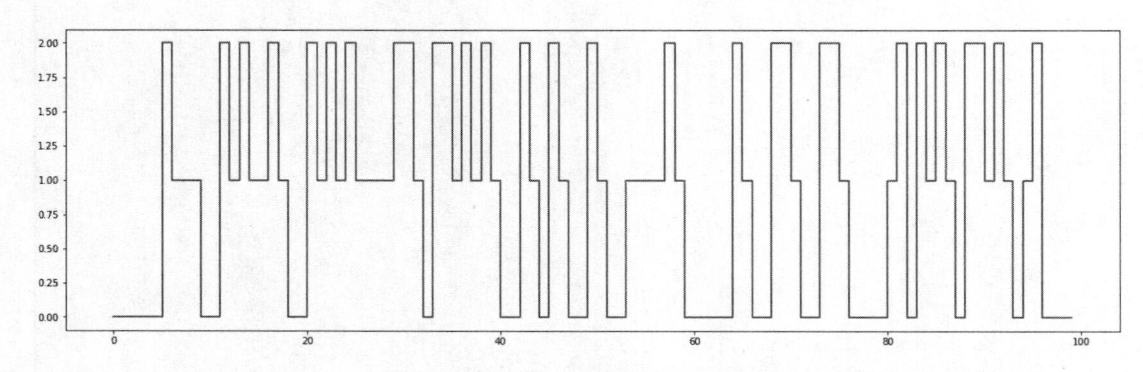

图 9.1.2　状态变化图

9.1.4 在每个状态停留的次数累积比例 (在总的迭代次数 n 中)

计算前面 Markov 链在每个状态停留次数累积比例, 其极限为前面提到的 Markov 链转移概率乘积极限矩阵 $\boldsymbol{W} = \lim_{t\to\infty} \boldsymbol{P}^t$ 的相同的行 $\boldsymbol{w}$, 并画出图 (如图9.1.3).

参考解决方案:

```
import matplotlib.pyplot as plt

fig = plt.figure(figsize=(20,8))

for i in np.unique(s):
    ss=np.cumsum(s==i)/np.arange(1,len(s)+1)
    plt.plot(ss,label='stat={}'.format(int(i)))
plt.legend(loc='best')
```

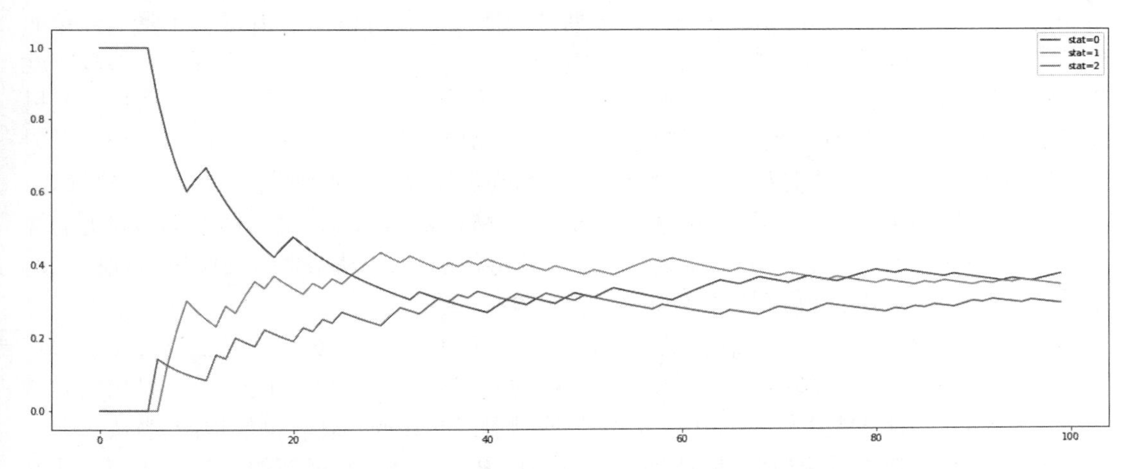

图 9.1.3 在每个状态停留的累积比例 (迭代 100 次)

9.1.5 在每个状态停留的次数累积比例 (共迭代 5000 次)

前一小节收敛得似乎不大好, 下面提高迭代次数, 再看收敛情况 (下面的代码产生图9.1.4).

参考解决方案:

```
np.random.seed(1010)
s = run(0,P, 5000)
fig = plt.figure(figsize=(20,6))
for i in np.unique(s):
    ss=np.cumsum(s==i)/np.arange(1,len(s)+1)
    plt.plot(ss,label='stat={}'.format(int(i)))
plt.legend(loc='best')
```

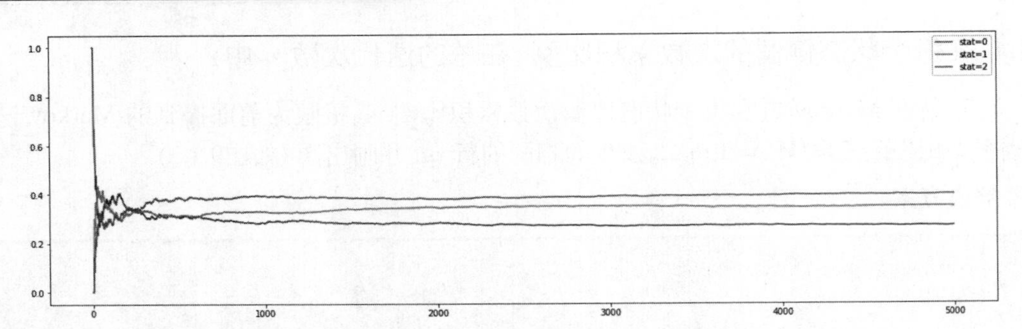

图 9.1.4 在每个状态停留的累积比例 (迭代 5000 次)

9.2 Gibbs 抽样

9.2.1 原理说明

从本质上讲, Gibbs 抽样是 Markov 链蒙特卡罗 (MCMC) 算法的一种, 属于 Metropolis-Hastings 算法的特例, 用于在难以进行直接抽样的情况下获得近似于指定多元概率分布的观测序列. 此序列可用于近似联合分布, 例如, 直观上生成分布的直方图或得到非参数密度估计; 近似变量或变量子集的边际分布; 还可以计算积分 (主要是数学期望). 上述目标变量大多数未知参数或隐变量, 想要获得的是它们的条件分布 (如贝叶斯统计中的后验分布). 它是使用随机数的一种随机算法, 可替代统计推断的确定性算法, 包括期望最大化算法 (EM).

与其他 MCMC 算法一样, Gibbs 抽样生成一个 Markov 样本链, 每个样本都与附近的样本相关. Gibbs 抽样是基于下面的事实: 在给定多元分布之后, 从条件分布中进行抽样比通过对联合分布进行积分来得到边际分布要容易得多.

记 $\boldsymbol{\theta} = (\theta_1, \theta_2, \ldots, \theta_k)$ 是我们要估计的参数, 并记 $\boldsymbol{\theta}_{-p} = (\theta_1, \theta_2, \ldots, \theta_{p-1}, \theta_{p+1}, \ldots, \theta_k)$ $(p = 1, 2, \ldots, k)$. 假定 $p(\boldsymbol{\theta}|\boldsymbol{y})$ 是一个未知的或者极其难以从中抽样的分布. 如果我们能够从给定 $\boldsymbol{y}$ 和 $\boldsymbol{\theta}_{-p}$ 的条件分布 $p(\theta_p|\boldsymbol{\theta}_{-p}, \boldsymbol{y})$ 中抽样, 则使用 Gibbs 抽样. 也就是说, 当从完全分布 $p(\boldsymbol{\theta}|\boldsymbol{y})$ 中不可能进行模拟时, 就从条件分布 $p(\theta_p|\boldsymbol{\theta}_{-p}, \boldsymbol{y})$ 模拟, 最新的更新值作为条件参数. 具体的 Gibbs 抽样步骤为:

(1) 定义任意初始值 $\boldsymbol{\theta}^{(0)} = (\theta_1^{(0)}, \theta_2^{(0)}, \ldots, \theta_k^{(0)},)$, 并设 $i = 0$.

(2) 从条件分布 $p(\theta_1|\boldsymbol{\theta}_{-1}^{(i)}, \boldsymbol{y}) = p(\theta_1|\theta_2, \ldots, \theta_k, \boldsymbol{y}))$ 产生 $\theta_1^{(i+1)}$.

从条件分布 $p(\theta_2|\boldsymbol{\theta}_{-2}^{(i)}, \boldsymbol{y})$ 产生 $\theta_2^{(i+1)}$.

…………

从条件分布 $p(\theta_k|\boldsymbol{\theta}_{-k}^{(i)}, \boldsymbol{y})$ 产生 $\theta_k^{(i+1)}$.

(3) 设 $i = i + 1$, 回到第 (2) 步.

变量的初始值可以随机确定, 也可以通过其他诸如 EM 算法确定. 在应用中会有一些现实的考虑 (对本书的简单例子不用如此复杂的思维), 比如, 通常会在开始时忽略一些 ‘‘热身’’ 样本, 例如, 前 1000 个样本可能会被忽略, 然后每 100 个样本取平均值, 其余所有样本将被丢弃. 这样做的原因是: (1) Markov 链的平稳分布是变量的期望联合分布, 但是要达到该平稳分布可能要花费一些时间; (2) 连续样本彼此不独立, 形成了具有一定相关性的 Markov 链. 有时, 可以使用计算相关性的算法来确定舍弃多少 ‘‘热身’’ 样本. 此外还有一些 ‘‘黑科技'' 方法来使得 Markov 链收敛, 这里不做过多介绍.

9.2.2 具体训练问题 (以正态和 Gamma 分布为例)

Gibbs 抽样步骤: 在第 i 次抽样 ($i=1,\dots,N$):

(1) 从 $f(\mu\,|\,\tau^{(i-1)},\text{data})$ 抽取 $\mu^{(i)}$.

(2) 从 $f(\tau\,|\,\mu^{(i)},\text{data})$ 抽取 $\tau^{(i)}$.

先验分布:

$$\begin{aligned}
f(\mu,\tau) &= f(\mu)\times f(\tau)\\
f(\mu) &\propto 1\\
f(\tau) &\propto \tau^{-1}\\
(\mu\,|\,\tau,\text{data}) &\sim \text{N}\Big(\bar{y},\frac{1}{n\tau}\Big)\\
(\tau\,|\,\mu,\text{data}) &\sim \text{Gamma}\Big(\frac{n}{2},\frac{2}{(n-1)s^2+n(\mu-\bar{y})^2}\Big)
\end{aligned}$$

假定 $n=30,\bar{y}=15,s^2=3$, 抽样 $N=11000$ 次, 前 1000 次算是热身. 得到 μ 和 τ 的样本, 并画出两个参数的痕迹图和直方图-密度图 (图9.2.1).

参考解决方案:

```
# summary statistics of sample
n = 30
ybar = 15
s2 = 3
N=11000
# sample from the joint posterior (mu, tau | data)
mu   = np.zeros(N)
tau = np.zeros(N)
T = 1000    # burnin
tau[0]=1 # initialisation
for i in range(1,N):
    mu[i] = np.random.normal(loc=ybar, scale=np.sqrt(1/(n*tau[i - 1])),size=1)
    tau[i] = np.random.gamma(shape = n/2,
                             scale = 2/((n-1)*s2+n*(mu[i]-ybar)**2),size=1)

mu  = mu[T:]   # remove burnin
tau = tau[T:] # remove burnin

import matplotlib.pyplot as plt
import seaborn as sns
fig = plt.figure(figsize=(20,6))
ax = fig.add_subplot(221)
ax.plot(mu)
ax = fig.add_subplot(222)
ax.plot(tau)
ax = fig.add_subplot(223)
sns.distplot(mu, hist=True, kde=True,
```

```
             bins=int(300/5), color = 'darkblue',
             hist_kws={'edgecolor':'black'},
             kde_kws={'linewidth': 4})
ax = fig.add_subplot(224)
sns.distplot(tau, hist=True, kde=True,
             bins=int(300/5), color = 'darkblue',
             hist_kws={'edgecolor':'black'},
             kde_kws={'linewidth': 4})
```

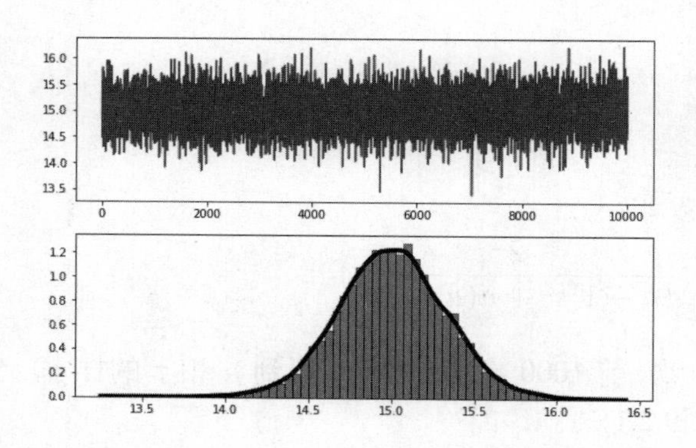

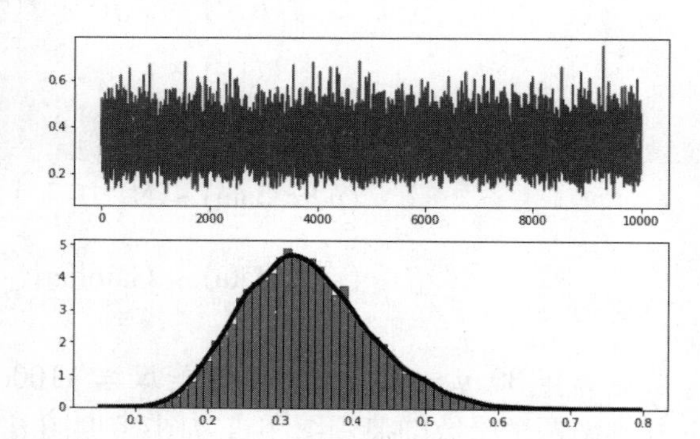

图 9.2.1 Gibbs 抽样的两个参数的痕迹图和直方图-密度图

9.3 EM 算法

9.3.1 EM 算法简介

如果有一个分布密度 (质量) 函数 $p(\boldsymbol{x};\boldsymbol{\theta})$, 这里的 $\boldsymbol{x}=\{\boldsymbol{x}_i\}$ 为数据, 而 $\boldsymbol{\theta}$ 为参数, 这时, 参数 $\boldsymbol{\theta}$ 的最大似然估计 (MLE) $\hat{\boldsymbol{\theta}}^{MLE}$ 应该使得对数似然函数

$$\ell(\boldsymbol{x};\boldsymbol{\theta})=\sum_i \log p(\boldsymbol{x}_i;\boldsymbol{\theta})$$

最大:

$$\hat{\boldsymbol{\theta}}^{MLE}=\arg\max_{\boldsymbol{\theta}} \ell(\boldsymbol{x}_i;\boldsymbol{\theta})=\arg\max_{\boldsymbol{\theta}}\left\{\sum_i \log p(\boldsymbol{x}_i;\boldsymbol{\theta})\right\}.$$

但是, 如果除上面的已知数据之外, 还存在一些不可观测的变量 $\boldsymbol{z}=\{\boldsymbol{z}_j\}$, 这时对数似然函数为:

$$\ell(\boldsymbol{x},\boldsymbol{z};\boldsymbol{\theta})=\sum_i \log \sum_j p(\boldsymbol{x}_i,\boldsymbol{z}_j;\boldsymbol{\theta}).$$

这种在对数之后还有和号 ($\log\sum$) 的情况使得无法用通常的诸如梯度下降法等优化算法来求最大似然估计 (如果 $\boldsymbol{z}$ 是连续的, 相应的和号为积分). 针对这种情况, 人们发明了 EM 算法. 其要点为:

E 步骤: 给定当前 (第 n 步) 的 $\boldsymbol{\theta}^{(n)}$ 和数据 $\boldsymbol{x}$, 求期望值:

$$\begin{aligned}Q(\boldsymbol{\theta};\boldsymbol{\theta}^{(n)}) &\equiv E[\ell(\boldsymbol{x},\boldsymbol{z};\boldsymbol{\theta})|\boldsymbol{x},\boldsymbol{\theta}^{(n)}]\\ &=\sum_j \ell(\boldsymbol{x},\boldsymbol{z}_j;\boldsymbol{\theta})p(\boldsymbol{x},\boldsymbol{z}_j;\boldsymbol{\theta})\end{aligned}$$

M 步骤: 寻求 $\boldsymbol{\theta}$, 把 E 步骤得到的期望最大化:

$$\boldsymbol{\theta}^{(n+1)}=\arg\max_{\boldsymbol{\theta}} Q(\boldsymbol{\theta};\boldsymbol{\theta}^{(n)}).$$

然后回到 E 步骤继续迭代, 直到收敛或 n 达到最大限定步数.

9.3.2 具体问题

在这里, 仅考虑两种不公平硬币 (它们得正面的概率分别为 p_1 及 p_2), 每次选择一个抛 100 次, 一共做 10 次, 得到 10 次的正面 (head) 记录 (第一行是每次所用的硬币, 第二行是在 100 次抛中出现正面的次数):

```
[1 1 1 2 2 1 2 1 2 2]
[53 58 53  9 11 63 11 51 12 14]
```

它们的对数似然为:

$$\sum_{i=1}^{10}\log p(x_i;p_{k_i}), \tag{9.3.1}$$

这里的 $p(x_i;p_{k_i})=\binom{n}{x_i}p_{k_i}^{x_i}(1-p_{k_i})^{n-x_i}$, 由于 $n=100$ 在这里是固定的, 我们在记号中省略了. 这里的观测值为 $\boldsymbol{x}=(x_1,x_2,\dots,x_{10})$; 而 p_{k_i} $(i=1,2,\dots,10)$ 只可能随着 $k_i\in\{1,2\}$ 取两个值: p_1 和 p_2, 具体我们的数据每次是用哪个硬币的信息为:

$$\begin{aligned}\boldsymbol{x}&=(53,58,53,9,11,63,11,51,12,14)^\top \text{ (已知的)}\\ \boldsymbol{k}&=(1,1,1,2,2,1,2,1,2,2)^\top \text{ (实际上未知的)}\end{aligned}$$

根据这些知识, 如果 $\boldsymbol{k}$ 是已知的, 也就是对于每个 i 都知道 $p_{k_i}=p_1$ 还是 $p_{k_i}=p_2$, 很容易得到 p_1 及 p_2 的最大似然估计.

但是, 如果 $\boldsymbol{k}$ 是未知的, 在得到 $\boldsymbol{x}$ 之后, 如何估计 p_1 及 p_2 则不那么容易, 这是因为式 (9.3.1) 中的 $p(x_i;p_{k_i})$ 实际上为

$$p(x_i;p_{k_i})=p(x_i;p_{k_i}|p_{k_i}=p_\ell)p(p_{k_i}=p_\ell),\ \ \ell=1,2,$$

上面的概率 $p(p_{k_i}=p_\ell)=p(x_i\in \text{coin }\ell)$ 是未知的. 但人们可以假定在每次试验 (抛 n 次硬币) 中, 正面硬币的数目 x_i 属于 coin 1 还是 coin 2 也是二项分布, 记属于 coin 1 的概率为 $\theta=p(x_i\in\text{coin }1)$, 这样的二项分布为 $\text{Bin}(x_i,\theta)$. 这里的参数值 θ 是未知的, 但是和概率 $p(x_i;p_{k_i})$ 以下面方式相关联:

(1) $\theta = p(x_i \in \text{coin 1})$ 和概率 $p(x_i; p_1)$ 成比例;

(2) $1-\theta = p(x_i \in \text{coin 2})$ 和概率 $p(x_i; p_2)$ 成比例.

因此我们可以形成下面的公式:

$$\theta = p(x_i \in \text{coin 1}) = \frac{p(\boldsymbol{x}, p_1)}{p(\boldsymbol{x}, p_1) + p(\boldsymbol{x}, p_2)};$$

$$1-\theta = p(x_i \in \text{coin 2}) = \frac{p(\boldsymbol{x}, p_2)}{p(\boldsymbol{x}, p_1) + p(\boldsymbol{x}, p_2)}.$$

当然, 这里的未知 θ 依赖于未知硬币归属的 x_i, 这就是 EM 算法面对的问题.

于是可以有下面 EM 算法的两个步骤:

(1) **E 步骤:** 计算在已知数据 $\boldsymbol{x}$ 及当前 p_1 及 p_2 下的两种硬币的期望观测值数目:

$$\boldsymbol{x}^{(\text{coin 1})} = \boldsymbol{x}\,\theta = \boldsymbol{x}\,\frac{p(\boldsymbol{x}, p_1)}{p(\boldsymbol{x}, p_1) + p(\boldsymbol{x}, p_2)}.$$

$$\boldsymbol{x}^{(\text{coin 2})} = \boldsymbol{x}\,(1-\theta) = \boldsymbol{x}\,\frac{p(\boldsymbol{x}, p_2)}{p(\boldsymbol{x}, p_1) + p(\boldsymbol{x}, p_2)}.$$

(2) **M 步骤:** 用最大似然法得到 p_1 及 p_2 的新值:

$$p_1 = \arg\max_{p_1} \log p(\boldsymbol{x}^{(\text{coin 1})}, p_1)$$

$$p_2 = \arg\max_{p_2} \log p(\boldsymbol{x}^{(\text{coin 2})}, p_2)$$

(3) 重复 E 步骤和 M 步骤, 不断得到新的 p_1 及 p_2 与 $\boldsymbol{x}^{(\text{coin 1})}$ 及 $\boldsymbol{x}^{(\text{coin 2})}$ 直到收敛为止.

请根据这个数据, 实施 EM 算法, 得到 p_1 及 p_2 的估计值. 并且和已知 $\boldsymbol{k}$ 时的最大似然估计比较.

参考解决方案:

输入数据并获得在知道 $\boldsymbol{k}$ 时的最大似然估计:

```
coin=[1, 2, 1, 2, 2, 1, 1, 2, 1, 2]
heads=[55, 20, 57, 14, 13, 57, 56, 10, 49, 16]

heads=np.array(heads).astype(float)
coin=np.array(coin)

p1MLE = heads[coin==1].sum()/(sum(coin==1)*n)
p2MLE = heads[coin==2].sum()/(sum(coin==2)*n)

print('MLE of p1 =',p1MLE,'\nMLE of p2 =', p2MLE)
```

输出为:

```
MLE of p1 = 0.548
MLE of p2 = 0.146
```

进行 EM 算法估计:

```
np.random.seed(1010)
p1ME = np.random.uniform(0,1,1) # 用均匀分布设置初始猜测p1
p2ME = np.random.uniform(0,1,1) # 用均匀分布设置初始猜测p2

P1 = 0 #放置替换的估计
P2 = 0

from scipy.stats import binom

while (np.abs(p1ME-P1)>10**-15)& (np.abs(p2ME-P2)>10**-15):
    P1 = p1ME #迭代中替换前一步估计的 p1(t)以同时保留两次估计的记录
    P2 = p2ME

    den1 = binom.pmf(heads,n,p1ME) # 概率质量函数 p(n,p1(t))
    den2 = binom.pmf(heads,n,p2ME)
    # E-步骤
    h1 = den1/(den1+den2)*heads #根据 p1/(p1+p2)重新计算 10个 x数目的期望(按照p1)
    h2 = den2/(den1+den2)*heads #根据 p2/(p1+p2)重新计算 10个 x数目的期望(按照p2)

    t1 = den1/(den1+den2)*(n-heads) #根据p1/(p1+p2)重新计算 10个 n-x数目(按照p1)
    t2 = den2/(den1+den2)*(n-heads)
    # M-步骤
    p1ME = np.sum(h1)/np.sum((h1,t1)) #得到最大似然估计p1(t+1)并返回上面作为初始值
    p2ME = np.sum(h2)/np.sum((h2,t2))

# 先前计算的 MLE 估计
print("MLE estimates: p1MLE=%s, p2MLE=%s"%(p1MLE,p2MLE))

# EM 估计
print("EM estimates: p1EM=%s, p2EM=%s"%(np.round(p1ME,10),np.round(p2ME,10)))
```

得到的输出为:

```
MLE estimates: p1MLE=0.548, p2MLE=0.146
EM estimates: p1EM=0.548, p2EM=0.146
```

结果表明, MLE 估计和 EM 估计没有本质区别. 注意: 由于在程序中的 `p1ME` 和 `p2ME` 是随机取的名字 (与随机种子有关), 也可能得到 `p1EM=0.146, p2EM=0.548` 的结果, 这个结果除名字之外, 和我们的结果没有区别.

9.4 MCMC 的 Metropolis 算法

9.4.1 概述

Metropolis 算法是 Metropolis-Hastings 算法的特例, 这些都属于 MCMC 算法类 (Markov Chain Monte Carlo class of algorithms).

Metropolis-Hastings 算法用于得到贝叶斯统计所需要的对后验分布的抽样, 除了简单情况, 直接做这些抽样或者很困难, 或者不可能. 抽取的样本可以近似由后验概率和抽样模型的任意组合组成的后验分布. 它也可以用于蒙特卡罗积分来计算期望值. 与其他 MCMC 方法一样, 它通常用于多维问题, 理论上也可以用于一维问题. 但是, 存在诸如自适应拒绝抽样等更简单的方法来处理一维问题.

Metropolis 算法是一种采用了接受-拒绝抽样的随机游走方法, 收敛于指定的目标分布. 记我们的目标后验分布为 $p(\theta|y)$. Metropolis 算法的基本步骤为: 对于 $t = 0, 1, 2, \ldots$ 做迭代, 首先, 当 $t = 0$ 时选择一个初始点 θ^0, 然后继续:

(1) 从建议 (自己选) 的对称[1]初始分布 $J_t(\theta^*|\theta^{t-1})$ 选择建议的参数 θ^*;

(2) 计算接受率

$$\alpha = \min\left(1, \frac{p(\theta^*|y)}{p(\theta^{t-1}|y)}\right);$$

(3) 设立拒绝和接受规则: 比如对于 Unif(0,1) 随机变量 u, 如果 $u < \alpha$, 则 $\theta^t = \theta^*$, 否则维持原先的: $\theta^t = \theta^{t-1}$.

Metropolis 算法可能很慢, 特别当初始值离目标很远的时候. 这就是 Metropolis-Hastings 算法使用非对称建议分布的原因, 可以加快进度.

关于上面抽样步骤的直观说明

(1) **目标是得到一个来自分布密度 $p(\theta|y)$ 的样本.** 我们希望通过抽样得到这个样本 (用 $\theta^0, \theta^1, \ldots, \theta^t, \ldots$), 而每次抽样的值 θ^t 仅仅依赖于前一次得到的值 θ^{t-1}, 也就是我们抽样得到的序列是一个 Markov 链.

(2) **使用这个方法的原因是我们无法直接从 $p(\theta|y)$ 抽样, 那么样本点如何选呢?** 最自然的想法是从 $p(\theta|y)$ 分布可能的值域利用 $J_t(\theta^*|\theta^{t-1})$ 来选择**使得 $p(\theta|y)$ 比较大的点**, 也就是按照 $p(\theta|y)$ 分布比较可能的点. 由于无法直接抽样, 只能一个一个地试, 有些可能合适, 有些可能不合适, 这就产生了一个挑选样本的过程.

(3) **拒绝和接受某一个样本点的原则.** 上面说了, 希望得到使得 $p(\theta|y)$ 比较大的点. 这就是上面的 α 如何确定所说明的. 具体如下:

1) 如果建议的 θ^* 使得 $p(\theta^*|y) > p(\theta^{t-1}|y)$, 说明这个 θ^* 值应该采纳, 由于 $p(\theta^*|y)/p(\theta^{t-1}|y) > 1$, 这时的 $\alpha = 1$, 因此, 任何由均匀分布产生的随机变量都小于它, 这导致决策 $\theta^t = \theta^*$.

2) 如果建议的 θ^* 使得 $p(\theta^*|y) < p(\theta^{t-1}|y)$, 那么 $\alpha = p(\theta^*|y)/p(\theta^{t-1}|y) < 1$, 于是这个 θ^* 值应该被采纳的概率为 α, 即 $U(0,1)$ 均匀分布变量小于 α 的概率. 也就是

[1]对称意味着: $J_t(\alpha|\beta) = J_t(\beta|\alpha)$, $\forall \alpha, \beta$.

说, $p(\theta^*|y)$ 比 $p(\theta^{t-1}|y)$ 小得越多, α 越小, θ^* 越难被选上.

(4) 如此得到的样本点的下一次建议来自 $J_t(\theta^*|\theta^{t-1})$, 由于前一个样本点 θ^{t-1} 被接受了, 下一个 θ^* 也应该不会差得太远, 即使如果差远了, 如果 $p(\theta^*|y)$ 比 $p(\theta^{t-1}|y)$ 小得很多, 也不会被选上. 如此下去, 我们就得到 $p(\theta|y)$ 分布的一串样本点了.

9.4.2 具体实施: 混合正态分布

具体考虑目标分布为混合的正态分布:

$$g(x) \equiv p\, f(x;\mu_1,\sigma_1) + (1-p)f(x;\mu_2,\sigma_2)$$

这里 $f(x;\mu_i,\sigma_i)$ $(i=1,2)$ 为参数为 μ_i,σ_i $(i=1,2)$ 的正态分布密度函数, $0<p<1$ 为混合比例. 请实施 Metropolis 算法.

注意, 这里的目标不是得到某参数的后验分布, 仅仅是很直接地得到上面定义的混合分布 $g(x)$. 这个混合分布 $g(x)$ 就代替了前面公式中 $p(\theta|y)$ 的位置 (x 代替 θ 的位置). 显然, 这里对于这个简单问题费工夫使用 Metropolis 算法仅仅是为了编程训练, 因为我们可以简单地通过直接抽样得到该分布.

参考解决方案:

这里取 $p=0.4, \mu_1=-1, \mu_2=2, \sigma_1=0.5, \sigma_2=2$. 建议的对称分布密度是正态分布 $f(x^*|\mu=x^{t-1},\sigma)$, 这里 σ 固定不变, 下面程序选的 $\sigma=4$.

产生痕迹图 (见图9.4.1) 的程序:

```
p = 0.4
mu = (-1, 2)
sd = (.5, 2)

from scipy.stats import norm
import numpy as np

def f(x,p=p,mu=mu,sd=sd):
    return p*norm.pdf(x, mu[0], sd[0])+(1-p)*norm.pdf(x, mu[1], sd[1])

def q(x,sd=4):
    return np.random.normal(x,sd,1)[0]

def step(x, f, q, sd=4):
    xp = q(x,sd) # 随机从N(x,4)选一点
    alpha = min(1, f(xp) / f(x)) #接受概率(<=1)
    if (np.random.uniform(0,1,1)[0] < alpha): #以概率alpha接受新点
        x = xp
    return x
```

```
def run(x, f, q, sd, nsteps):
    res = np.zeros(nsteps)
    for i in range(nsteps):
        x = step(x, f, q)
        res[i] = x
    return res

res = run(0, f, q, 4,5000)


import matplotlib.pyplot as plt
fig = plt.figure(figsize=(20,6))
plt.plot(res)
```

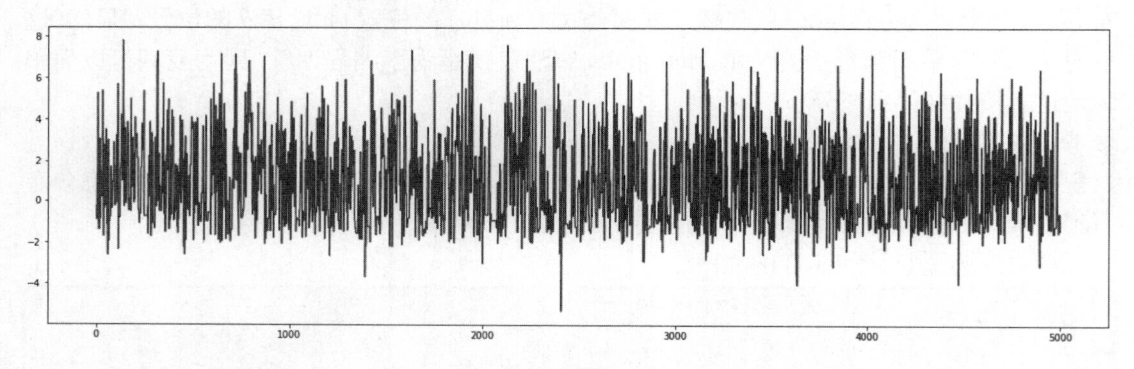

图 9.4.1　痕迹图

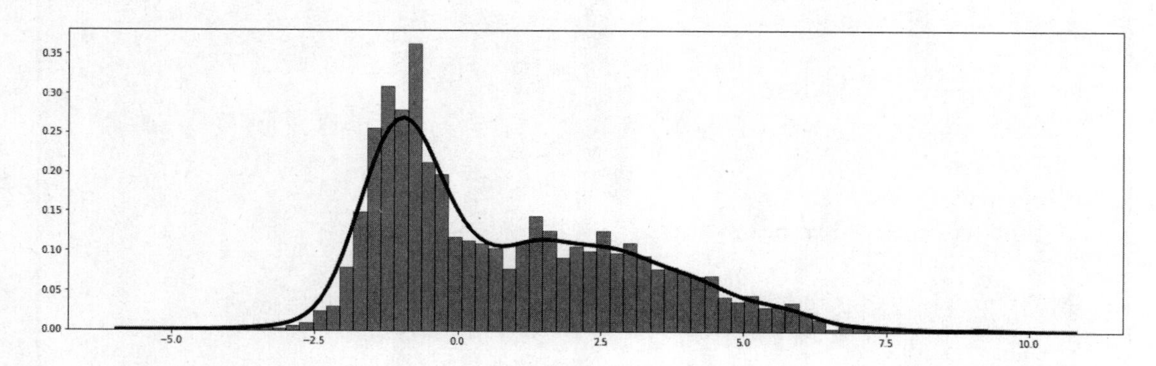

图 9.4.2　痕迹直方图-密度图

产生痕迹直方图-密度图 (见图9.4.2) 的程序:

```
import matplotlib.pyplot as plt
import seaborn as sns
fig = plt.figure(figsize=(20,6))
sns.distplot(res, hist=True, kde=True,
             bins=int(300/5), color = 'darkblue',
             hist_kws={'edgecolor':'black'},
             kde_kws={'linewidth': 4})
```

9.4.3 不同速度不同样本量的情况

1. 5000 次抽样的痕迹直方图-密度图

这里所谓的“不同速度”是建议的对称分布 (这里是正态分布) 的标准差大小不同. 建议的“快速”对称分布是正态分布 $f(x^*|\mu = x^{t-1}, \sigma = 33)$, 而“慢速”取正态分布 $f(x^*|\mu = x^{t-1}, \sigma = 0.3)$)

参考解决方案:

产生图9.4.3, 上两图描述快速情况, 下两图描述慢速情况.

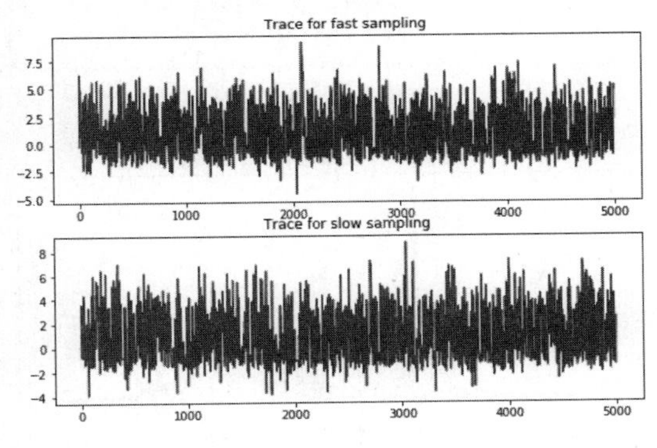

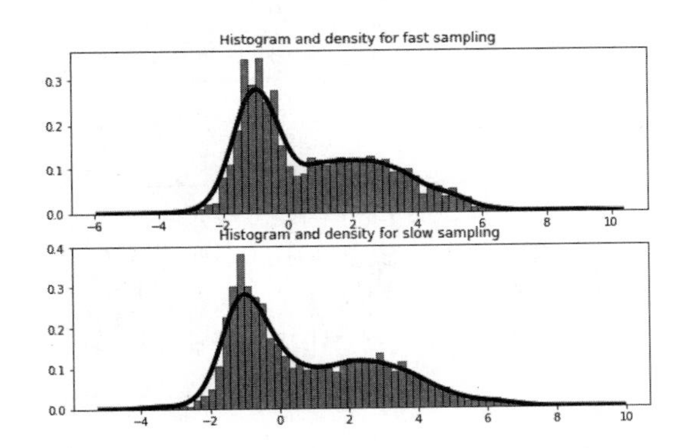

图 9.4.3 5000 次抽样两种速度的痕迹图和直方图

```
resfast=run(0, f, q, 33,5000)
resslow=run(0, f, q, .3,5000)

import matplotlib.pyplot as plt
fig = plt.figure(figsize=(20,6))
plt.subplot(221)
plt.plot(resfast)
plt.title('Trace for fast sampling')
plt.subplot(222)
sns.distplot(resfast, hist=True, kde=True,
             bins=int(300/5), color = 'darkblue',
             hist_kws={'edgecolor':'black'},
             kde_kws={'linewidth': 4})
```

```
plt.title('Histogram and density for fast sampling')
plt.subplot(223)
plt.plot(resslow)
plt.title('Trace for slow sampling')
plt.subplot(224)
sns.distplot(resslow, hist=True, kde=True,
             bins=int(300/5), color = 'darkblue',
             hist_kws={'edgecolor':'black'},
             kde_kws={'linewidth': 4})
plt.title('Histogram and density for slow sampling')
```

2. 1000 次抽样的痕迹直方图-密度图

这里实施的代码如下 (画图代码不变, 产生图9.4.4, 上两图描述快速情况, 下两图描述慢速情况):

```
resfast=run(0, f, q, 33,1000)
resslow=run(0, f, q, .3,1000)
```

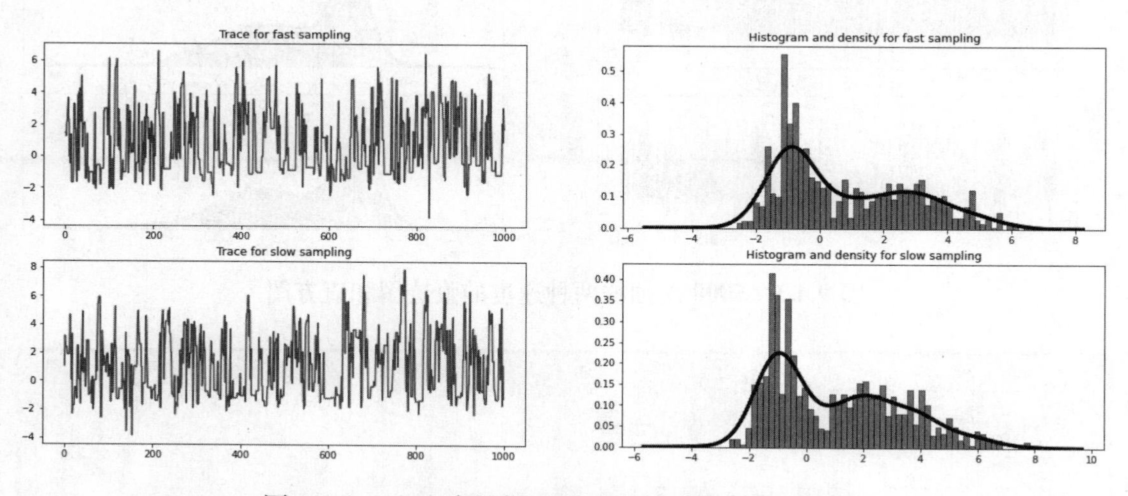

图 9.4.4　1000 次抽样两种速度的痕迹图和直方图

9.4.4 具体实施: 均匀先验分布的两参数多项分布

下面是一个估计等位基因 (allele) 概率和近亲繁殖系数的例子. 假定基因型 AA, Aa 和 aa 的概率分别为 $fp+(1-f)p^2, 2p(1-f)(1-p)$ 和 $f(1-p)+(1-f)(1-p)^2$. 这里的 f 和 p 均介于 0 和 1 之间. 假定它们是独立的, 而且有相同的 $[0,1]$ 上的先验均匀分布. 假设我们对 n 个个体进行抽样, 并观察到基因型为 AA 的个数为 nAA 个, 基因型为 Aa 的个数为 nAa 个, 基因型为 aa 的为 naa 个. 形式上, 记这三个基因的个数为 $\boldsymbol{y}=(y_1,y_2,y_3)=(nAA,nAa,naa)$.

这个模型是:

$$
\begin{aligned}
&\boldsymbol{y} \sim \text{Multinomal}\left(\boldsymbol{y}|fp+(1-f)p^2, 2p(1-f)(1-p), f(1-p)+(1-f)(1-p)^2\right)\\
&f \sim \text{Uniform}(0,1)\\
&p \sim \text{Uniform}(0,1)
\end{aligned}
$$

求 f 和 p 的后验分布 $p(f,p|\boldsymbol{y})$.

参考解决方案:

下面程序事先假定数据 $nAA=8, nAa=7, naa=12$.

```
#下面函数控制得到的参数不能是[0,1]区间之外的数
def watch(p):
    if p<0 or p>1:
        return 0.
    else:
        return 1.

#似然函数
def lh(p, f, nAA, nAa, naa):
    r=(f*p+(1-f)*p*p)**nAA*((1-f)*2*p*(1-p))**nAa*(f*(1-p)+(1-f)*(1-p)*(1-p))**naa
    return r

# 主要抽样程序
def fp(nAA, nAa, naa, niter, f0, p0, fsd, psd):
    f=np.ones(niter)*0.5
    p=np.ones(niter)*0.5
    f[0]=f0
    p[0]=p0
    for i in np.arange(2,niter):
        oldf=f[i-1]
        oldp=p[i-1]
        newf=oldf+np.random.normal(0,1,1)[0]
        newp=oldp+np.random.normal(0,1,1)[0]
        Af = watch(newf)*watch(newp)*lh(newp,newf,nAA,nAa,naa)/\
        lh(oldp,oldf,nAA,nAa,naa)
        if np.random.uniform(0,1,1)[0] < Af: #以概率alpha接受新点
            f[i] = newf
        else:
            f[i] =oldf
        Ap = watch(newf)*watch(newp)*lh(newp,f[i],nAA,nAa,naa)/\
        lh(oldp,f[i],nAA,nAa,naa)
        if np.random.uniform(0,1,1)[0] < Ap: #以概率alpha接受新点
            p[i] = newp
        else:
            p[i] =oldp
    return f,p
```

下面执行抽样并画图 (产生图9.4.5):

```
# 执行抽样
f,p=fp(8,7,12,50000,0.5,0.5,0.01,0.01)
# 画痕迹图及直方图
import scipy.stats as stats
import seaborn as sns
import scipy.stats as stats
import seaborn as sns
plt.figure(figsize=(20,7))
plt.subplot(221)
plt.plot(f)
plt.title('Trace plot of f')
plt.subplot(222)
sns.distplot(f, hist=True, kde=True,
             bins=15, color = 'darkblue',
             hist_kws={'edgecolor':'black'},
             kde_kws={'linewidth': 4})
plt.title('Histogram of f')
plt.subplot(223)
plt.plot(p)
plt.title('Trace plot of p')
plt.subplot(224)
sns.distplot(p, hist=True, kde=True,
             bins=15, color = 'darkblue',
             hist_kws={'edgecolor':'black'},
             kde_kws={'linewidth': 4})
plt.title('Histogram of p')
```

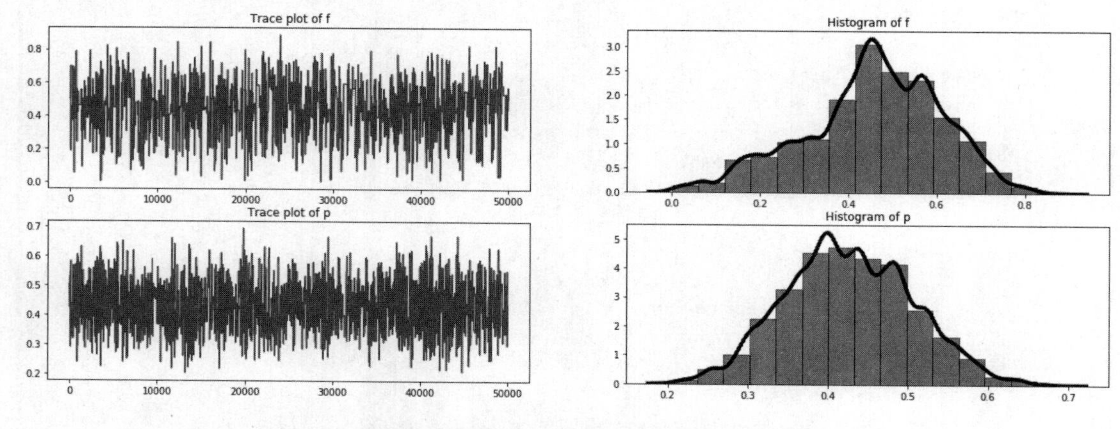

图 9.4.5 等位基因例子两参数抽样痕迹图和直方图

第四部分

数据科学

第 10 章　探索性数据分析及数据准备

在拿到任何数据之后第一件事情就是做初等的探索性数据分析, 包括查看一些汇总统计量及画一些图形. 此外, 就要把并不见得 "干净" 的数据处理成为可以顺利地用来建模的数据.

10.1　转换数据成容易处理的形式

10.1.1 数据例子

在统计中, 不属于 "大数据" 的容易处理的一般数据都是矩形数据, 它们通常是每行代表一个观测值, 每列代表一个变量. 我们通过一个数字例子说明.

例 10.1 (SYB58_35_Index of industrial production.csv) 这是联合国的工业产品指数 (Index of industrial production) 数据[1], 其工作形存在文件 RD.csv 中.

首先, 我们读入原始数据, 由于其并非标准的矩形形式, 第一行大都不是变量名, 忽略第一行 (用 `skiprows=1`).

```
import pandas as pd
import numpy as np
w=pd.read_csv('SYB58_35_Index of industrial production.csv',skiprows=1)
w.head()
```

从输出 (这里不显示) 可以看出, 第二个变量名字 (`Unnamed: 1`) 不合适 (因为在原数据第 2 行是空白, 所以给了一个临时名字), 我们进行修改:

```
w.rename(columns={'Unnamed: 1':'CountryArea'},inplace=True)
w.columns
```

得到所有变量名字:

```
Index(['Region/Country/Area', 'CountryArea', 'Series', 'Year', 'Value',
    'Footnotes', 'Source'], dtype='object')
```

10.1.2 数据的变量情况探索

下面对数据除了最后三列 (包括指数值、注释和数据来源) 的各个非数量变量的个数进行计算, 并展示工业种类名称:

[1]来自 http://data.un.org/Default.aspx.

```
print('w.shape =',w.shape)
for i in [0,1,2,3]:
    print('Number of',w.columns[i],'=',len(set(w.iloc[:,i])))
print('Series;\n')
for i in set(w.iloc[:,2]):
    print(i)
```

输出为:

```
w.shape = (6881, 7)
Number of Region/Country/Area = 127
Number of CountryArea = 127
Number of Series = 15
Number of Year = 8
Series;

Index of industrial production: Electricity, gas and water (Index base: 2005=100)
Index of industrial production: Water and waste management (Index base: 2005=100)
Index of industrial production: Chemicals, petroleum, rubber and plastic products
    (Index base: 2005=100)
Index of industrial production: Electricity, gas, steam (Index base: 2005=100)
Index of industrial production: Mining (Index base: 2005=100)
Index of industrial production: Miscellaneous manufacturing industries
    (Index base: 2005=100)
Index of industrial production: Food, beverages and tobacco (Index base: 2005=100)
Index of industrial production: Metal products and machinery (Index Base: 2005=100)
Index of industrial production: Machinery (Index base: 2005=100)
Index of industrial production: Total industry - Mining; manufacturing; electricity,
    gas and water (Index base: 2005=100)
Index of industrial production: Metal products (Index base: 2005=100)
Index of industrial production: Manufacturing (Index base: 2005=100)
Index of industrial production: Textiles, wearing apparel, leather,
    footwear (Index base: 2005=100)
Index of industrial production: Basic metals (Index base: 2005=100)
Index of industrial production: Mining and manufacturing (Index base: 2005=100)
```

这说明数据一共 6881 行; 头两个变量是等价的 (一个是国家或地区的代号, 另一个是国家或地区的名字), 一共有 127 个国家或地区; 年度为 8 年 (从 2007 到 2014---利用代码 `set(w.Year)`); 工业种类为 15 个, 涵盖许多工业领域.

我们删除对数据分析没有多大意义的作为国家和地区代码的第一个变量及最后两个注解性变量, 并列出剩下的变量名字:

```
for i in w.columns[[0,5,6]]:
    del w[i]
w.columns
```

只剩下 4 个变量 (国家或地区 (`CountryArea`)、工业种类 (`Series`)、年 (`Year`) 及指标 (`Value`)):

```
Index(['CountryArea', 'Series', 'Year', 'Value'], dtype='object')
```

10.1.3 改变变量中的字符

在各种统计报表中, 为了说明清楚, 很多内容都有大量关于细节的文字, 联合国的数据也不例外, 这对于理解数据很方便, 但在实际数据分析中就需要进行简化.

对于例10.1数据, 我们简化列 Series 中冗长的字符串, 那里面的 15 个说明工业种类的字符串前面都有完全相同的 `Index of industrial production:` , 后面都有包含在圆括号中的相同的注释 `(Index base: 2005=100)`. 我们用下面的方法把它们去掉:

(1) 先使用函数 `split(': ')` 按照冒号加空格把字符串分成两部分并选择后面部分 (`[1]`);
(2) 再先使用函数 `split(' (')` 按照空格加左括号把字符串分成两部分并选择前面部分 (`[0]`);
(3) 然后把原来字符通过函数 `replace` 替换.

上述过程写成代码为:

```
for i in set(list(w['Series'])):
    w["Series"]= w["Series"].replace(i, i.split(': ')[1].split(' (')[0])

set(w['Series'])
```

输出的名字已简短不少, 而且完全能够说明各个工业种类所包含的内容:

```
{'Basic metals',
 'Chemicals, petroleum, rubber and plastic products',
 'Electricity, gas and water',
 'Electricity, gas, steam',
 'Food, beverages and tobacco',
 'Machinery',
 'Manufacturing',
 'Metal products',
 'Metal products and machinery',
 'Mining',
 'Mining and manufacturing',
 'Miscellaneous manufacturing industries',
 'Textiles, wearing apparel, leather, footwear',
 'Total industry - Mining; manufacturing; electricity, gas and water',
 'Water and waste management'}
```

把这个数据存为文件 II.csv 作为我们工作数据:

```
w.to_csv('II.csv',index=False)
```

10.1.4 提取一个国家的各项指标的时间序列例子

例10.1的数据包括很多国家、很多年份、很多指标，我们可以任意取出一个国家 (这里选了德国: Germany) 来形成各个指标的按年的时间序列数据. 首先输入必要模块及数据 (从工作数据文件输入数据), 并查看头几行数据:

```
import pandas as pd
import numpy as np
u=pd.read_csv('II.csv', thousands=',')
print(u.head())
```

注意，后来画图时发现有些数字每三位数用逗号分割 (比如用 2,300.2 代表 2300.2), 为了修正这个问题在读入数据时加上选项 `thousands=','` 即可. 上面代码的输出为:

```
  CountryArea                                             Series  Year  Value
0     Albania  Total industry - Mining; manufacturing; electr...  2007  118.5
1     Albania  Total industry - Mining; manufacturing; electr...  2008  142.7
2     Albania  Total industry - Mining; manufacturing; electr...  2009  148.3
3     Albania  Total industry - Mining; manufacturing; electr...  2010  200.2
4     Albania  Total industry - Mining; manufacturing; electr...  2011  237.6
```

然后，用下面的代码首先提取 `CountryArea` 等于 `Germany` 的部分数据，再使用 pandas 函数 `pivot` 选项`index` 来指定 `Year` 作为行指标，而用`pivot` 选项`columns` 来指定数据的 `Series` 作为列变量，数据的具体值 (`pivot` 选项 `Values`) 是人数 (在我们的数据中是`Value`), 具体的代码为:

```
G=u[u['CountryArea']=='Germany'].pivot(index='Year',columns='Series',values='Value')
G
```

结果得到的全部结果的数据框为:

Series	Basic metals	Chemicals, petroleum, rubber and plastic products	Electricity, gas, steam	Food, beverages and tobacco	Manufacturing	Metal products and machinery	Mining	Textiles, wearing apparel, leather, footwear	Total industry - Mining; manufacturing; electricity, gas and water
Year									
2007	111.8	108.7	97.8	103.1	112.3	116.5	124.0	94.3	111.4
2008	110.5	106.9	96.3	101.8	113.5	119.1	110.2	86.7	112.1
2009	80.5	95.5	91.6	100.7	93.9	92.6	92.8	73.4	93.6
2010	97.5	106.0	95.6	102.0	105.2	107.2	85.4	79.2	104.2
2011	102.0	109.4	90.6	103.0	114.1	120.7	85.6	80.4	111.5
2012	98.2	107.0	93.4	102.6	112.8	120.1	80.5	73.8	110.6
2013	97.7	108.7	93.7	102.3	112.7	119.8	71.2	72.9	110.5
2014	100.4	109.5	89.5	102.5	114.9	123.1	70.1	76.6	112.0

注意，虽然整个数据跨很多年度，但具体到某个国家或地区，年度和指标都不一定齐全 (德国只有 8 年).

下面画出这 8 年德国各个指标的时间序列图 (见图10.1.1), 显然有很多缺失值.

```
import matplotlib.pyplot as plt
G.plot(style='.-',figsize=(20,6))
plt.title('Index of industrial production of Germany')
plt.show()
```

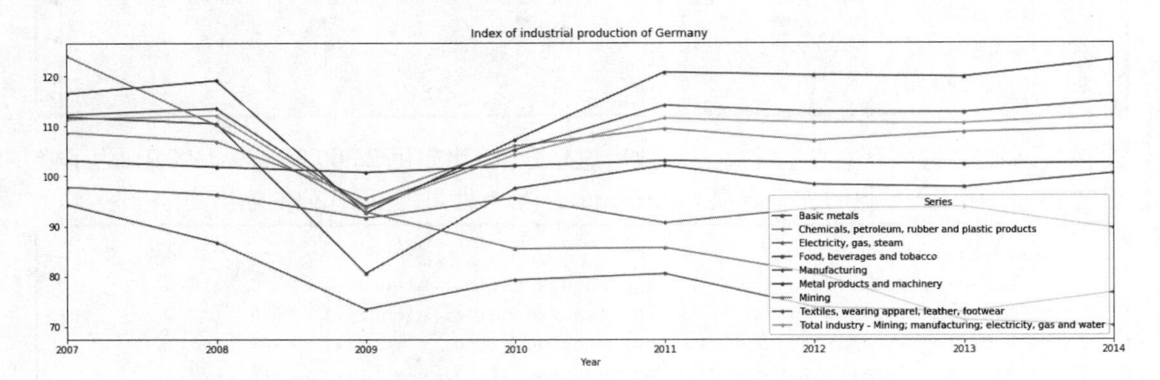

图 10.1.1 例10.1数据 Germany 各指标的时间序列图

10.1.5 提取某一个指标的不同国家的各年度多元时间序列

我们选取制造业 ('Manufacturing'), 仍然用 pivot 函数形成数据, 为了避免太多国家使得描述拥挤, 我们仅仅选择几个国家来展示:

```
T=u[u["Series"]=="Manufacturing"].pivot(index='Year',
    columns='CountryArea', values='Value')
print(T[["Denmark","Finland", "Sweden", 'Norway','Japan']].head())
```

输出为:

```
CountryArea  Denmark  Finland  Sweden  Norway  Japan
Year
2007           105.9    115.0   108.3   111.2  107.4
2008           105.1    117.2   104.7   114.8  103.8
2009            86.9     93.4    84.3   107.7   81.1
2010            89.5     98.0    92.0   110.5   93.8
2011            93.8    101.0    94.7   112.1   91.1
```

然后产生这几个国家制造业时间序列图 (见图10.1.2):

```
import matplotlib.pyplot as plt
T[["Denmark","Finland", "Sweden", 'Norway','Japan']].plot(style='.-',
    figsize=(20,6))
plt.show()
```

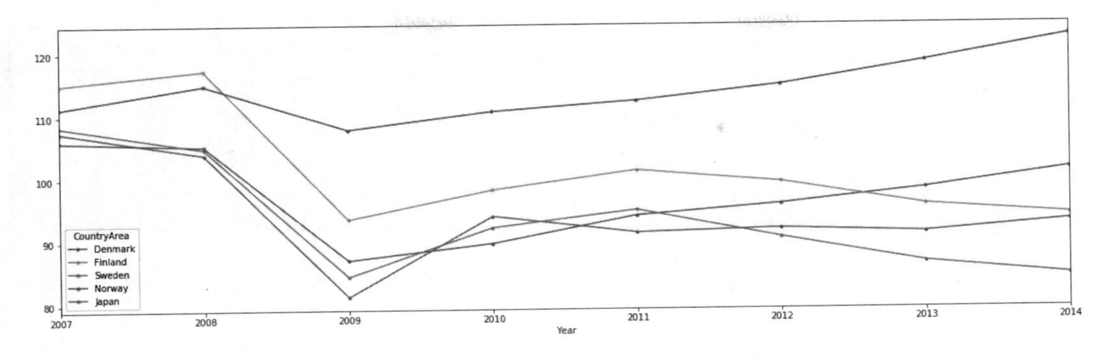

图 10.1.2 例10.1数据 5 个国家制造业指标的时间序列图

10.1.6 选择某一年的数据

1. 以工业种类为行指标, 国家作为列指标

这里随便选择一年 (2014 年) 的数据, 并且把工业种类作为行指标, 国家作为列指标, 选择几个国家画图 (见图10.1.3), 代码如下:

```
I2014=u[u.Year==2014].pivot(index='Series',columns='CountryArea',
    values='Value')
I2014[["Denmark","Finland", "Sweden", 'Norway','Japan']].plot(style='.-',
    figsize=(20,6))
plt.show()
```

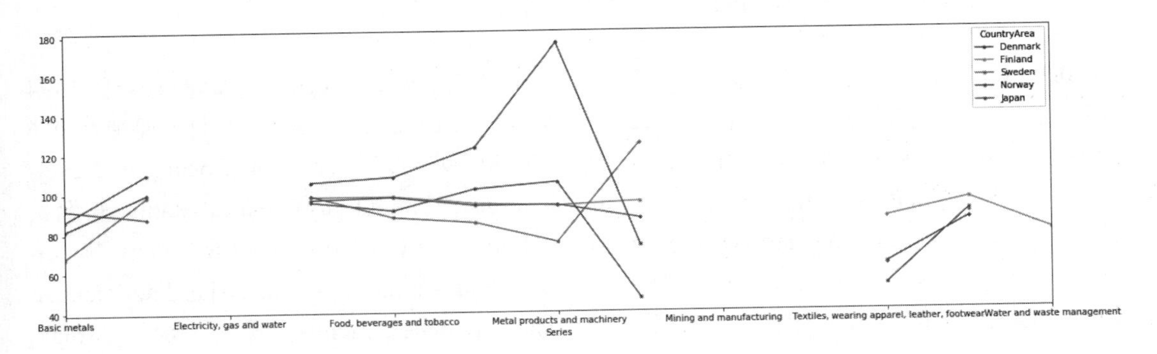

图 10.1.3 例10.1数据 5 个国家 2014 年各个工业指标图

图10.1.3显示, 有些国家的某些工业种类的数据缺失. 这些缺失显示在某些横坐标没有相应的纵坐标值.

2. 以工业种类为列指标, 国家作为行指标

还是选择 2014 年的数据, 而且和上面类似, 只不过行列互换, 选择 5 个国家画图 (见图10.1.4), 代码如下:

```
I14=u[u.Year==2014].pivot(index='CountryArea',
    columns='Series',values='Value')
I14.loc[["Denmark","Finland", "Sweden", 'Norway', 'Japan'],:].\
    plot(style='.-', figsize=(20,6))
plt.show()
```

图10.1.4显示, 有些国家的某些工业种类的数据缺失. 但是, 与图10.1.3比较, 这里的缺失显示形式不同.

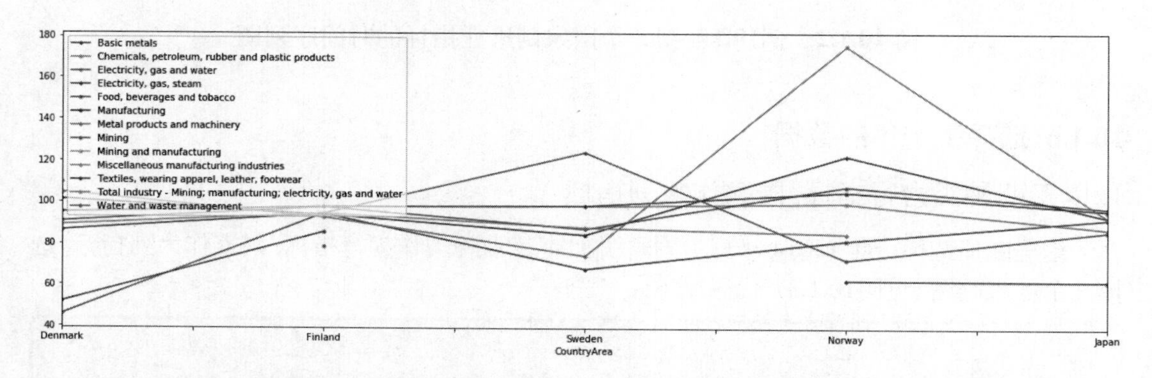

图 10.1.4　例10.1数据 5 个国家 2014 年各个工业指标图 (图10.1.3) 的转置

10.2　对数据的简单数字概括

我们通过例子来看如何用 Python 来描述数据.

例 10.2 (adult.csv) 该数据来自美国人口调查局的数据库 (the census bureau database) [2]在 1994 年得到的数据.[3] 该数据可在 R 程序包 `arules` 以名字 `AdultUCI` 得到. 下面主要涉及其 6 个变量, 它们是 age (年龄), workclass (工作类型, 有 8 个水平: Federal-gov, Local-gov, Never-worked, Private, Self-emp-inc, Self-emp-not-inc, State-gov, Without-pay), marital-status (婚姻状况, 水平为: Divorced, Married-AF-spouse, Married-civ-spouse, Married-spouse-absent, Never-married, Separated, Widowed), race (种族, 水平为: Amer-Indian-Eskimo, Asian-Pac-Islander, Black, Other, White), sex (性别, 有两个水平: Male, Female), income (收入, 水平为 small, large).

10.2.1 各种汇总统计量

1. 数据总体描述

对于例10.2, 首先输入数据[4], 查看数据头几行 (请自己查看更多的输出):

[2] `http://www.census.gov/`.

[3] 数据下载地址为`http://www.ics.uci.edu/~mlearn/MLRepository.html`.

[4] 由于变量名字不能有连接符 "-", 代码中用下划线代替.

```
import pandas as pd
import numpy as np;import scipy.stats as stats
adult=pd.read_csv("adult.csv",header=None)
names=["age","workclass","fnlwgt","education","education_nnum",
"marital_status","occupation","relationship","race",
"sex","capital_gain","capital_loss","hours_per_week",
"native_location","income"]
adult.columns=names
print(adult.head())
```

得到:

```
   age         workclass  fnlwgt  education  education_nnum  \
0   39         State-gov   77516  Bachelors              13
1   50  Self-emp-not-inc   83311  Bachelors              13
2   38           Private  215646    HS-grad               9
3   53           Private  234721       11th               7
4   28           Private  338409  Bachelors              13

       marital_status         occupation   relationship   race     sex  \
0       Never-married       Adm-clerical  Not-in-family  White    Male
1  Married-civ-spouse    Exec-managerial        Husband  White    Male
2            Divorced  Handlers-cleaners  Not-in-family  White    Male
3  Married-civ-spouse  Handlers-cleaners        Husband  Black    Male
4  Married-civ-spouse     Prof-specialty           Wife  Black  Female

  capital_gain  capital_loss  hours_per_week native_location income
0         2174             0              40   United-States  small
1            0             0              13   United-States  small
2            0             0              40   United-States  small
3            0             0              40   United-States  small
4            0             0              40            Cuba  small
```

如果想知道变量名字、维数等,可以用下面的代码:

```
print(adult.columns,'\n',adult.shape)
```

结果输出为:

```
Index(['age', 'workclass', 'fnlwgt', 'education', 'education_nnum',
       'marital_status', 'occupation', 'relationship', 'race', 'sex',
       'capital_gain', 'capital_loss', 'hours_per_week',
       'native_location', 'income'],
      dtype='object')
 (48842, 15)
```

2. 对数量变量的描述

可以对例10.2全部**数量变量**做出描述, 主要是均值、中位数及上下四分位数、计数、标准差及最大最小值:

```
adult.describe()
```

输出为:

	age	fnlwgt	education_nnum	capital_gain	capital_loss	hours_per_week
count	48842.000000	4.884200e+04	48842.000000	48842.000000	48842.000000	48842.000000
mean	38.643585	1.896641e+05	10.078089	1079.067626	87.502314	40.422382
std	13.710510	1.056040e+05	2.570973	7452.019058	403.004552	12.391444
min	17.000000	1.228500e+04	1.000000	0.000000	0.000000	1.000000
25%	28.000000	1.175505e+05	9.000000	0.000000	0.000000	40.000000
50%	37.000000	1.781445e+05	10.000000	0.000000	0.000000	40.000000
75%	48.000000	2.376420e+05	12.000000	0.000000	0.000000	45.000000
max	90.000000	1.490400e+06	16.000000	99999.000000	4356.000000	99.000000

对于个别定量变量, 比如例10.2中变量 (下面以 age 为例) 的诸如样本均值、方差、标准差、偏度、峰度等简单统计量, 可以用类似于下面的代码计算:

```
print(stats.describe(adult.age))
```

得到输出:

```
DescribeResult(nobs=48842, minmax=(17, 90), mean=38.643585438761718,
 variance=187.97808266247543, skewness=0.5575631924658626,
 kurtosis=-0.18437271998309956)
```

3. 一些汇总统计量的定义

假定观测值为 $\boldsymbol{x} = (x_1, x_2, \ldots, x_n)$, 这些统计量的数学定义如下:

- **均值** (mean): $\bar{x} = \frac{1}{n}\sum_{i=1}^n x_i$;
- **方差** (var): $\frac{1}{n-1}\sum_{i=1}^n(x_i - \bar{x})$ (如果选项 ddof=0, 则为 $\frac{1}{n}\sum_{i=1}^n(x_i - \bar{x})$);
- **标准差** (var): $s = \sqrt{\frac{1}{n-1}\sum_{i=1}^n(x_i - \bar{x})}$ (如果选项 ddof=0, 则为 $\sqrt{\frac{1}{n}\sum_{i=1}^n(x_i - \bar{x})}$);
- **最大值** (max): $\max(x_1, x_2, \ldots, x_n)$;
- **最小值** (min): $\min(x_1, x_2, \ldots, x_n)$;
- **偏度** (skew): $\frac{\sum_{i=1}^n (x_i-\bar{x})^3/(n-1)}{s^3}$;
- **峰度** (kurt): $\text{kurtosis} = \frac{\sum_{i=1}^n (x_i-\bar{x})^4/(n-1)}{s^4} - 3$;
- **中位数** (median): 按照顺序排列的 $\bar{x}$ 的最中间的数目 (或中间的两个数的平均);
- **计数 (频数)**(count): 观测值个数.

注意，上面定义的各种统计量都是人们创造的，均有不同的变种，即使同一个名字下也有不同的定义. 对于这些统计量的优劣也依应用而定. **每个统计量仅仅提供了一个数字，现在，用一些单独数字来描述真实世界复杂现象的时代已经过去了. 这些数字仅仅可以作为研究初始时对数据的简单描述，但远远不能反映真实的世界.**

4. 通过某分类变量各水平对数量变量的描述

我们希望列出分类变量，但数据中的分类变量可能在输入时划为不同的类，或者用不同的字符串表示，因此用一个已知的分类变量 (`occupation`) 做试探:

```
adult.occupation.dtype
```

结果输出为:

```
dtype('O')
```

它意味着该变量被列为 “objects” 类. 下面是几种类别的代码首字母缩写:

- `'b'`: boolean;
- `'i'`: (signed) integer;
- `'u'`: unsigned integer;
- `'f'`: floating-point;
- `'c'`: complex-floating point;
- `'O'`: (Python) objects;
- `'S'`, `'a'`: (byte-)string;
- `'U'`: Unicode;
- `'V'`: raw data (void).

实际上的 `dtype` 输出可能包括除首字母之外的更多信息，比如 `float64`、`int32`、`complex128`、`unicode`、`category` 等. 因此上面试探代码是必要的.

下面代码利用上面的类型 `'O'`(等价地在代码中用 `'object'` 得到同样结果) 标出哪些列是分类变量并给出变量名字:

```
cat_cols = [adult.columns.get_loc(col) \
            for col in adult.select_dtypes(['object']).columns.tolist()]
print(cat_cols, '\n',adult.columns[cat_cols])
```

结果输出为:

```
[1, 3, 5, 6, 7, 8, 9, 13, 14]
 Index(['workclass', 'education', 'marital_status', 'occupation',
        'relationship', 'race', 'sex', 'native_location', 'income'],
       dtype='object')
```

注意: 在计算机输出的各种数据类型中，有些可能和人们想象的不同. 比如，如果一串数目中有一个字符串 (无论原因如何)，或者数字表示习惯的不同 (比如每 3 位数加一个逗号，如把

1700 写成 1,700 等) 都会使得数量型变量被列为非数量型的. 这种误划分类型的情况往往很难发现原因, 有时连强制改变类型都会失败, 并且影响后续的一些分析.

我们可以对任意一个分类变量做描述, 比如, 对例10.2变量 workclass 的各个水平求各个数量变量的均值:

```
workclass=adult.groupby("workclass")
print(len(workclass))
workclass.mean()
```

得到下面输出:

workclass	age	fnlwgt	education_nnum	capital_gain	capital_loss	hours_per_week
Federal-gov	42.577514	183590.028631	10.937151	923.287709	108.884078	41.513268
Local-gov	41.676020	190161.134885	11.032207	798.228635	102.124043	40.847258
Never-worked	19.900000	215033.300000	7.500000	0.000000	0.000000	28.900000
Private	36.903144	192669.212499	9.875715	896.135374	80.768478	40.273137
Self-emp-inc	45.799410	178990.200590	11.159882	5132.794100	166.219469	48.570501
Self-emp-not-inc	45.332470	175579.005438	10.227343	1781.744692	109.347488	44.395132
State-gov	39.512367	181933.464917	11.387178	756.336194	82.700656	39.090863
Without-pay	47.285714	167902.666667	8.952381	325.238095	89.857143	33.952381

除了均值 `mean()`, 在数据框 `workclass` 之后可加上其他方法, 比如常见的样本统计量 `std()`、`median()`、`max()`、`min()`、`var()`、`skew()`、`kurt()`、`count()` 等, 来得到变量 workclass 的各个水平中各个数量变量的一些描述统计量.

10.2.2 缺失值的情况汇总

下面的代码给出各个变量缺失值的情况, 前提是数据中缺失值是用标准形式写出的, 比如 `NaN` 或 `NA`, 否则需要在读入数据时注明.

```
adult.isna().sum(axis=0)#默认值是axis=0
```

结果输出为:

```
age                0
workclass       2799
fnlwgt             0
education          0
```

```
education_nnum          0
marital_status          0
occupation           2809
relationship            0
race                    0
sex                     0
capital_gain            0
capital_loss            0
hours_per_week          0
native_location       857
income              16281
dtype: int64
```

上面代码等价于 adult.isnull().sum(axis=0).

理解数据缺失值的状况对于后面要介绍的处理或弥补缺失值有指导意义. 缺失值在一些模型中是会忽略的, 这源于这些模型把缺失值自动删除了, 而另外一些模型不允许缺失值存在.

10.2.3 列联表

多个分类变量可以组成列联表, 下面是建立例10.2的 income 和 race 的列联表的代码:

```
print(pd.crosstab(adult.income,adult.race))
```

得到下面输出:

```
race    Amer-Indian-Eskimo  Asian-Pac-Islander  Black  Other  White
income
large                   36                 276    387     25   7117
small                  275                 763   2737    246  20699
```

当然, 可以形成更复杂的列联表, 比如:

```
pd.crosstab([adult.income,adult.sex],adult.occupation)
```

结果输出为:

	occupation	Adm-clerical	Armed-Forces	Craft-repair	Exec-managerial	Farming-fishing	Handlers-cleaners	Machine-op-inspct	Other-service	Priv-house-serv	Prof-specialty	Protective-serv	Sales	Tech-support	Transport-moving
income	sex														
large	Female	212	0	20	280	2	4	20	51	1	385	10	88	45	9
	Male	295	1	909	1688	113	82	230	86	0	1474	201	895	238	311
small	Female	2325	0	202	879	63	160	530	1749	140	1130	66	1175	303	81
	Male	938	8	2968	1219	816	1124	1222	1409	8	1151	372	1492	342	1196

10.3 描述性图形概述

10.3.1 饼图和条形图

前面在介绍matplotlib 模块时已经介绍过各种图形的画法, 现在再就例10.2的数据做一些补充.

1. 饼图

下面是画关于 race 和 marital-status 的饼图 (见图10.3.1) 的代码.

首先, 形成二维列联表:

```
xtb=pd.crosstab(adult.race,adult.marital_status)
print(xtb)
```

输出二维表:

```
marital_status       Divorced  Married-AF-spouse  Married-civ-spouse  \
race
Amer-Indian-Eskimo         90                  0                 168
Asian-Pac-Islander        108                  1                 737
Black                     709                  3                1263
Other                      42                  0                 157
White                    5684                 33               20054

marital_status      Married-spouse-absent  Never-married  Separated  Widowed
race
Amer-Indian-Eskimo                     12            163         17       20
Asian-Pac-Islander                     64            544         26       39
Black                                  89           2032        396      193
Other                                  17            160         21        9
White                                 446          13218       1070     1257
```

然后画出两个饼图:

```
import matplotlib.pyplot as plt
%matplotlib inline
fig=plt.figure(figsize=(10,4.5))
plt.subplot(1,2,1)
plt.pie(xtb.sum(0),labels=xtb.columns,autopct='%1.2f%%') #7
plt.title('marital status')
plt.subplot(1,2,2)
plt.pie(xtb.sum(1),labels=xtb.index,autopct='%1.1f') #5
plt.title('race')
```

上面代码先把两个定性变量 race 和 marital-status 通过代码pd.crosstab 转换成列联表, 存为数据框xtb, 然后画出两个相应的饼图. 选项中的autopct 确定标明百分比的浮点小数点位数. 在图10.3.1(左) 中, 用的是'%1.2f%%', 意味着显示小数点后两位; 在图10.3.1(右) 中, 用的是'%1.1f', 意味着显示小数点后一位 (由于没有%%, 所以未显示百分号). “1.2f” 中的 1 表示小数点前面的数字顶格输出, 如果数字前面要留空, 则用较大整数. 不妨运行下面的代码 (自己思考代码中 “:1.4f” 和 “:20.5f” 所造成的输出区别):

```
print('1000*pi={:1.4f},\n1000*pi={:20.5f}'.format(np.pi*1000,np.pi*1000))
```

输出为:

```
1000*pi=3141.5927,
1000*pi=           3141.59265
```

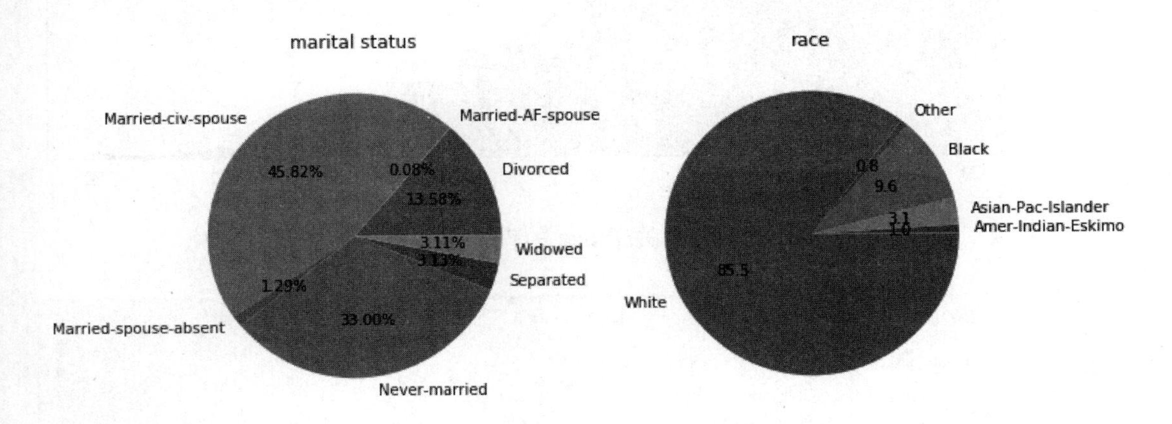

图 10.3.1 例10.2的关于 marital-status(左) 和 race(右) 的饼图

2. 条形图

我们接着上面的代码, 产生和第二个饼图基本等价的条形图 (见图10.3.2):

```
fig=plt.figure(figsize=(10,4.5))
plt.subplot(1,1,1)
plt.barh(y=range(len(xtb.columns)),width=xtb.sum(0),
    tick_label=xtb.columns)
plt.title('marital status')
```

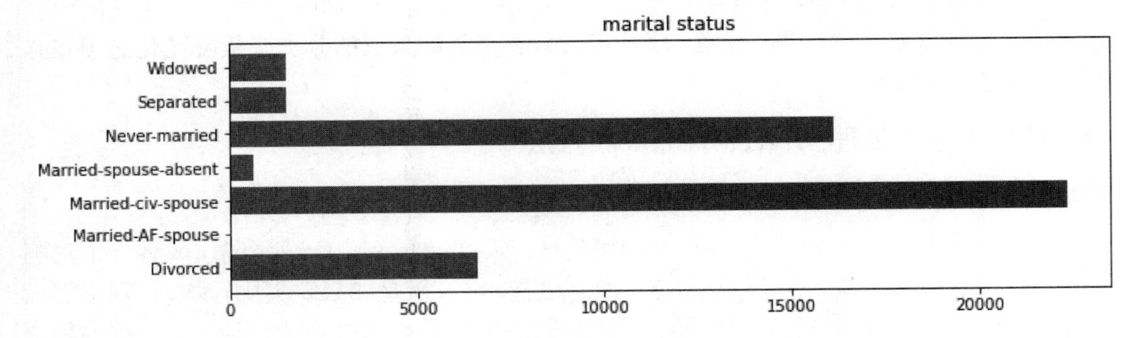

图 10.3.2 例10.2的关于 marital-status 的条形图

10.3.2 直方图和密度估计

下面产生关于例10.2中变量 age 的直方图和密度估计图的代码[5](产生图10.3.3, 由于数据量比较大, 稍微费些时间).

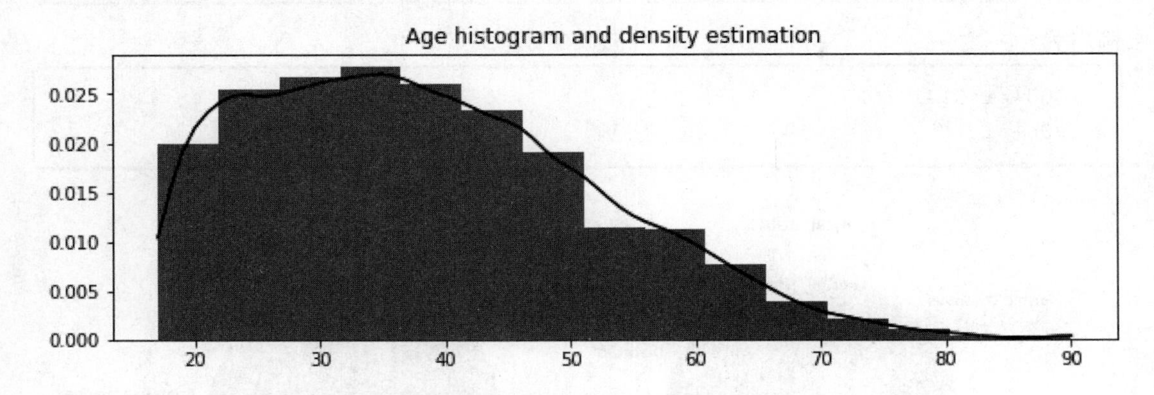

图 10.3.3 例10.2的关于 age 的直方图和密度估计图

```
fig=plt.figure(figsize=(10,3))
plt.hist(adult.age,density=True,bins=15)
kde=stats.gaussian_kde(adult.age)
x=np.sort(adult.age)
plt.plot(x,kde(x),'k-')
plt.title('Age histogram and density estimation')
```

这里直方图函数 (`hist`) 的选项 `density=True` 要求直方图显示比例而不是计数 (有如 R 的同名直方图函数的选项 `probability=TRUE`); 后面一行语句的 `kde` 所赋的值 (为 `scipy.stats` 模块的函数) `stats.gaussian_kde` 代表着 scipy 中的利用高斯核所做的核密度估计 (kernel-density estimate using Gaussian kernel).

10.4 数据的准备

原始数据往往存在很多不同的问题, 每个都可能为个案, 但缺失值是普遍存在的. 因此, 本节主要谈两个问题, 一个是填补缺失值的问题, 另一个是在 Python 中经常要遇到的分类变量 (定性变量) 哑元化问题. **注意: 填补带有分类变量缺失值的分类变量哑元化必须在弥补缺失值之后进行.**

10.4.1 缺失值的处理: 介绍 MissForest 方法

1. 缺失值

数据有缺失值是正常的, 问题在于如何处理. 如果一个变量 (一列数据) 或者一个观测值 (一行数据) 大多缺失, 则可以删除这一列或者这一行, 但是如果缺失比较均匀, 则不那么容易使用删除法. 这种时候需要使用各种模型来填补. 比较原始的方法包括用某一列的均值

[5]注意这里的最低年龄为 17 岁.

(或中位数) 来填补那一列的缺失值; 比较先进的使用模型的方法为用一些列 (作为自变量) 未缺失的数据通过回归或分类建立模型来预测另一些列 (作为因变量) 的缺失值.

2. MissForest 方法填补缺失值

下面介绍非常有效的可以同时处理数量变量和分类变量缺失值的 MissForest 函数所代表的填补缺失值的方法.[6] MissForest 使用"随机森林"以迭代方式估算缺失值. 在默认情况下, 我们把缺失值最少的变量 (列) 称为候选列, 并且从该列开始来插补 (该列的) 缺失值. 第一步用初始猜测填充剩余的非候选列的所有缺失值: 用均值填补数量变量的缺失值; 用众数填补分类变量的缺失值. 此后, 以候选列作为因变量非候选列作为自变量, 用随机森林方法来利用无缺失值的候选列值建模, 然后用所得到的模型预测候选列的缺失值. 此后, 将寻找下一个候选列, 重复刚才的计算和填补. 把所有有缺失值的变量都当成候选列之后, 再重复这个过程, 这时非候选列中的缺失值就是上一次随机森林估计的值 (而不是均值或众数), 这样, 不断重复直到满足停止条件为止. 停止标准由连续迭代中插补数组之间的 ''差异'' 来决定. 对于数量变量, 其差异定义为:

$$\frac{\sum_{j=1}^{J}\sum_{i=1}^{n_j}(x_{ij}^{(new)}-x_{ij}^{(old)})^2}{\sum_{j=1}^{J}\sum_{i=1}^{n_j}(x_{ij}^{(new)})^2},$$

这里的 $x_{ij}^{(new)}$ 表示第 j 个有缺失值的数量变量第 i 个缺失值的新填补值, 而 $x_{ij}^{(old)}$ 为该缺失值前一次循环填补的值, J 为有缺失值数量变量 (列) 的总数, n_j 为第 j 列缺失值的总数. 对于分类变量, 差异定义为全部数据中新填补的值不等于先前填补的值占总缺失值的比例. 当这两个差异皆满足标准之后, 迭代就会停止.

10.4.2 通过人造例子说明缺失值的 MissForest 填补过程

我们取部分 (9 行) 人们熟知的鸢尾花数据 (iris.csv) 构造一些缺失值, 并以此来说明 MissForest 填补的 Python 程序.

1. 数据基本情况

输入必要的模块并读取鸢尾花数据:

```
import numpy as np
import pandas as pd
import seaborn as sns
w = pd.read_csv('iris.csv')
print(w.head())
```

输出的前 5 行观测值为:

[6] Stekhoven, D. J., and Bühlmann, P. MissForest-non-parametric missing value imputation for mixed-type data. *Bioinformatics*, 2012, 28 (1): 112-118.

```
   Sepal.Length  Sepal.Width  Petal.Length  Petal.Width Species
0           5.1          3.5           1.4          0.2  setosa
1           4.9          3.0           1.4          0.2  setosa
2           4.7          3.2           1.3          0.2  setosa
3           4.6          3.1           1.5          0.2  setosa
4           5.0          3.6           1.4          0.2  setosa
```

这说明最后一列 (第 4 列) 为定性变量. 利用代码:

```
L=set(w['Species']);L
```

可得到其 3 个水平为:

```
{'setosa', 'versicolor', 'virginica'}
```

2. 选取几行数据并制造缺失值

我们选取 9 行数据, 包括了所有的 Species 的水平:

```
u=w.iloc[[1,3,5,51,53,55,101,103,105],:]
print(u)
```

该数据为 9×5 维:

```
     Sepal.Length  Sepal.Width  Petal.Length  Petal.Width     Species
1             4.9          3.0           1.4          0.2      setosa
3             4.6          3.1           1.5          0.2      setosa
5             5.4          3.9           1.7          0.4      setosa
51            6.4          3.2           4.5          1.5  versicolor
53            5.5          2.3           4.0          1.3  versicolor
55            5.7          2.8           4.5          1.3  versicolor
101           5.8          2.7           5.1          1.9   virginica
103           6.3          2.9           5.6          1.8   virginica
105           7.6          3.0           6.6          2.1   virginica
```

3. 制造缺失值

利用 pandas 函数 mask (该函数将把变元中为 True 的部分作为 NaN, 就像用 “面具” (mask) 遮盖一样):

```
np.random.seed(999)
u_nan=u.mask(np.random.random(u.shape)<0.3)
print(u_nan)
```

结果输出为:

```
     Sepal.Length  Sepal.Width  Petal.Length  Petal.Width     Species
1             4.9          3.0           NaN          0.2         NaN
3             4.6          3.1           1.5          0.2      setosa
5             5.4          NaN           1.7          NaN      setosa
51            NaN          3.2           4.5          1.5  versicolor
53            NaN          2.3           NaN          1.3         NaN
55            5.7          2.8           NaN          1.3  versicolor
101           5.8          2.7           NaN          1.9         NaN
103           NaN          2.9           NaN          1.8   virginica
105           7.6          3.0           6.6          NaN   virginica
```

然后可显示每个变量有多少缺失值及数据的缺失值总数:

```
print(u_nan.isna().sum())#按列计算, 和u_nan.isna().sum(axis=0)
print('Total number of missing values =',u_nan.isna().sum().sum())
```

结果输出为:

```
Sepal.Length    3
Sepal.Width     1
Petal.Length    5
Petal.Width     2
Species         3
dtype: int64
Total number of missing values = 14
```

上面的缺失值分布在各个变量中, 而分类变量 Species 的每个水平各有一个缺失值.

4. 把 Species 的各个水平转换成数字

R 里的函数 missForest 可以对分类变量用字符表示的水平及标为 factor 的哑元水平直接处理, 而 Python 的函数 MissForest 只能处理用数字表示的分类变量水平, 因此必须进行转换, 把变量 Species 的水平 'setosa', 'versicolor', 'virginica' 分别转换成 1, 2, 3, 而 NaN 则转换成 0.

```
MM=list(set(u_nan['Species']))#[nan, 'setosa', 'virginica', 'versicolor']
S=u_nan['Species']
SS=np.zeros(len(S))>0
for i in np.arange(1,len(MM)):
    SS=SS+(S==MM[i])*i
u_nan['Species']=SS
u_nan
```

再用一次函数 mask 把 0 转换成 NaN 并删除原先用字符表示的变量 Species:

```
u_nan['Species']=u_nan['Species'].mask(SS==0) #只有data frame 有mask函数
print(u_nan)
```

结果得到的准备填补缺失值的数据为:

```
     Sepal.Length  Sepal.Width  Petal.Length  Petal.Width    A
1             4.9          3.0           NaN          0.2  NaN
3             4.6          3.1           1.5          0.2  1.0
5             5.4          NaN           1.7          NaN  1.0
51            NaN          3.2           4.5          1.5  3.0
53            NaN          2.3           NaN          1.3  NaN
55            5.7          2.8           NaN          1.3  3.0
101           5.8          2.7           NaN          1.9  NaN
103           NaN          2.9           NaN          1.8  2.0
105           7.6          3.0           6.6          NaN  2.0
```

5. 用 MissForest 填补缺失值

用模块 missingpy 的函数MissForest 填补缺失值:

```
from missingpy import MissForest
imputer = MissForest(random_state=1010)
imputed = imputer.fit_transform(u_nan, cat_vars=4)#标明第4个是分类变量
imputed #得到的是np.array
```

填补后的结果输出为:

```
Iteration: 0
Iteration: 1
Iteration: 2
Iteration: 3
Iteration: 4
array([[4.9  , 3.   , 2.235, 0.2  , 1.   ],
       [4.6  , 3.1  , 1.5  , 0.2  , 1.   ],
       [5.4  , 3.036, 1.7  , 0.754, 1.   ],
       [5.703, 3.2  , 4.5  , 1.5  , 3.   ],
       [5.879, 2.3  , 5.11 , 1.3  , 3.   ],
       [5.7  , 2.8  , 5.11 , 1.3  , 3.   ],
       [5.8  , 2.7  , 4.998, 1.9  , 2.   ],
       [5.776, 2.9  , 4.998, 1.8  , 2.   ],
       [7.6  , 3.   , 6.6  , 1.255, 2.   ]])
```

6. 转换成有原先变量名字的数据框

把得到的 numpy 数组转换成有原先变量名字的数据框:

```
u2=pd.DataFrame(imputed,columns=w.columns,)
print(u2)
```

输出为:

```
   Sepal.Length  Sepal.Width  Petal.Length  Petal.Width  Species
0         4.900        3.000         2.214        0.200      2.0
1         4.600        3.100         1.500        0.200      2.0
2         5.400        3.062         1.700        0.837      2.0
3         5.683        3.200         4.500        1.500      1.0
4         5.830        2.300         4.812        1.300      1.0
5         5.700        2.800         4.812        1.300      1.0
6         5.800        2.700         4.602        1.900      1.0
7         6.406        2.900         5.100        1.800      3.0
8         7.600        3.000         6.600        1.287      3.0
```

10.4.3 把分类变量转换成哑元

把分类变量转换成哑元在 R 中一般不是问题, 在涉及经典统计的回归及方差分析等传统内容的 R 程序包通常都自动识别以字符串作为水平的分类变量 (当然, 在用数字代表各个水平时要用诸如`factor()` 的函数来因子化), 并且在计算时自动转换成哑元; 只有在某些机器学习的程序包中, 需要事先转换.

在 Python 的各个涉及回归及分类或其他诸如机器学习方法的模块中, 通常并不识别分类变量, 也需要转换. 通常是把一个有 ℓ 个水平的分类变量转换成 ℓ 个变量, 每个变量用 1, 0 或者 True, False 表示该水平是否出现. 当然, 在涉及线性最小二乘回归时 (对于多数机器学习方法不存在这个问题), 在产生新变量之后, 不仅需要删除旧变量, 而且为避免共线, 必须删除代表某一水平的哑元, 这依约束条件而定. 比如, 在第一个水平默认为 0 的约束下, 需要删除代表该水平的哑元变量, 并且加上全部是 1 的截距项.

在例10.2中, 分类变量的各个水平都是用字符串标识的, 但在有些例子中, 分类变量是用数字标明的, 这时需要因子化, 通常用诸如下面的语句做因子化:

```
Y=pd.DataFrame({'sex':[1,0,0,0,1,1,1,0]})
print('type before:', Y.sex.dtype)
Y['sex']=Y['sex'].astype('category') #改变类型
print('type after:', Y.sex.dtype)
```

上面代码给出下面信息:

```
type before: int64
type after: category
```

1. 对上面人造缺失值的部分鸢尾花数据定性变量哑元化编程

由于前面得到的数据 u2 的变量 Species 不再是字符串, 而是数字, 如果不注明哪一列为分类变量则不会被哑元化, 因此必须标明数据性质:

```
u2["Species"] = u2["Species"].astype('category')
```

然后对数据哑元化:

```
u2=pd.get_dummies(u2,drop_first=False)
print(u2.iloc[:,4:])
```

输出的 Species 变量哑元化的结果为:

```
   Species_1.0  Species_2.0  Species_3.0
0            0            1            0
1            0            1            0
2            0            1            0
3            1            0            0
4            1            0            0
5            1            0            0
6            1            0            0
7            0            0            1
8            0            0            1
```

2. 把哑元化后的名字改得更有意义

上面三个新变量为 Species_1.0, Species_2.0, Species_3.0, 这使得人们认不得原先代表多少. 因此需要使得变量名具有原来各个水平的意义:

```
on=u2.columns[4:];on
nm=dict()
for i in range(len(on)):
    nm[on[i]]='Species_'+MM[i+1]
u2=u2.rename(columns=nm)
print(u2.iloc[:,4:])#只显示哑元化的几列
```

结果输出为:

```
   Species_virginica  Species_setosa  Species_versicolor
0                  0               1                   0
1                  0               1                   0
2                  0               1                   0
3                  0               0                   1
4                  0               0                   1
5                  0               0                   1
```

```
6    0    0    1
7    1    0    0
8    1    0    0
```

3. 在 Python 的有指导学习过程中变量哑元化的总结

(1) **大多数 Python 的有指导学习程序都不善于处理字符表示的分类变量，必须加以转换.**

(2) **对于自变量有分类变量的情况，必须把每个分类变量的水平都换成一个单独的两水平 0-1 变量**. 在这个过程中要注意:

- **如果分类自变量的水平 (类) 是以数字表示的，则要在类型上转换成** `category` **或者** `object` **类型，否则转换哑元的函数 (诸如** `pd.get_dummies`**) 不会自动识别及转换.**
- **如果模型是线性模型或诸如 logistic 回归那样的广义线性模型，为避免共线性，在转换中必须利用** `pd.get_dummies(.,drop_first=True)` **中的 "放弃第一个" 的选项 "**`drop_first=True`**"，使得每个分类变量删除 (drop) 一个水平的 0-1 变量 (这里是删除第一个)，通常软件会提供一个截距项，如果没有则在自变量中加一个全是 1 的截距项.**
- **如果模型是一般的机器学习模型，没有共线性问题，则不必删除任何分类变量生成的哑元变量** (使用 `pd.get_dummies(.,drop_first=False)`).

(3) **如果是分类问题，因变量如果是字符表示，则应该转换成数字表示 (不要做像自变量那样的每个水平或类的哑元化)**. 使用的函数可以是 `sklearn.preprocessing` 模块中的函数 `LabelEncoder` (见10.4.4节的案例)，该函数的优点是可以做反演变换; 也可以使用诸如 `pd.get_dummies(.).dot(np.arange(k))` (使用该函数的例子见11.3.2节).

10.4.4 案例: 例10.2数据填补缺失值及分类变量哑元化

和前面的部分鸢尾花数据人造缺失值数据问题比较，例10.2的数据具有大量的分类变量，有些有很多缺失值，这就比那个部分鸢尾花数据更加复杂. 编程也更加烦琐，下面我们对例10.2数据做填补缺失值及分类变量哑元化的编程，并且力图使得程序更加一般化以适用于其他数据.

(1) 输入基本模块，读入 adult.csv 数据，并查看缺失值情况及比例:

```
import numpy as np
import pandas as pd
adult=pd.read_csv("adult.csv",header=None)
names=["age","workclass","fnlwgt","education","education_nnum",
"marital_status","occupation","relationship","race",
"sex","capital_gain","capital_loss","hours_per_week",
"native_location","income"]
adult.columns=names
adult.isna().sum() #查看缺失值情况
print(adult.isna().sum())
```

```
print('Ratio of NaN =', adult.isna().sum().sum()/adult.size)
```

结果输出为:

```
age                  0
workclass         2799
fnlwgt               0
education            0
education_nnum       0
marital_status       0
occupation        2809
relationship         0
race                 0
sex                  0
capital_gain         0
capital_loss         0
hours_per_week       0
native_location    857
income           16281
dtype: int64
Ratio of NaN = 0.03104704967036567
```

虽然只有 31%的缺失值, 但很集中, 而且都在分类变量上.

(2) 看看变量中哪些是分类变量:

```
cat_cols=[]
for i in range(len(adult.columns)):
    if adult.iloc[:,i].dtype=='O':
        cat_cols.append(i)
print(cat_cols, '\n',adult.columns[cat_cols])
```

结果显示了 9 个分类变量的序号及名称:

```
[1, 3, 5, 6, 7, 8, 9, 13, 14]
 Index(['workclass', 'education', 'marital_status', 'occupation',
       'relationship', 'race', 'sex', 'native_location', 'income'],
      dtype='object')
```

(3) 下面得到所有分类变量的水平名称, 在下一步把它们转换成数字 (因为 MissForest 程序不认字符). 注意, 由于NaN 也被当成水平, 因此必须去掉 (NaN 被认为是 float 类型):

```
mm=[]
for i in cat_cols:
    l=list(set(adult.iloc[:,i]))
    mm.append([x for x in l if type(x) != float])
```

```
print(mm,len(mm))
```

(4) 为了不改变原来数据, 复制数据到 v, 并且把字符型水平转换成数字:

```
v=adult.copy()

for i in range(len(cat_cols)):
    S=v.iloc[:,cat_cols[i]]
    SS=np.zeros(len(S))>0
    for j in np.arange(len(mm[i])):
        SS=SS+(S==mm[i][j])*(j+1)
    v.iloc[:,cat_cols[i]]=SS
    v.iloc[:,cat_cols[i]]=v.iloc[:,cat_cols[i]].mask(SS==0)
v.head() #不显示, 所有字符型水平已经转换成数字
```

注: 上面这个过程在没有缺失值时, 可以用 sklearn.preprocessing 模块的标签编码函数 LabelEncoder 来处理, 比如, 对于鸢尾花数据:

```
from sklearn import preprocessing
le = preprocessing.LabelEncoder()
w=pd.read_csv('iris.csv')
le.fit(w['Species'])
le.classes_
```

输出了 Species 的 3 个水平:

```
array(['setosa', 'versicolor', 'virginica'], dtype=object)
```

然后可以转换整个变量成为数字:

```
S1=le.transform(w.Species);S1
```

结果输出为:

```
array([0, 0, 0, 0, 0, 0, 0, 0, 0, 0, 0, 0, 0, 0, 0, 0, 0, 0, 0, 0, 0, 0,
       0, 0, 0, 0, 0, 0, 0, 0, 0, 0, 0, 0, 0, 0, 0, 0, 0, 0, 0, 0,
       0, 0, 0, 0, 0, 0, 1, 1, 1, 1, 1, 1, 1, 1, 1, 1, 1, 1, 1, 1, 1, 1,
       1, 1, 1, 1, 1, 1, 1, 1, 1, 1, 1, 1, 1, 1, 1, 1, 1, 1, 1, 1, 1, 1,
       1, 1, 1, 1, 1, 1, 1, 1, 1, 1, 1, 1, 2, 2, 2, 2, 2, 2, 2, 2, 2, 2,
       2, 2, 2, 2, 2, 2, 2, 2, 2, 2, 2, 2, 2, 2, 2, 2, 2, 2, 2, 2, 2, 2,
       2, 2, 2, 2, 2, 2, 2, 2, 2, 2, 2, 2, 2, 2, 2, 2, 2, 2])
```

还可以转换回原来的水平:

```
le.inverse_transform(S1)
```

结果和原先的 Species 相同 (这里不显示). 但是在有缺失值时, 函数 LabelEncoder 不能识别.

(5) 继续处理例10.2的数据, 做 MissForest 填补缺失值并转换成数据框:

```
from missingpy import MissForest
imputer = MissForest(random_state=1010)
imputed = imputer.fit_transform(v, cat_vars=cat_cols)
imputed #得到的是np.array
v2=pd.DataFrame(imputed,columns=v.columns,)
```

结果输出为迭代记录及部分结果:

```
Iteration: 0
Iteration: 1
Iteration: 2
Iteration: 3
Iteration: 4
Iteration: 5
array([[3.90000e+01, 1.00000e+00, 7.75160e+04, ..., 4.00000e+01,
        3.60000e+01, 2.00000e+00],
       [5.00000e+01, 6.00000e+00, 8.33110e+04, ..., 1.30000e+01,
        3.60000e+01, 2.00000e+00],
       [3.80000e+01, 2.00000e+00, 2.15646e+05, ..., 4.00000e+01,
        3.60000e+01, 2.00000e+00],
       ...,
       [3.80000e+01, 2.00000e+00, 3.74983e+05, ..., 5.00000e+01,
        3.60000e+01, 1.00000e+00],
       [4.40000e+01, 2.00000e+00, 8.38910e+04, ..., 4.00000e+01,
        3.60000e+01, 2.00000e+00],
       [3.50000e+01, 5.00000e+00, 1.82148e+05, ..., 6.00000e+01,
        3.60000e+01, 1.00000e+00]])
```

(6) 标注分类变量, 并哑元化:

```
for i in cat_cols:
    v2.iloc[:,i] = v2.iloc[:,i].astype('category')
v3=pd.get_dummies(v2,drop_first=False)
v3.columns
```

输出的哑元化名字中没有原先水平的意义, 只有数字:

```
Index(['age', 'fnlwgt', 'education_nnum', 'capital_gain', 'capital_loss',
       'hours_per_week', 'workclass_1.0', 'workclass_2.0', 'workclass_3.0',
       'workclass_4.0',
       ...
       'native_location_34.0', 'native_location_35.0', 'native_location_36.0',
```

```
        'native_location_37.0', 'native_location_38.0', 'native_location_39.0',
        'native_location_40.0', 'native_location_41.0', 'income_1.0',
        'income_2.0'],
       dtype='object', length=107)
```

(7) 改变哑元化后数据 v3 的名字, 使其有原先水平的字符意义, 首先建立分类变量哑元化后的原先名字作为指标, 新名字作为元素的 dict d, 然后用 pandas 的 rename 函数改变名字:

```
k=0;d=dict()
for i in cat_cols:
    print(v2.columns[i])
    for j in range(len(set(v2.iloc[:,i]))):
        no=v2.columns[i]+'_'+str(list(set(v2.iloc[:,i]))[j])
        nn=v2.columns[i]+'_'+mm[k][j]
        d[no]=nn
    k=k+1

v3 = v3.rename(columns=d)
```

10.4.5 填补缺失值及哑元化的函数

1. 填补缺失值及哑元化的函数

把上面一节的程序写成函数如下:

```
def ImpDum(df, drop=False):
    import numpy as np
    import pandas as pd
    from missingpy import MissForest
    cat_cols=[]
    for i in range(len(df.columns)):
        if df.iloc[:,i].dtype=='O':
            cat_cols.append(i)
    mm=[]
    for i in cat_cols:
        l=list(set(df.iloc[:,i]))
        mm.append([x for x in l if type(x) != float])
    v=df.copy()

    for i in range(len(cat_cols)):
        S=v.iloc[:,cat_cols[i]]
        SS=np.zeros(len(S))>0
        for j in np.arange(len(mm[i])):
            SS=SS+(S==mm[i][j])*(j+1)
```

```
        v.iloc[:,cat_cols[i]]=SS
        v.iloc[:,cat_cols[i]]=v.iloc[:,cat_cols[i]].mask(SS==0)
    imputer = MissForest(random_state=1010)
    v2 = imputer.fit_transform(v, cat_vars=cat_cols)
    v2=pd.DataFrame(v2,columns=v.columns,)
    for i in cat_cols:
        v2.iloc[:,i] = v2.iloc[:,i].astype('category')
    v3=pd.get_dummies(v2,drop_first=drop)

    k=0;d=dict()
    for i in cat_cols:
        for j in range(len(set(v2.iloc[:,i]))):
            no=v2.columns[i]+'_'+str(list(set(v2.iloc[:,i]))[j])
            nn=v2.columns[i]+'_'+mm[k][j]
            d[no]=nn
        k=k+1

    v3 = v3.rename(columns=d)
    return v3
```

可以验证这个函数:

```
w=ImpDum(df=adult)
print('w.shape =',w.shape,'\nw.columns =',w.columns)
```

输出 (不包括迭代记录) 为:

```
w.shape = (48842, 107)
w.columns = Index(['age', 'fnlwgt', 'education_nnum', 'capital_gain',
       'capital_loss', 'hours_per_week', 'workclass_State-gov', 'workclass_Private',
       'workclass_Never-worked', 'workclass_Local-gov',
       ...
       'native_location_England', 'native_location_Portugal',
       'native_location_United-States', 'native_location_Honduras',
       'native_location_France', 'native_location_Greece',
       'native_location_Ecuador', 'native_location_South', 'income_large',
       'income_small'],
      dtype='object', length=107)
```

2. 填补缺失值的函数

前面的函数可以分成两个函数: (1) 填补缺失值函数; (2) 哑元化函数. 下面是填补缺失值函数:

```
def Imp(df):
    import numpy as np
```

```
    import pandas as pd
    from missingpy import MissForest
    cat_cols=[]
    for i in range(len(df.columns)):
        if df.iloc[:,i].dtype=='O':
            cat_cols.append(i)
    mm=[]
    for i in cat_cols:
        l=list(set(df.iloc[:,i]))
        mm.append([x for x in l if type(x) != float])
    v=df.copy()

    for i in range(len(cat_cols)):
        S=v.iloc[:,cat_cols[i]]
        SS=np.zeros(len(S))>0
        for j in np.arange(len(mm[i])):
            SS=SS+(S==mm[i][j])*(j+1)
        v.iloc[:,cat_cols[i]]=SS
        v.iloc[:,cat_cols[i]]=v.iloc[:,cat_cols[i]].mask(SS==0)
    imputer = MissForest(random_state=1010)
    v2 = imputer.fit_transform(v, cat_vars=cat_cols)
    v2=pd.DataFrame(v2,columns=v.columns,)
    return v2
```

我们用部分鸢尾花人造缺失数据来验证:

```
w = pd.read_csv('iris.csv')
u=w.iloc[[1,3,5,51,53,55,101,103,105],:]
np.random.seed(999)
u_nan=u.mask(np.random.random(u.shape)<0.3)
u_imp=Imp(u_nan)
print(u_imp) #打印结果
```

得到:

```
    Sepal.Length  Sepal.Width  Petal.Length  Petal.Width  Species
0          4.900        3.000         2.151        0.200      1.0
1          4.600        3.100         1.500        0.200      1.0
2          5.400        2.975         1.700        0.648      1.0
3          5.557        3.200         4.500        1.500      2.0
4          5.732        2.300         4.224        1.300      2.0
5          5.700        2.800         4.224        1.300      2.0
6          5.800        2.700         4.413        1.900      2.0
7          6.372        2.900         5.023        1.800      3.0
```

```
8          7.600          3.000          6.600          1.559      3.0
```

3. 把数据框哑元化的函数

这个函数要求没有缺失值, 而且定性变量是字符型的 (否则直接用 get_dummies 函数):

```
def Dum(df, drop=False):
    import numpy as np
    import pandas as pd
    cat_cols=[]
    for i in range(len(df.columns)):
        if df.iloc[:,i].dtype=='O':
            cat_cols.append(i)
    mm=[]
    for i in cat_cols:
        l=list(set(df.iloc[:,i]))
        mm.append([x for x in l if type(x) != float])
    v=df.copy()

    for i in range(len(cat_cols)):
        S=v.iloc[:,cat_cols[i]]
        SS=np.zeros(len(S))>0
        for j in np.arange(len(mm[i])):
            SS=SS+(S==mm[i][j])*(j+1)
        v.iloc[:,cat_cols[i]]=SS
        v.iloc[:,cat_cols[i]]=v.iloc[:,cat_cols[i]].mask(SS==0)
    for i in cat_cols:
        v.iloc[:,i] = v.iloc[:,i].astype('category')
    v3=pd.get_dummies(v,drop_first=drop)

    k=0;d=dict()
    for i in cat_cols:
        for j in range(len(set(v.iloc[:,i]))):
            no=v.columns[i]+'_'+str(list(set(v.iloc[:,i]))[j])
            nn=v.columns[i]+'_'+mm[k][j]
            d[no]=nn
        k=k+1

    v3 = v3.rename(columns=d)
    return v3
```

用于鸢尾花原始数据, 并选择打印部分结果:

```
w = pd.read_csv('iris.csv')
w_dum=Dum(w)
print(w_dum.iloc[[0,1,51,52,101,102],4:])
```

输出为:

```
     Species_setosa  Species_versicolor  Species_virginica
0                 1                   0                  0
1                 1                   0                  0
51                0                   1                  0
52                0                   1                  0
101               0                   0                  1
102               0                   0                  1
```

第 11 章　有监督学习概论

11.1　数据科学的核心内容

1. 对变量的关系建立模型

在现今数据科学中，最重要的是数据所代表的变量之间的关系，而不是假想模型中的某些人为定义的参数. 人们希望对这些变量的关系建立一些模型以描述这些关系. 当然，因为人们不可能得到所有相关的变量及足够的数据来完全描述某个现象，没有模型是准确的，所有的模型都是对所描述现象的近似.

2. 建立模型的最重要目的是预测而不是传统统计的 ‘‘显著性”

按照 Yu and Kumbier (2020) 数据科学模型应该满足**三个原则** (principles)[1]：**可预测性** (predictability)、**可计算性** (computability) 及**稳定性** (stability)，而不是被数据科学家所抛弃的显著性. 2019 年 3 月 20 日的《自然》(*Nature*) 杂志报道："**科学家们起来反对统计显著性**. Amrhein, Greenland, McShane 以及 800 多名签署者呼吁**终止骗人的结论并消除可能的至关重要的影响.**"[2] 同一天的《美国统计学家》(*American Statistician*) 也以 "**抛弃统计显著性**'' 为题发表文章.[3] 请学过初等数理统计课程的读者回忆一下，**如果没有统计显著性检验 (没有 p 值) 及相关的置信区间，作为统计入门的《数理统计》教科书还剩下什么呢?**

3. 模型需要通过数据训练来确立

人们对于现实世界的认识需要借助所采集的有关数据，因此，任何和现实世界规律有关的模型都应该根据数据来建立. 任何模型的各种具体选项和参数都需要基于数据的 ‘‘训练'' 来得到，这也是**机器学习**名称的来源. 而训练的标准就是预测精度. 用于预测的模型都有一个需要预测的目标变量，也就是因变量. 由于有目标变量作为预测的标准，这一类的机器学习称为**有监督学习**或**有指导学习** (supervised learning).

4. 交叉验证可用来客观地度量预测精度

通过模型预测的目标变量和数据本身的目标变量之间的差距越小，则**拟合** (fit) 越好. 但如果仅仅是对于训练模型的数据集 (称为训练集, training set) 拟合好，而对于未参与训练模型的数据拟合不好，则称该模型是**过拟合的** (over-fitting). 因此，一个模型的好坏，不能靠训练集的拟合好坏来衡量，而应该靠未参加训练模型的数据集来验证，该数据集称为**测试集** (testing set)，这就是**交叉验证** (cross validation).

---

[1] Yu, B., Kumbier, K. Veridical data science, *Proceedings of the National Academy of Sciences of the United States of America*, 2020, 117 (6), https://www.pnas.org/content/early/2020/02/11/2001302117.

[2] https://www.nature.com/articles/d41586-019-00857-9.

[3] https://www.tandfonline.com/doi/full/10.1080/00031305.2018.1527253.

传统统计中依赖对数据的数学假定来判断模型优劣的标准是不可靠的，任何结论都是主观假定及数据的难以区分的混杂结果，传统统计因此属于**模型驱动** (model driven) 的思维，而数据科学中，利用数据本身的交叉验证作为模型优劣的标准才是客观的，这属于**数据驱动** (data driven) 的思维.

测试集和训练集有很多种选择方法，这与问题的性质、数据的结构以及机器学习模型的特点等因素有关. 有一种比较常用的方法称为 **k 折交叉验证** (k-fold cross validation)，它把数据分成 k 份，每次交叉验证时，用 1 份作为测试集，剩下的 $k-1$ 份合起来作为训练集，如此可以轮流做 k 次交叉验证，汇总起来就可以得到模型的交叉验证精确度. 本书所提到的预测精度都是交叉验证得到的，只用训练集得到的 "精度" 来对模型做判断是不可取的.

11.2 有监督学习

11.2.1 有监督学习的类别

有监督学习的主要特点就是有目标变量 (统计中称为因变量或响应变量) 作为训练模型的目标，而用来预测的变量则称为自变量 (或预测变、协变量等). 所有的变量都可能是定量变量 (也称数量变量或区间变量等)，比如重量、温度、浓度、百分比、尺寸等，也可能是分类变量 (也称为定性变量、属性变量、名义变量、示性变量等)，比如性别、信用评级、类型、产地、种族等. 有监督学习的目的就是建立从自变量预测因变量的模型，而学习是通过已有自变量和因变量的数据来训练模型的过程.

当因变量为数量变量时，按照统计传统这种有监督学习称为**回归** (regression)；当因变量为分类变量时，这种有监督学习称为**分类** (classification). 传统统计的回归基本上是线性最小二乘回归或其延伸，传统统计的分类则是线性判别分析及其延伸 (称为判别). 而对于机器学习方法，相当大的一部分方法都是既能做回归也能做分类，这是因为它们本质上没有多大的区别.

形式上，有监督学习的模型可以写成下面形式:

$$\boldsymbol{y} = f(\boldsymbol{X}, \boldsymbol{\theta}, \boldsymbol{\epsilon}),$$

式中，$\boldsymbol{y}$ 为因变量；$\boldsymbol{X}$ 为自变量；$f(\cdots)$ 为由自变量预测因变量的模型，模型可以是数学公式描述的模型，也可以是用程序体现的算法模型，模型中的 $\boldsymbol{\theta}$ 代表模型的可能的参数或各种可能的模型结构或形式，$\boldsymbol{\epsilon}$ 则是必然会有的误差. 模型 $f(\cdots)$ 的种类可以选择或者自己创造，而 $\boldsymbol{\theta}$ 则是未知的，需要用数据训练模型来得到其估计值 (或形式). 当 $\boldsymbol{y}$ 为数量变量时，模型为回归模型；当 $\boldsymbol{y}$ 为分类变量时，模型为分类模型.

11.2.2 有监督学习的交叉验证预测精度标准

这里的所有的预测精度度量都是测试集对训练集所建立的模型做出的. 尽管有些符号和数理统计课程所用的类似，但含义不一样，在数理统计有关课程中的一些指标都是训练集数据拟合其本身训练出来的模型得到的，而我们所用来拟合的是未参加训练模型的测试集数据.

1. 对于回归的交叉验证预测精度标准

对于回归问题，最常用的是下面几种：**均方误差、均方误差平方根、标准化均方误差、平均绝对值误差、$\boldsymbol{R}$ 平方. 但是要注意的是：在本书涉及的有监督学习中，这些术语和数理统计教科书中相同名字的术语并不等同. 这里的预测值 $\hat{y}_i$ 是训练集学习到的模型拟合测试集的结果，这里的观测值 y_i 为测试集中的观测值. 而在经典统计中，训练集和测试集等同 (没有交叉验证).**

(1) **均方误差** (mean squared error, MSE):

$$\text{MSE} = \frac{\sum_{i=1}^{n}(y_i - \hat{y}_i)^2}{n}$$

经典统计的 MSE 不是用交叉验证算出来的.

(2) **均方误差平方根** (root mean squared error, RMSE):

$$\text{RMSE} = \sqrt{MSE} = \sqrt{\frac{\sum_{i=1}^{n}(y_i - \hat{y}_i)^2}{n}}$$

经典统计的 RMSE 不是用交叉验证算出来的.

(3) **标准化均方误差** (normalized mean squared error, NMSE):

$$\text{NMSE} = \frac{\sum_{i=1}^{n}(y_i - \hat{y}_i)^2}{\sum_{i=1}^{n}(y_i - \bar{y})^2}$$

这个统计量可能会大于 1, 这说明用模型预测的结果 ($\{\hat{y}_i\}$) 还不如不用模型，而用因变量的样本均值 ($\bar{y}$) 做每个点的预测. 在经典统计中，这个量不会大于 1.

(4) **平均绝对值误差** (mean absolute error, MAE):

$$\text{MAE} = \frac{\sum_{i=1}^{n}|y_i - \hat{y}_i|}{n}$$

(5) $\boldsymbol{R}$ **平方** (RSQUARE 或 score):

$$R^2 = 1 - \text{NMSE} = 1 - \frac{\sum_{i=1}^{n}(y_i - \hat{y}_i)^2}{\sum_{i=1}^{n}(y_i - \bar{y})^2}$$

这个统计量可能会是负值，而经典统计中的 R^2(可决系数) 不会是负值.

显然，在比较模型时，上述度量中，除 MAE 之外，其他几个度量都是等价的.

2. 对于分类的交叉验证预测精度标准

对于分类问题，交叉验证主要看模型对于测试集分类的误判率，比如测试集一共有 n 个观测值，有 m 个误判，则**误判率**为 $\alpha = m/n$. 当然同样可以定义 $\beta = 1 - \alpha$ 作为**准确率**.

11.2.3 有监督学习的步骤

有监督学习的步骤在获得数据之后基本上可以分成下面几步:

(1) 必须理解数据来源、背景及每个变量的含义, 这怎么强调也不过分.
(2) 根据实际应用的需要识别自变量和因变量.
(3) 清理数据使之成为可用于模型的数据: 比如识别及处理缺失值, 寻求并清理错误的、不规范、不合适、不可靠的部分.
(4) 根据实际目的, 调整数据的形式以适应模型及软件.
(5) 注意分类变量的表示, 需要时一定要转换成模型可以用的哑元形式, 对于用数字 (典型的是用整数) 表示的分类变量, 在 Python 中往往需要转换成必要的类型 (比如 `category` 或 `object` 类型) 后再哑元化.
(6) 根据有监督学习的目的 (比如回归或者分类) 选择各种可用的模型, 越广泛越好.
(7) 选择交叉验证的形式. 在需要做几折交叉验证时, 把数据随机分成若干数据集合.
(8) 用数据对各种模型进行拟合及交叉验证, 并根据交叉验证得到的预测精度选择最优模型做最终的分析.
(9) 根据实际问题的背景解释结果, 为此研究者必须有相应领域的知识.

11.3 通过案例介绍有监督学习要素

11.3.1 回归

用下面的著名数据介绍回归的要素.

例 11.1 (Boston.csv) 该数据集包含美国人口调查局收集的有关波士顿住房的信息, 该数据集可以从 StatLib 档案库[4]获得. 该数据集有 506 个观测值及 14 个变量: CRIM (城镇犯罪率), ZN (超过 25000 平方英尺的住宅用地比例), INDUS (城镇非商业用地所占比例), CHAS (如果挨着 Charles 河则为 1, 否则为 0), NOX (一氧化氮浓度, 单位: 百万分之一), RM (住宅的平均房间数), AGE (房龄: 1940 年之前建造的自有住房的比例), DIS (到五个波士顿就业中心的加权距离), RAD (到达高速公路的便利指数), TAX (每 10000 美元的不动产税率), PTRATIO (各镇师生比例), B (按照公式 $1000(Bk-0.63)^2$ 计算的指标, 其中 Bk 是按城镇划分的黑人比例), LSTAT (低收入人口百分比), MEDV (自有住房的中位价格: 以 $1000 为单位).

首先, 输入必要的程序包及数据; 选择 MEDV 为因变量, 其余为自变量, 下面代码还打印出前几行数据及自变量名称 (`X.columns`).

```
import pandas as pd
import numpy as np

w=pd.read_csv('Boston.csv')
print(w.head(3))
y=w.MEDV   #因变量
n=len(y)   #样本量
X=w.iloc[:,:-1] #自变量
print(X.columns)
```

[4] `http://lib.stat.cmu.edu/datasets/boston`, 最初引用于 Harrison, D., Rubinfeld, D.L. Hedonic prices and the demand for clean air, J. Environ. *Economics & Management*, 1978 (5): 81-102.

结果输出为:

```
      CRIM    ZN  INDUS  CHAS    NOX     RM   AGE     DIS  RAD    TAX  \
0  0.00632  18.0   2.31   0.0  0.538  6.575  65.2  4.0900  1.0  296.0
1  0.02731   0.0   7.07   0.0  0.469  6.421  78.9  4.9671  2.0  242.0
2  0.02729   0.0   7.07   0.0  0.469  7.185  61.1  4.9671  2.0  242.0

   PTRATIO       B  LSTAT  MEDV
0     15.3  396.90   4.98  24.0
1     17.8  396.90   9.14  21.6
2     17.8  392.83   4.03  34.7
Index(['CRIM', 'ZN', 'INDUS', 'CHAS', 'NOX', 'RM', 'AGE', 'DIS',
       'RAD', 'TAX', 'PTRATIO', 'B', 'LSTAT'],
      dtype='object')
```

下面输入 5 种回归模型, 这些回归模型都是模块 sklearn 中的, 选项大部分是相应模型的默认值, 这里的模型名字 (names) 和模型 (regressors) 是一一对应的, 以方便编程.

```
from sklearn.experimental import enable_hist_gradient_boosting
from sklearn.ensemble import HistGradientBoostingRegressor
from sklearn.ensemble import AdaBoostRegressor
from sklearn.ensemble import BaggingRegressor
from sklearn.ensemble import RandomForestRegressor
from sklearn.linear_model import LinearRegression

names = ['HGBoost',"Adaboost","Bagging", "Random Forest",\
         "Linear Model"]
regressors = [
    HistGradientBoostingRegressor(random_state=1010),
    AdaBoostRegressor(random_state=1010, n_estimators=100),
    BaggingRegressor(n_estimators=100),
    RandomForestRegressor(n_estimators=500,random_state=1010),
    LinearRegression()]
REG=dict(zip(names,regressors))
```

下面的函数把数据随机分成若干份 (Z 份), 输出的 zid 是 $1,2,...,Z$ 的随机排列的长度为 n 的向量, 对于本例取 $Z=10$, 也就是计划做 10 折交叉验证. 该函数首先把 $1,2,...,Z$ 重复多次, 直到大于或等于样本量, 再用 shuffle 函数随机打乱次序, 这样在与变量下标配合时, 每个下标随机分配到 Z 组数据之一.

```
def Rfold(n,Z,seed):
    zid=(list(range(Z))*int(n/Z+1))[:n]
    np.random.seed(seed)
    np.random.shuffle(zid)
    return(np.array(zid))
```

然后做 10 折交叉验证, 这里的对象 YPred 是个 dict, 以各个模型的名字为指标存入预测值, 在交叉验证中一共拟合 10 次, 每次对约 1/10 的训练集的因变量预测, 最后得到所有观测值的预测值. 当然, 由于训练集和测试集是随机分配的, 这种交叉验证结果有随机性. 对于大的数据集, 结果比较稳定; 对于小的数据集可以重复用不同随机种子来分组并进行多次交叉验证, 最后取平均值.

```
Z=10
zid=Rfold(n,Z,1010)
YPred=dict();
for i in REG:
    Y_pred=np.zeros(n)
    for j in range(Z):
        reg=REG[i]
        reg.fit(X[zid!=j],y[zid!=j])
        Y_pred[zid==j]=reg.predict(X[zid==j])
    YPred[names[i]]=Y_pred
R=pd.DataFrame(YPred)
```

得到的 R 是个 $n \times 5$ 的包含 5 个方法预测值的数据框. 下面的代码计算每种方法的标准化均方误差:

```
M=np.sum((y-np.mean(y))**2)
A=dict()
for i in REG:
    A[i]=np.sum((y-YPred[i])**2)/M
```

上面的 A 是一个以回归名字 (names) 为指标 (keys), 以标准化均方误差 (NMSE) 为值 (values) 的 dict. 下面把这些标准化均方误差做出图 (见图11.3.1).

```
import matplotlib.pyplot as plt
plt.figure(figsize = (12,4))
plt.barh(range(len(A)), A.values(), color = 'navy', height = 0.6)
plt.xlabel('NMSE')
plt.ylabel('Model')
plt.title('Normalized MSE for 5 Models')
plt.yticks(np.arange(len(A)),A.keys())
for v,u in enumerate(A.values()):
    plt.text(u, v, str(round(u,4)), va = 'center')
plt.show()
```

图11.3.1显示, 经典最小二乘线性回归的误差最大, 比误差最小的 3 种方法的误差多出 2 倍多. 具体的 A 的输出为:

```
{'HGBoost': 0.13186724290370577,
 'Adaboost': 0.16037818102529397,
 'Bagging': 0.1286109600007189,
 'Random Forest': 0.12723885357925754,
 'Linear Model': 0.27692093712387816}
```

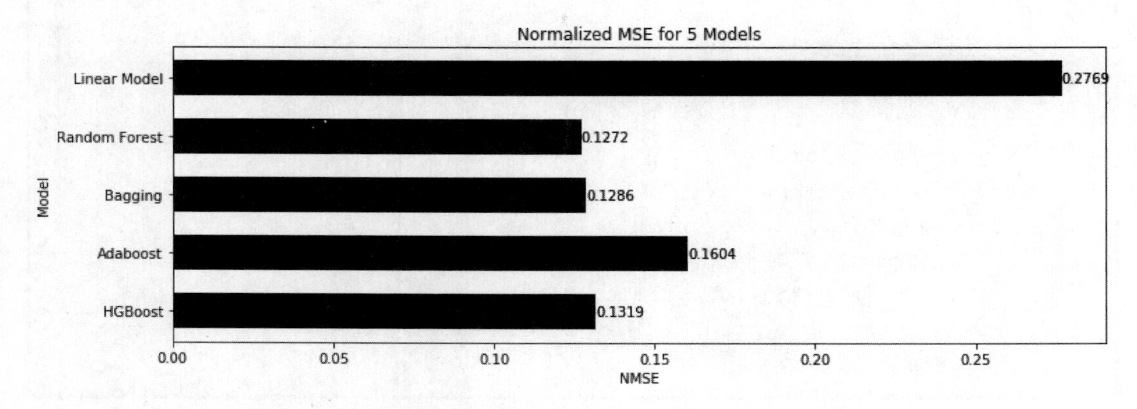

图 11.3.1 例11.1的数据用 5 种方法做 10 折交叉验证所得的标准化均方误差

1. 把上面的回归交叉验证程序写成函数

为了方便后面的应用, 我们把前面交叉验证计算代码以及最后得到 R 及 A 的代码汇总写成下面一个名为 RegCV 的函数 (它需要函数 Rfold):

```
def RegCV(X,y,regress, Z=10, seed=8888, trace=True):
    from datetime import datetime
    n=len(y)
    zid=Rfold(n,Z,seed)
    YPred=dict();
    M=np.sum((y-np.mean(y))**2)
    A=dict()
    for i in regress:
        if trace: print(i,'\n',datetime.now())
        Y_pred=np.zeros(n)
        for j in range(Z):
            reg=regress[i]
            reg.fit(X[zid!=j],y[zid!=j])
            Y_pred[zid==j]=reg.predict(X[zid==j])
        YPred[i]=Y_pred
        A[i]=np.sum((y-YPred[i])**2)/M
    if trace: print(datetime.now())
    R=pd.DataFrame(YPred)
    return R,A
```

这样, 除了输入数据、回归名字及方法, 下面的代码就能得到 10 折交叉验证后的预测值 R 及标准化均方误差 NMSE A 了:

```
R,A=RegCV(X,y,REG)
```

2. 把上面的画图程序写成函数

仅仅是为了便于后面重复地画类似的条形图, 我们把上面的画条形图程序写成函数:

```
def BarPlot(A,xlab='',ylab='',title='',size=[None,None,None,None,None]):
    import matplotlib.pyplot as plt
    plt.figure(figsize = (12,4))
    plt.barh(range(len(A)), A.values(), color = 'navy')
    plt.xlabel(xlab,size=size[0])
    plt.ylabel(ylab,size=size[1])
    plt.title(title,size=size[2])
    plt.yticks(np.arange(len(A)),A.keys(),size=size[3])
    for v,u in enumerate(A.values()):
        plt.text(u, v, str(round(u,4)), va = 'center',color='navy',size=size[4])
    plt.show()
```

这样, 刚才产生图11.3.1的程序就只是一句代码:

```
BarPlot(A,'NMSE','Model','Normalized MSE for 5 Models')
```

11.3.2 分类

例 11.2 (DNA.csv) 这是 R 程序包 mlbench[5]的 DNA 例子. 它由 3186 个观测值 (剪接点) 组成. 一共有 180 个二元自变量, 因变量 Class 有 3 个需要识别的类别: ei, ie, neither, 即外显子和内含子之间的边界 (boundaries between exons and and introns). 外显子是剪接后保留的 DNA 序列部分, 内含子是拼接出的 DNA 序列.

首先载入必要模块, 并输入数据, 选择因变量 (Class) 和自变量 (所有其他变量), 由于因变量的 3 个水平是字符串, 必须转换成数字 (这里是整数) 才能够在模型中运行.

```
import pandas as pd
import numpy as np

w=pd.read_csv("DNA.csv")
X=w.iloc[:,:-1];y=w.iloc[:,-1];n=len(y)
y=pd.get_dummies(y).dot(np.arange(1,4))
```

然后载入各种需要的模型:

[5]Friedrich Leisch & Evgenia Dimitriadou (2010). mlbench: Machine Learning Benchmark Problems. R package version 2.1-1.

```
from sklearn.svm import SVC
from sklearn.tree import DecisionTreeClassifier
from sklearn.ensemble import RandomForestClassifier, AdaBoostClassifier,
    BaggingClassifier
from sklearn.naive_bayes import GaussianNB
from sklearn.experimental import enable_hist_gradient_boosting
from sklearn.ensemble import HistGradientBoostingClassifier

names = ["Bagging", "Linear SVM", "RBF SVM", "Decision Tree",
    "Random Forest", "AdaBoost", "Naive Bayes",'HGboost']
classifiers = [
    BaggingClassifier(n_estimators=100,random_state=1010),
    SVC(kernel="linear", C=0.025,random_state=0),
    SVC(gamma='auto', C=1,random_state=0),
    DecisionTreeClassifier(max_depth=5,random_state=0),
    RandomForestClassifier(n_estimators=500,random_state=0),
    AdaBoostClassifier(n_estimators=100,random_state=0),
    GaussianNB(),
    HistGradientBoostingClassifier(random_state=0)]

CLS=dict(zip(names,classifiers))
```

然后定义 Z 折交叉验证的的 Z 个随机选择的下标集合, 这里的函数使得各个集合中的因变量各个水平比例大体相同, 方法是对每个因变量的水平大约平均分配成 Z 份, 再把它们组合起来形成 Z 个数据集.

```
def Fold(u,Z=10,seed=8888):
    u=np.array(u).reshape(-1)
    id=np.arange(len(u))
    zid=[];ID=[];np.random.seed(seed)
    for i in np.unique(u):
        n=sum(u==i)
        ID.extend(id[u==i])
        k=(list(range(Z))*int(n/Z+1))
        np.random.shuffle(k)
        zid.extend(k[:n])
    zid=np.array(zid);ID=np.array(ID)
    zid=zid[np.argsort(ID)]
    return zid
```

然后, 利用这个函数得到的 10 个数据子集实施 10 折交叉验证:

```
Z=10
Zid=Fold(y,Z=10,seed=8888)

YCPred=dict();
for i in CLS:
    print(i,'\n',datetime.now())
    Y_pred=np.zeros(len(y))
    for j in range(Z):
        clf=CLS[i]
        clf.fit(X[Zid!=j],y[Zid!=j])
        Y_pred[Zid==j]=clf.predict(X[Zid==j])
    YCPred[i]=Y_pred
    print(datetime.now())
R=pd.DataFrame(YCPred)
```

得到的 R 是个 $n \times 5$ 的包含 5 个方法预测值的数据框. 下面的代码计算每种方法的误判率:

```
A=dict()
for i in CLS:
    A[i]=np.mean(y!=R[i])
```

上面的 A 是一个以分类名字 (names) 为指标 (keys), 以误判率为值 (values) 的 dict. 它的输出为:

```
{'Bagging': 0.05304456993722535,
 'Linear SVM': 0.04268675455116133,
 'RBF SVM': 0.043000627746390456,
 'Decision Tree': 0.08505963590709353,
 'Random Forest': 0.04174513496547395,
 'AdaBoost': 0.05994978028876334,
 'Naive Bayes': 0.061833019460138104,
 'HGboost': 0.03452605147520402}
```

最后利用前面定义的函数 BarPlot 画出各个模型交叉验证预测误判率图 (见图11.3.2).

```
BarPlot(A,'Error rate','Model','Error rates of 8 models')
```

图11.3.2显示, 单独的决策树的误判率虽然不到 1%, 但相对来说最高, 这是可以预料的, 而由决策树组合的随机森林及线性 SVM 误判率最低. 经典统计的判别分析或二次判别分析对例11.2不适用, 因为因变量数据造成了共线性.

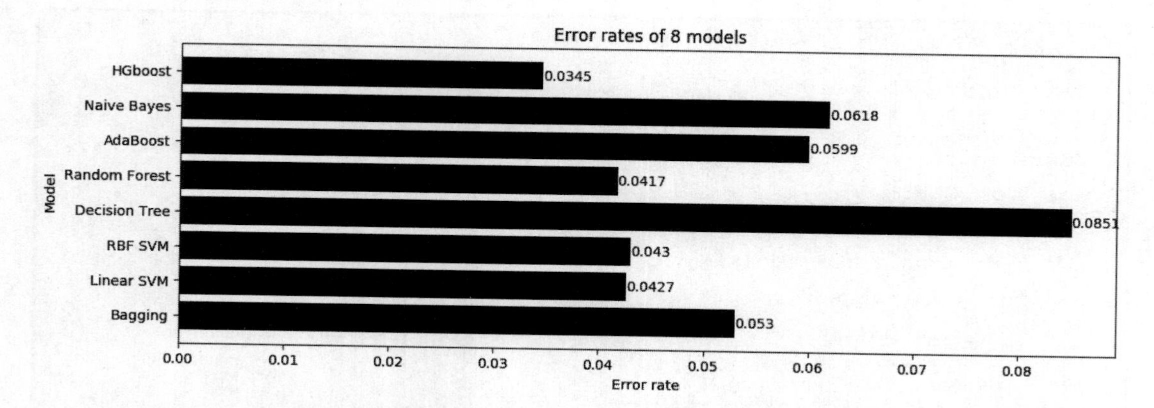

图 11.3.2 对于例11.2的数据用8种方法分类的10折交叉验证误判率图

把上面的分类交叉验证程序写成函数

为了方便,我们把前面代码中的交叉验证计算以及最后得到 R 及 A 写成下面一个名为 ClaCV 的函数(它需要函数 Fold):

```
def ClaCV(X,y,CLS, Z=10,seed=8888, trace=True):
    from datetime import datetime
    n=len(y)
    Zid=Fold(y,Z,seed=seed)
    YCPred=dict();
    A=dict()
    for i in CLS:
        if trace: print(i,'\n',datetime.now())
        Y_pred=np.zeros(n)
        for j in range(Z):
            clf=CLS[i]
            clf.fit(X[Zid!=j],y[Zid!=j])
            Y_pred[Zid==j]=clf.predict(X[Zid==j])
        YCPred[i]=Y_pred
        A[i]=np.mean(y!=YCPred[i])
    if trace: print(datetime.now())
    R=pd.DataFrame(YCPred)
    return R, A
```

这样,除了输入数据、回归名字及方法,下面的代码就能得到10折交叉验证后的 R 及 A 了:

```
R,A=ClaCV(X,y,CLS)
```

第 12 章 一些有监督学习模型

虽然本书的主旨并不是讲统计，但也有必要介绍一些重要的有监督学习的模型. 对于每个模型我们将介绍其基本原理，并且通过 Python 程序对数据进行拟合并做交叉验证以得到预测精度. **下面所介绍的模型有些可能和前面第11.3节案例中的模型相同，我们尽量不做过多的重复，以使得读者可以接触更多的编程方法.**

12.1 线性最小二乘回归

12.1.1 模型

1. 数据

记数据的因变量观测值为 $\boldsymbol{y} = (y_1, y_2, \ldots, y_n)^\top$; 自变量观测值为 $\boldsymbol{x}_i = (x_{i1}, x_{i2}, \ldots, x_{ip})$ $(i = 1, 2, \ldots, n)$, 这里的自变量往往有一列全部是 1 的截距项，这是线性回归所特有的. 用矩阵符号，自变量数据记为 $\boldsymbol{X} = \{x_{ij}\}$, 即因变量数据和自变量数据为:

$$\boldsymbol{y} = \begin{bmatrix} y_1 \\ y_2 \\ \vdots \\ y_n \end{bmatrix}, \quad \boldsymbol{X} = \begin{bmatrix} x_{11} & x_{12} & \cdots & x_{1p} \\ x_{21} & x_{22} & \cdots & x_{2p} \\ \vdots & \vdots & \ddots & \vdots \\ x_{n1} & x_{n2} & \cdots & x_{np} \end{bmatrix}.$$

2. 线性回归模型

根据上面的记号，线性回归模型为找到系数向量 $\boldsymbol{\beta} = (\beta_1, \beta_2, \ldots, \beta_p)^\top$, 使得线性组合 $\boldsymbol{X\beta}$ 能够用来近似因变量 $\boldsymbol{y}$.

线性模型背后的假定是：因变量可以被自变量的线性组合来近似. 这是一个相当强的主观假定.

3. 用最小二乘法来确定未知系数 β

上面线性模型的系数按照什么标准来确定呢？人们根据数学的方便，确定了最小二乘法，也就是说，让下面的残差平方和最小:

$$\text{RSS} = (\boldsymbol{y} - \boldsymbol{X\beta})^\top (\boldsymbol{y} - \boldsymbol{X\beta}).$$

换句话说，就是求那些系数的估计值 $\hat{\boldsymbol{\beta}}$ 满足

$$\hat{\boldsymbol{\beta}} = \arg\min_{\boldsymbol{\beta}} (\boldsymbol{y} - \boldsymbol{X\beta})^\top (\boldsymbol{y} - \boldsymbol{X\beta}).$$

最小二乘法主观地从无穷多种的损失函数中选择了对称的二次损失函数，也是为了数学计算的方便.

为了解出 $\boldsymbol{\beta}$ 的估计值 $\hat{\boldsymbol{\beta}}$, 使得 RSS 最小, 可以用求偏导数的方法. 对残差平方和求导, 令其等于 0, 问题归结为解方程

$$\begin{aligned}\frac{\partial((\boldsymbol{y}-\boldsymbol{X\beta})^\top(\boldsymbol{y}-\boldsymbol{X\beta}))}{\partial\boldsymbol{\beta}} &= \frac{\partial(\boldsymbol{y}^\top\boldsymbol{y}-2\boldsymbol{y}^\top\boldsymbol{X\beta}+\boldsymbol{\beta}^\top\boldsymbol{X}^\top\boldsymbol{X\beta})}{\partial\boldsymbol{\beta}}\\ &= -2\boldsymbol{X}^\top\boldsymbol{y}+2\boldsymbol{X}^\top\boldsymbol{X\beta}=0\end{aligned}$$

得到

$$\hat{\boldsymbol{\beta}}=(\boldsymbol{X}^\top\boldsymbol{X})^{-1}\boldsymbol{X}^\top\boldsymbol{y}. \tag{12.1.1}$$

有了参数的估计 $\hat{\beta}$, 我们就可以对任何新的观测值 $\boldsymbol{x}$ 通过式 $\boldsymbol{x}^\top\boldsymbol{\beta}$ 来进行预测.

至此，所有线性最小二乘回归的理论和方法已经讲完. 对于任何一个新观测值矩阵 $\boldsymbol{X}^{(new)}$, 都可以求出相应的预测值 $\hat{\boldsymbol{y}}=\boldsymbol{X}^{(new)}\boldsymbol{\beta}$.

4. 传统最小二乘线性模型为什么讲一个学期?

那么为什么回归分析在课堂上要讲一个学期呢? 其原因在于传统模型**假定了可加的误差项, 于是, 线性模型成为下面形式:**

$$\boldsymbol{y}=\boldsymbol{X\beta}+\boldsymbol{\epsilon}. \tag{12.1.2}$$

除了不可验证的可加性, 还假定了不可验证的误差项分布: ϵ 的元素独立同正态分布 (或者有 "大样本"). 这样整个课程就花费在基于不可验证的各种主观假定下, 研究各种统计量的显著性, 但基本上不谈预测精度. **这种方法得到的显著性究竟有多少来自数据, 有多少来自主观假定或者选择, 没有人能够回答.**

12.1.2 拟合数据及交叉验证

我们使用前面例5.1的数据来做线性最小二乘回归. 下面先输入必要的模块及数据, 并且利用第 10.4.5节的函数 `Dum` 把数据中的分类变量哑元化. 选择 price 作为因变量, 名为 `y`, 其余的所有变量为自变量, 这里产生两个自变量组, 一个是为最小二乘线性模型准备的没有共线问题的 `X1`, 另一个是为其他各种模型的 `X`. 我们还使用第11.3.1节定义的分交叉验证数据集的函数 `RFold`, 并且把数据分为 10 份:

```
import pandas as pd
import numpy as np
w=pd.read_csv('diamonds.csv')

u=Dum(w)
u1=Dum(w,drop=True)
y=w.price
n=len(y)
```

```
X=u.copy();del X['price']
X1=u1.copy();del X1['price']

Z=10
zid=Rfold(n,Z,1010)
```

上面的数据准备好之后,就可以实施最小二乘线性回归的 10 折交叉验证以得到标准化均方误差:

```
from sklearn.linear_model import LinearRegression
lm=LinearRegression()

lm_pred=np.zeros(n)
for j in range(Z):
    lm.fit(X1[zid!=j],y[zid!=j])
    lm_pred[zid==j]=lm.predict(X1[zid==j])
lm_NMSE=((y-lm_pred)**2).sum()/np.sum((y-y.mean())**2)
lm_NMSE
```

结果得到的标准化均方误差为 0.08034.

定义一个为单独模型做回归交叉验证的函数

为了分布,我们定义一个为单独模型做回归交叉验证的函数以得到标准化均方误差:

```
def SRCV(X,y,REG,Z=10,seed=1010):
    n=len(y)
    zid=Rfold(n,Z,seed)
    pred=np.zeros(n)
    for j in range(Z):
        REG.fit(X[zid!=j],y[zid!=j])
        pred[zid==j]=REG.predict(X[zid==j])
    NMSE=((y-pred)**2).sum()/np.sum((y-y.mean())**2)
    return NMSE, pred
```

这样,在输入模块、方法及数据后,上面的计算简化成下面一行输出 NMSE 的代码:

```
NMSE, pred=SRCV(X1,y,lm);print(NMSE)
```

有人可能会纳闷线性回归结果怎么不展示那些系数的估计值及 t 检验、F 检验,好像没有这些显著性结果就不像个回归的样子. 回归过程当然要计算系数,但这个系数是为预测服务的,除此之外本身没有什么意义,上面的 10 折交叉验证计算了 10 组系数. 用全部数据拟合的参数可以用下面代码得到:

```
lm.fit(X1,y)
print('Coef:\n',lm.coef_,'\nIntercept =',lm.intercept_)
```

结果输出的系数及截距为:

```
Coef:
 [ 1.12569783e+04 -6.38061004e+01 -2.64740847e+01 -1.00826110e+03
  9.60888648e+00 -5.01188909e+01  1.47031146e+02  2.53160399e+02
 -5.79751446e+02  1.82392505e+02  1.46624447e+03  9.84205570e+02
  1.19339064e+03  4.85977799e+02 -9.03153589e+02  1.25712639e+03
 -4.57839792e+03 -1.87581162e+03  7.66704331e+02 -9.12925835e+02
 -3.11174350e+02  4.29361130e+02  3.72416156e+02]
Intercept = 5876.382237121241
```

在经典回归分析书中输出的这些系数单独来说没有什么意义，它们的意义在于各个系数组合起来对于线性模型预测的共同影响. 对它们的各种显著性检验更是很荒唐的. 下面一小节通过一个例子对此作出说明.

12.1.3 线性模型可解释性的神话

由于例5.1有很多分类变量, 有些估计出来的参数代表分类变量各个参数的水平所对应的 (不可估计的) 截距. 为了说明问题, 我们利用下面全部定量变量的回归例子来说明 ‘‘线性模型可解释性’’ 的说法是荒谬的.

例 12.1 (commun123.csv) 该数据的观测值单位为美国境内的社区 (community), 一共包括了 1994 个社区. 该数据结合了 1990 年美国人口普查的社会经济数据、1990 年美国 LEMAS 调查的执法数据和 1995 年 FBI UCR 的犯罪数据. 参看 Redmond and Baveja (2002).

原数据包含了州名、县名、社区号码及名字等 5 个不能建模的变量, 这里已经去掉, 剩下 123 个变量, 其中前面 122 个变量可以作为自变量, 而最后的一个, 即 ViolentCrimesPerPop (每 10 万人暴力犯罪数目) 为因变量做回归.

‘‘皇帝的新衣’’

有很多回归教科书声称:

> 线性回归某系数值是在其他变量不变时相应变量增加一个单位对因变量的贡献.

这完全是在各个变量互相独立的主观假定之下做的结论, 但实行多自变量回归本身就意味着这些自变量并不独立, 以上说法是完全站不住脚的.

实际上, 在多个自变量的情况下那些**单独系数的估计值 $\{\hat{\beta}_i\}$ 的大小完全没有可解释的意义**. 下面就例12.1数据的线性回归系数在多自变量及单自变量回归时做对比. 这里我们对每个自变量都做没有截距的单自变量回归, 同时也对所有自变量做没有截距的多重回归, 然后比较相同变量在这两种回归中的系数. 结果展示在图12.1.1中.

图12.1.1显示, 这两种回归的系数无论是大小还是符号差别甚远, 在 122 对系数中有 56 对系数符号相反, 占总数的 45.9%! 前面引用的说法实际上是 ‘‘皇帝的新衣’’. **由于对多重共**

线性回归单独系数大小没有任何可解释性, 通常回归教材花费大量篇幅对这些系数做各种推断没有任何意义. 实际上, 仅当各个自变量观测值的列向量正交时, 这两种没有截距的系数才应该相等.

事实上, 在线性回归中, 观测值大小的改变或者变量的增减都可能使系数估计大幅度变化, 对于系数的任何显著性检验都是浪费精力和时间.

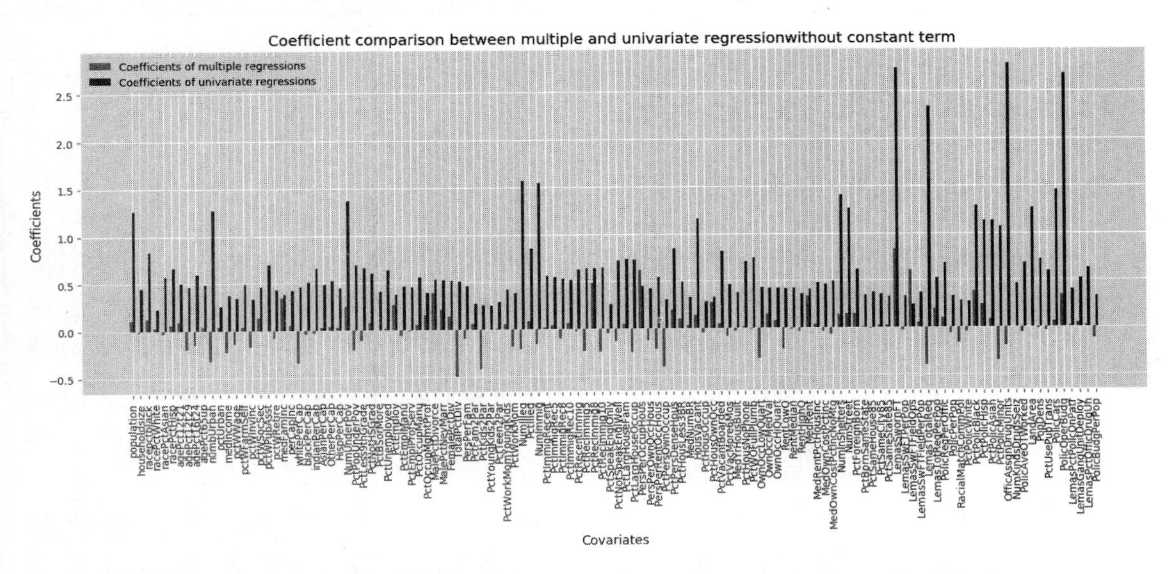

图 12.1.1 例12.1数据的线性回归系数在多自变量及单自变量回归时的对比

产生图12.1.1的计算和绘图代码如下 (利用了前面输入的模块):

```
df=pd.read_csv('commun123.csv')
df_y=df['ViolentCrimesPerPop'];df_X=df.iloc[:,:-1]
LM=LinearRegression(fit_intercept=False, normalize=False)

M_coef=LM.fit(df_X,df_y).coef_
S_coef=[]
for i in range(df_X.shape[1]):
    S_coef.extend(LM.fit(np.array(df_X.iloc[:,i]).reshape(-1,1),df_y).coef_)
S_coef=np.array(S_coef)

plt.style.use('ggplot')
n = 122
fig, ax = plt.subplots(figsize=(18,6))
index = np.arange(n)
bar_width = 0.35
opacity = 0.9
ax.bar(index, M_coef, bar_width, alpha=opacity, color='r',\
       label='Coefficients of multiple regressions')
ax.bar(index+bar_width, S_coef, bar_width, alpha=opacity, color='b',\
       label='Coefficients of univariate regressions')
ax.set_xlabel('Covariates')
ax.set_ylabel('Coefficients')
```

```
ax.set_title('Coefficient comparison between multiple and univariate regression\
without constant term')
ax.set_xticks(index + bar_width / 2)
ax.set_xticklabels(df_X.columns,rotation=90)
ax.legend(loc='upper left')
plt.show()
```

12.2 logistic 回归的二分类方法

12.2.1 logistic 回归的基本概念

logistic 回归在第11.3节的分类中没有出现, 这是因为 logistic 回归主要用于二分类问题, 对于多分类问题不合适, 而且对于如例11.2那样的具有多重共线性的数据更是无能为力. 尽管如此, logistic 回归在二分类问题中还是很常见的. 在传统统计课本中, 往往过多地强调 logistic 的数学模型形式及参数的显著性检验等方面, 对其分类重视得不够.

1. 广义线性模型

为什么把 logistic 回归称为 "回归" 而不叫做 "分类" 呢? 这是源于线性回归的思维传统. 假定我们有因变量数据 $\boldsymbol{y}=(y_1,y_2,\ldots,y_n)^{\top}$ 及自变量矩阵 $\boldsymbol{X}=\{x_{ij}\}$, $(i=1,2,\ldots,n,\ j=1,2,\ldots,p)$. 对于线性回归模型 (12.1.2), $\boldsymbol{y}$ 是数量, 其模型在误差项 $\boldsymbol{\epsilon}$ 元素是独立同正态分布的假定下有下面两个等价形式, 其中式 (12.2.1) 就是前面的式 (12.1.2).

$$\boldsymbol{y}=\boldsymbol{X\beta}+\boldsymbol{\epsilon}; \tag{12.2.1}$$

$$\boldsymbol{y}=N(\boldsymbol{\mu},\sigma^2\boldsymbol{I})\ \text{其中}\ \boldsymbol{\mu}=E(\boldsymbol{y})=\boldsymbol{X\beta}. \tag{12.2.2}$$

对于式 (12.2.2) 通过最大似然法可以求出系数 β 的估计值, 这和对式 (12.2.1) 做最小二乘法估计的等价. **注意: 和式 (12.2.1) 不同, 式 (12.2.2) 右式的右边没有误差项, 而左边是假定分布的参数 $\boldsymbol{\mu}$, 而不是观测值!**

对于因变量 $\boldsymbol{y}$ 是两个水平的分类变量情况. 式 (12.2.1) 形式的回归显然不行, 因为其左边取值类型是两个水平的值 (比如 Male 和 Female), 而右边取值类型则可能包含整个实数轴上的任何值. 式 (12.2.2) 的右式 $\boldsymbol{\mu}=\boldsymbol{X\beta}$ 也不行, 因为假定两水平因变量 $\boldsymbol{y}$ 满足 Bernoulli 分布, 其均值的值域在区间 $[0,1]$ 中, 和 (12.2.2) 右式的右边值域不符. 式 $\boldsymbol{\mu}=\boldsymbol{X\beta}$ 给我们以启示, **不用 μ, 而是用它的函数 (比如 $g(\boldsymbol{\mu})$) 来代替它行不行?** 这样式 (12.2.2) 右式变为

$$g(\boldsymbol{\mu})=\boldsymbol{X\beta}. \tag{12.2.3}$$

这看来可以适用于均值 $\boldsymbol{\mu}$ 的值域不属于实轴的分布, 条件是 $g(\boldsymbol{\mu})$ 的值域和 $\boldsymbol{X\beta}$ 的值域相同. 这就是**广义线性模型** (generalized linear model, GLM), 包括 logistic 模型、Poisson 对数线性模型等因变量为指数族分布的情况. 函数 $g(\cdot)$ 称为**连接函数** (link function).

2. logistic 模型

对于两水平因变量 $\boldsymbol{y}$, 如果它满足 Bernoulli 分布 Bernoulli(p), 那么分布的均值 μ 就是 p, 这样, 模型 (12.2.3) 的 Bernoulli 分布版本就必须取能够把 $[0,1]$ 值域转换成实轴的函数作为连接函数. 一般选择满足这种变换的连接函数有两种:

(1) logit 函数, 即 $g(p)=\log\left(\frac{p}{1-p}\right)$, 这样形成的广义线性模型称为 logistic 模型 (回归):

$$\log\left(\frac{\boldsymbol{p}}{1-\boldsymbol{p}}\right)=\boldsymbol{X}\boldsymbol{\beta}$$

(2) 正态累积分布函数的逆函数, 即 $g(p)=\Phi^{-1}(p)$, 这样形成的模型称为 probit 模型 (回归):

$$\boldsymbol{\Phi}^{-1}(\boldsymbol{p})=\boldsymbol{X}\boldsymbol{\beta}$$

实际上, logistic 模型和 probit 模型的预测精度差别不大, 一般书上都主要介绍其中之一. 我们介绍 logistic 模型, 它有下面的两种等价形式:

$$\log\left(\frac{p_i}{1-p_i}\right)=\boldsymbol{x}_i^{\top}\boldsymbol{\beta},\ \ i=1,2,\ldots,n; \tag{12.2.4}$$

$$p_i=\frac{e^{\boldsymbol{x}_i^{\top}\boldsymbol{\beta}}}{1+e^{\boldsymbol{x}_i^{\top}\boldsymbol{\beta}}},\ \ i=1,2,\ldots,n, \tag{12.2.5}$$

这里, 第 i 个观测值为 $\boldsymbol{x}_i=(x_{i1},x_{i2},\ldots,x_{ip})^{\top}$ $(i=1,2,\ldots,n)$, 而要用最大似然估计来估计的未知参数为 $\boldsymbol{\beta}=(\beta_1,\beta_2,\ldots,\beta_p)^{\top}$.

根据最大似然估计得到的参数估计 $\hat{\boldsymbol{\beta}}$, 通过式 (12.2.5) 可以得到相应于任何观测值的估计 $\hat{p}$, 如果通过交叉验证, 每个当过测试集元素的观测值 $\boldsymbol{x}_i$ 都会得到一个估计 $\hat{p}_i$, 它是相应观测值属于 Bernoulli 分布的两类中的某一类的概率, 而不是观测值具体属于哪一类的判别. **要想分类, 一个必然要考虑的问题是, p 应该是多大才把观测值分到哪一类.** 通常软件的默认阈值是 0.5 (也可以自己设定), 也就是说, 如果 ‘‘成功’’ 的概率大于 0.5 就判为 ‘‘成功”, 否则就判为 ‘‘失败”. 这种阈值取法不一定使得误判率最低也没有考虑到实际问题的需要. 比如医生要判别一个患者有病还是没病, 判错的损失不一定对称. 因此, 对于实际问题, 不能简单使用 0.5 的阈值或者仅仅根据使得交叉验证误判率最小来选择阈值, 也要根据实际问题确定的损失函数来选择阈值. 本书提出这个问题仅仅是为了引起注意, 将不对此做详细讨论, 这个问题有一定的难度, 比如, 没有保险公司能够保证一直盈利而绝对不会破产.

12.2.2 数据例子的计算和交叉验证

例 12.2 献血数据 (trans.csv) 这个数据[1]来自新竹市输血服务中心的记录, 变量有 Recency(上次献血后的月份)、Frequency(总献血次数)、Time(第一次献血是多少个月之前)、Donate(是否将在 2007 年 3 月再献血, 1 为会, 0 为不会).

我们将以二分变量 Donate 为因变量, 用 logistic 回归来拟合这个数据. 此外, 我们的数

[1] Yeh, I-Cheng, Yang, King-Jang, Ting, Tao-Ming, "Knowledge discovery on RFM model using Bernoulli sequence, "Expert Systems with Applications, 2008. http://archive.ics.uci.edu/ml/datasets/Blood+Transfusion+Service+Center.

据比原始数据少一个变量 (Monetary: 总献血量, 单位: 毫升), 这是因为每次献血的数量是固定的 (250 毫升), 所以它和变量 Frequency 严格共线, 没有必要在数据中保持两个共线变量.

首先, 输入必要的模块及数据, 选择自变量及因变量, 还要使用前面第11.3.2节定义的产生 10 折交叉验证集合的 Fold 函数.

```
import pandas as pd
import numpy as np
from sklearn.linear_model import LogisticRegression
w=pd.read_csv('trans.csv')

X=w.iloc[:,:3]
y=w['Donate']
n=len(y);Z=10
Zid=Fold(y,Z=10,seed=1010)
```

然后进行分类及 10 折交叉验证并打印混淆矩阵及误判率:

```
pred=np.zeros(len(y))
clf=LogisticRegression(solver='lbfgs')
for j in range(Z):
    clf.fit(X[Zid!=j],y[Zid!=j])
    pred[Zid==j]=clf.predict(X[Zid==j])

from sklearn.metrics import confusion_matrix
print("confusion matrix:\n",confusion_matrix(y, pred))
print('error rate =',np.mean(y!=pred))
```

混淆矩阵及误判率的输出为:

```
confusion matrix:
 [[556  14]
 [156  22]]
error rate = 0.22727272727272727
```

定义一个为单独模型做分类 (包括 logistic 模型) 的交叉验证的函数

为了方便, 我们定义一个为单独模型做回归交叉验证的函数以得到标准化均方误差:

```
def SCCV(X,y,CLS,Z=10,seed=1010):
    n=len(y)
    Zid=Fold(y,Z,seed)
    pred=np.zeros(len(y))
    for j in range(Z):
        CLS.fit(X[Zid!=j],y[Zid!=j])
        pred[Zid==j]=CLS.predict(X[Zid==j])
```

```
    error=np.mean(y!=pred)
    return error, pred
```

这样, 在输入模块、方法及数据后, 上面的计算简化成下面一行输出 NMSE 的代码:

```
error, pred=SCCV(X,y,clf);print(error)
```

输出当然和上面的一样, 也是 0.22727272727272727.

12.3 决策树分类与回归

12.3.1 决策树概述

决策树既可以做回归也可以做分类, 它是一个最强大和最流行的机器学习工具. 决策树本身是一个流程图, 如一棵倒长的树, 有很多称为**节点** (node) 的分叉点, 最上面是根节点, 最下面的称为叶节点 (或终节点), 叶节点不再分叉. 所有节点都代表一个数据子集; 每个叶节点之前的分叉节点分叉是由某个变量不同值所确定, 这些不同值把该节点的数据分成两个子集 (也有多分叉的决策树). 对于分类来说, 数据越分越纯, 这意味着数据子集中的类比较单一, 对于回归来说, 数据越分则残差平方和越小. 下面用分类数据例子说明.

12.3.2 决策树分类

1. 从数据产生一个 (分类) 决策树

例 12.3 蘑菇可食性数据 (mushroom.csv), 该数据[2] 有 23 个变量, 8124 个观测值, 自变量有 22 个. 其中因变量 type 为能否食用, 水平 "e" (edible) 代表可食用, 水平 "p" (poisonous) 代表有毒; 其余变量都是分类变量, 表示各种蘑菇各部位的形状、颜色、气味、生长特点、生长环境等属性, 全部用字母表示其水平 (最多 12 个水平). 此外, 由于 veil.type 只有一个水平, 对建模不起作用.[3] 在分析该数据时, 该数据的 type (能否食用) 看成因变量, 其他作为自变量. 这是一个因变量只有两个水平的分类问题.

注意: 这个数据由于自变量全部是分类变量, 那些基于数量变量方法的 logistic 回归、支持向量机、k 最近邻方法等运行时会出现麻烦. 但可以用决策树、随机森林、adaboost、bagging、朴素贝叶斯等方法来处理.

输入必要的模块及数据并展示变量名字:

```
import pandas as pd
import numpy as np
from sklearn.tree import DecisionTreeClassifier
from sklearn import tree
import graphviz
```

[2]Lichman, M. UCI Machine Learning Repository [http://archive.ics.uci.edu/ml]. Irvine, CA: University of California, School of Information and Computer Science, 2013. 数据网址为 http://archive.ics.uci.edu/ml/datasets/Mushroom.

[3]由于这类不起作用的变量对我们所要使用的 4 种方法没有影响, 我们没有刻意删除 veil.type, 这也说明这些方法的稳健性, 所有这几种方法都把其重要性标为 0, 自动不使用它. 但是如果要用诸如线性判别分析、logistic 回归等方法, 这类变量必须删除.

```
w=pd.read_csv("mushroom.csv")
w.columns
```

输出的所有变量的名字为:

```
Index(['type', 'cap.shape', 'cap.surface', 'cap.color', 'bruises', 'odor',
       'gill.attachment', 'gill.spacing', 'gill.size', 'gill.color',
       'stalk.shape', 'stalk.root', 'stalk.surface.above.ring',
       'stalk.surface.below.ring', 'stalk.color.above.ring',
       'stalk.color.below.ring', 'veil.type', 'veil.color', 'ring.number',
       'ring.type', 'spore.print.color', 'population', 'habitat'],
      dtype='object')
```

选取因变量和自变量, 由于它们都是字符代表, 需要把它们用数字代表, 自变量的哑元化及输出哑元化之后变量名的代码为:

```
X=pd.get_dummies(w.iloc[:,1:],drop_first=False)
X.columns
```

输出的新变量名为:

```
Index(['cap.shape_b', 'cap.shape_c', 'cap.shape_f', 'cap.shape_k',
       'cap.shape_s', 'cap.shape_x', 'cap.surface_f', 'cap.surface_g',
       'cap.surface_s', 'cap.surface_y',
```

因变量只是把字符串用数字代替:

```
from sklearn import preprocessing
le = preprocessing.LabelEncoder()
le.fit(w['type'])
y=le.transform(w['type'])
print('original levels =',le.classes_,'\nafter transform: y =',y)
print('inverse transform back =',le.inverse_transform(y))
```

输出为原始的水平, 数字化变换后的因变量以及逆变换回去的 (原始) 因变量:

```
original levels = ['e' 'p']
after transform: y = [1 0 0 ... 0 1 0]
inverse transform back = ['p' 'e' 'e' ... 'e' 'p' 'e']
```

哑元化使得原先一个有 k 个水平的变量转换成 k 个 0-1 值变量, 其名字也是原来名字加上其水平名字. 比如, 变量 odor(气味) 有 9 个水平 (9 种气味):

```
{'a', 'c', 'f', 'l', 'm', 'n', 'p', 's', 'y'}
```

变换后成为 9 个变量:

```
['odor_a','odor_c','odor_f','odor_l','odor_m','odor_n','odor_p','odor_s','odor_y']
```

为了画出决策树图, 我们先不做交叉验证, 用全部数据做决策树, 首先让树长到底 (默认的 max_depth=None) 并且得到决策树的图12.3.1.

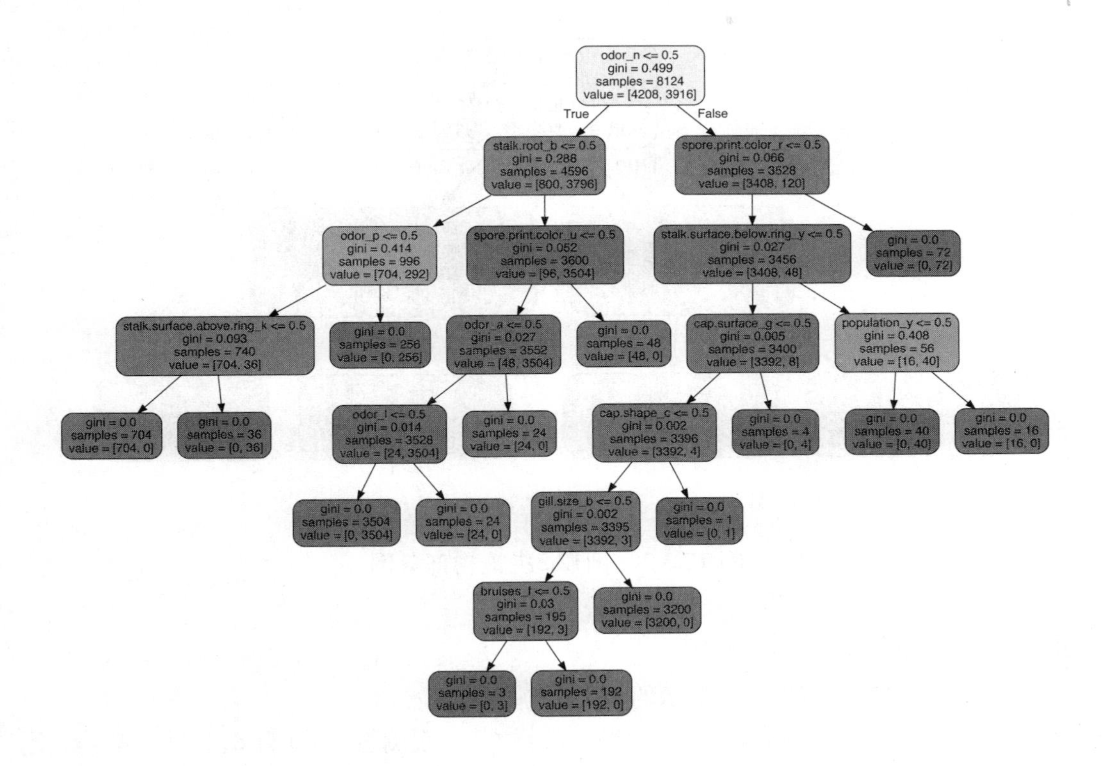

图 12.3.1 例12.3决策树全图

```
clf=DecisionTreeClassifier(random_state=0, max_depth=None) #'gini'准则
clf=clf.fit(X,y)
dot_data=tree.export_graphviz(clf,out_file=None,
    feature_names = X.columns,rounded=True, filled=True)
graph = graphviz.Source(dot_data)
graph.render("mushroom") #输出图到mushroom.pdf文件
graph #显示图
```

为了使得我们看得更清楚, 下面代码显示图12.3.1的局部 (只长 2 层), 即图12.3.2.

```
clf=DecisionTreeClassifier(random_state=0, max_depth=2)
clf=clf.fit(X,y)
dot_data=tree.export_graphviz(clf,out_file=None,
    feature_names = X.columns,rounded=True, filled=True)
graph = graphviz.Source(dot_data)
```

```
graph.render("mushroom0") #输出图到mushroom0.pdf文件
graph #显示图
```

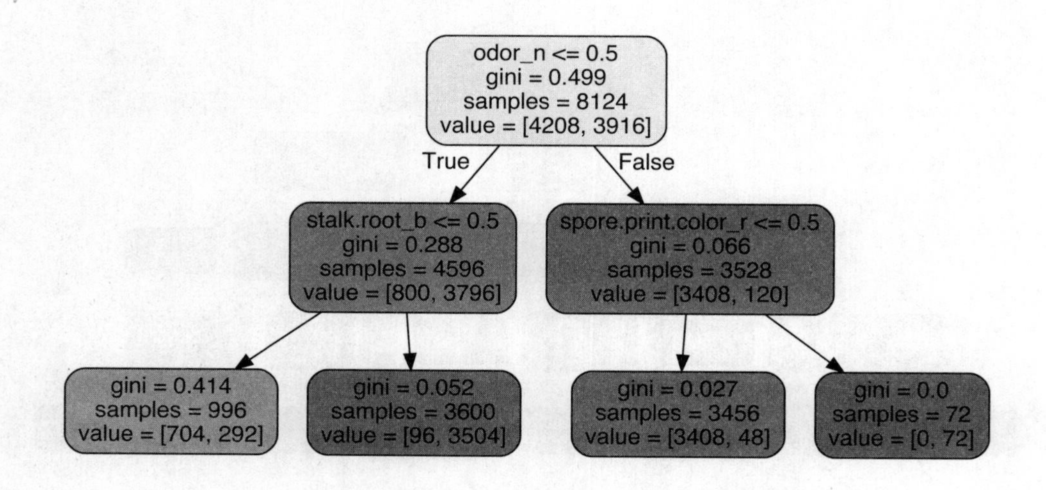

图 12.3.2 例12.3决策树部分图

2. 解释所产生的 (分类) 决策树

图12.3.1或图12.3.2在根节点显示的是:

- `samples = 8124`, 这说明在这个节点的样本量 (观测值个数) 有 8124 个 (全部数据)
- `value = [4208, 3916]`, 这说明在这个节点的观测值的因变量中有 4208 个蘑菇可食, 而 3916 个为毒蘑菇.
- `gini = 0.499`, 这说明在这个节点的 Gini 指数等于 0.499. Gini 指数是关于数据纯度的指标, 它的值越小, 则数据越纯, 计算公式为:

$$\text{Gini} = 1 - \sum_{i=1}^{k} p_i^2,$$

这里 k 是因变量水平 (类) 数目, p_i 是每一类的比例. 显然, 当至少有一个 $p_i = 1$(或至少有一个 $p_i = 0$) 时, 它等于 0(最纯). 对于例12.3的蘑菇数据, $k = 2$, $p_1 = 4208/8124$, $p_2 = (3916/8124)$ 按照 Gini 公式:

$$\text{Gini}=1 - (4208/8124)^2 - (3916/8124)^2 = 0.4993541,$$

这就是图中显示的数目.

- `odor_n <= 0.5` 这是选中的拆分变量, 也就是用 `odor_n` (该哑元为 1 代表无气味) 来把数据集分成两群, 由于哑元化, `odor_n` 只有 0 和 1 两个值, `odor_n <= 0.5` 意

味着取 0 (满足该条件的观测值 (`True`) 分到左边数据子集, 否则 (`False`) 分到右边数据子集),

注意: 这里选择 `odor_n` 的原因是它把数据分成两个子集使得 Gini 指数减少得最快. 实际上, 下面两个子节点的 Gini 指数为下面子节点的 2 个 Gini 指数按照样本量的比例的加权平均:

$$\begin{aligned}\text{Gini} &= \left\{1-\left[\left(\frac{800}{4596}\right)^2+\left(\frac{3796}{4596}\right)^2\right]\right\}\times\frac{4596}{8124}+\left\{1-\left[\left(\frac{800}{4596}\right)^2+\left(\frac{3408}{3528}\right)^2\right]\right\}\times\frac{120}{3528}\\ &= 0.287532\times\frac{4596}{8124}+0.06571336\times\frac{120}{3528}=0.1912031.\end{aligned}$$

上式中的被加权的 0.287532 和 0.06571336 就是下面两个节点的 Gini 指数. **变量 `odor_n` 之所以被选中作为拆分变量, 是因为它对数据的拆分而得到的 Gini 指数减少 (或者使得数据变纯) 比任何其他变量更快.**

对于每一个节点都是按照上面根节点那样, 以同样方式选择拆分变量并且把数据分成子集, 当然, 在 Python 程序中默认的度量是 Gini 指数 (`criterion='gini'`), 另一个可选的度量是熵 (`criterion='entropy'`), 它们的意义类似.

3. 例12.3数据分类的 10 折交叉验证

利用第12.2.2节定义的函数 `SCCV`, 做 10 折交叉验证并输出混淆矩阵及预测精度:

```
clf=DecisionTreeClassifier(random_state=0, max_depth=None)
error, pred=SCCV(X,y,clf)
print('confusion matrix:\n',confusion_matrix(y, pred))
print('error rate = ', error)
```

得到误判率为 0:

```
confusion matrix:
 [[4208    0]
 [   0 3916]]
error rate = 0.0
```

当然, Python 也有自带的交叉验证程序:

```
from sklearn.model_selection import cross_val_score
clf=DecisionTreeClassifier(random_state=0, max_depth=None)#'gini'准则
cross_val_score(clf, X, y, cv=10)
```

得到的 10 个子集分别的交叉验证的精确度 score (score 等于 1 − 误判率):

```
array([0.68511685, 1.        , 1.        , 1.        , 0.99753998,
       1.        , 1.        , 1.        , 0.88162762, 1.        ])
```

12.3.3 决策树回归

我们用例11.1来看决策树回归. 首先输入必要的模块, 选择因变量和自变量:

```
import pandas as pd
import numpy as np
import matplotlib.pyplot as plt
from sklearn.tree import DecisionTreeRegressor
from sklearn import tree
import graphviz

w=pd.read_csv('Boston.csv')
y=w.MEDV
n=len(y)
X=w.iloc[:,:-1]
```

1. 产生一个决策树用以描述

为了看得清楚, 产生一个只有 2 层的决策树的全图 (见图12.3.3).

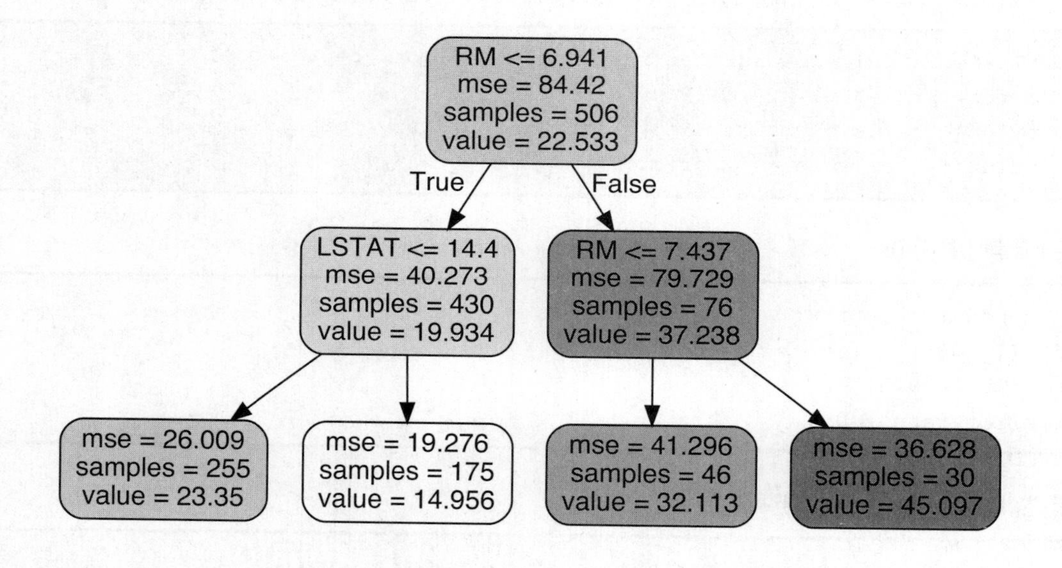

图 12.3.3 例11.1的 (回归) 决策树

```
reg = DecisionTreeRegressor(random_state=0,max_depth=2)
reg=reg.fit(X,y)
dot_data=tree.export_graphviz(reg,out_file=None,
    feature_names = X.columns,rounded=True, filled=True)
```

```
graph = graphviz.Source(dot_data)
graph.render("Bostontree") #输出图到Bostontree.pdf文件
graph #显示图
```

2. 对产生的 (回归) 决策树的解释

和前面解释 (分类) 决策树类似, 图12.3.3的根节点显示:

- `samples = 506`, 这是 (全部数据) 的样本量. 可用代码 `len(y)` 得到.
- `value = 22.533`, 这是 (全部数据) 的因变量样本均值, 也就是说, 如果在这个节点不再继续, 则用样本均值来作为预测值 $\hat{y}=\overline{y}$, 这个数目可以用代码 `y.mean()` 得到.
- `mse = 84.42`, 这是均方误差, 如果在这个节点不再继续, 用样本均值来作为预测值 $\hat{y}=\overline{y}$, 则均方误差为:

$$\text{MSE}=\frac{1}{n}\sum_{i=1}^{n}(y_i-\hat{y})^2=\frac{1}{n}\sum_{i=1}^{n}(y_i-\overline{y})^2.$$

  这个数目可以用代码 `((y-y.mean())**2).mean()` 得到.
- `RM <= 6.941` 显示 `RM` 是选中的拆分变量, 满足条件 `RM <= 6.941` 的数据 (`True`) 分到左下子集, 否则分到右下子集. 这里变量 `RM` 被选中的普遍标准不是 Gini 指数, 而是均方误差的减少. 变量 `RM` 拆分该节点使得均方误差减少得比其他变量拆分得最快, 而 6.941 作为该分割值比 `RM` 的其他分割值使得均方误差减少最快. 下面两个子节点的均方误差可以分别下面代码得到 (可以验证):

```
print(((y[w.RM <= 6.941]-y[w.RM <= 6.941].mean())**2).mean(),
 ((y[w.RM > 6.941]-y[w.RM > 6.941].mean())**2).mean())
```

  得到:

```
40.272839643050304 79.7292018698061
```

  这和图上给出的一致.

其他节点拆分变量选择的标准一样, 各个自变量竞争拆分变量准则是: 每个自变量找出使得均方误差最小的一种分叉, 然后和其他变量的最佳分叉竞争, 哪个变量的哪种分割使得均方误差最小, 则被选为相应节点的拆分变量及相应的拆分准则.

3. 对例11.1数据的 10 折交叉验证

接着前面输入的例11.1数据的自变量及因变量, 我们使用下面代码求 10 折标准化均方误差, 并且使用了第11.3.1节的函数 `Rfold` 及第12.1.2节的函数 `SRCV`:

```
reg = DecisionTreeRegressor(random_state=0)
NMSE, pred=SRCV(X,y,reg,seed=1010);print(NMSE)
```

输出的标准化均方误差为:

```
0.2925679738511617
```

也可以用自带的交叉验证函数:

```
from sklearn.model_selection import cross_val_score
reg = DecisionTreeRegressor(random_state=0)
cross_val_score(reg, X, y, cv=10)
```

结果得到的是 10 个子集的分别的交叉验证 score (即 1 − NMSE):

```
array([ 0.52939335,  0.60461936, -1.60907519,  0.4356399 ,  0.77280671,
        0.40597035,  0.23656049,  0.38709149, -2.06488186, -0.95162992])
```

决策树的各种特性表明

(1) 决策树的构造被数据所决定. 因此, 如果用自助法抽样 (bootstrap sampling), 即从样本里重复有放回地抽取和样本量同样大小的样本可以建立许多不同的决策树. 这些不同的决策树的共同决策会使得预测精度比单独一棵决策树要好很多.

(2) 决策树的构造被节点的拆分变量所决定. 因此, 如果在每个节点限制候选拆分变量的个数, 也会揭示一些竞争性很强的变量拆分所无法解释的数据细微关系.

以上两点成就了基于决策树的组合方法 (ensemble method). 下面的 bagging、随机森林和 adaboost 都是组合方法, 组合方法的预测精度很高, 而且不会有过拟合现象.

在熟悉了决策树之后, 这几种组合方法的每一种都只用几句话就可以说清楚.

12.4 基于决策树的组合方法: bagging、随机森林、HGboost

12.4.1 三种组合方法的基本思想

(1) bagging: bagging 是原意 ‘‘自助法聚合” (bootstrap aggregating) 的若干英文字母的缩写. 其原理为通过自助法 (随机放回抽样) 从样本中抽取和原来样本同样多的观测值, 由于是放回抽样, 每个样本都不同于原来的样本. bagging 对每个都建立一棵决策树, 在预测中每棵树都产生一个自己的结果. 如果是回归, 则 bagging 的最终结果是每棵决策树结果的均值; 如果是分类, 则最终结果是多数决策树分类的结果 (即 ‘‘投票表决’’ 结果).

实际上, bagging 的方法并不仅限于决策树的组合, 它可以用于任何一种或多种方法的组合, bagging 的组合思维开拓了一个非常强有力的建模方向.

(2) 随机森林: 随机森林的方法与基于决策树的 bagging 类似, 利用自助法建立很多棵决策树, 但是, 在每棵树的每个节点都仅仅随机选择部分变量来竞争拆分变量最终结果和 bagging 一样, 用平均或投票来得到最终的预测. 随机森林这种限制性竞争节点的拆分变量会照顾一些反映数据微妙关系的 ‘‘弱势’’ 变量参与竞争, 使得模型的预测精度大大增加.

(3) HGboost: 这是基于直方图的梯度自助法 (histogram-based gradient boosting), 它和 bagging 也很相似, 但在节点选择梯度大的变量, 因为这些变量容易使得数据变纯, 这是梯度自助法的原理，而基于直方图的梯度自助法则不用自变量的实际数值来分割，而是用其直方图的条来分割，这样可大大加快计算速度.

12.4.2 三种组合方法回归的交叉验证 (以线性回归为参照)

我们使用例5.1来做 bagging、随机森林、HGboost 这三种方法回归的比较. 下面使用了第10.4.5节引入的 `Dum` 函数来做数据哑元化，也使用了第11.3.1节引入的 `Rfold` 函数来做交叉验证分组. 当然要装入必要的模块、读入数据并选择因变量及自变量 (并哑元化).

```
import pandas as pd
import numpy as np
from sklearn.experimental import enable_hist_gradient_boosting
from sklearn.ensemble import HistGradientBoostingRegressor
from sklearn.ensemble import BaggingRegressor
from sklearn.ensemble import RandomForestRegressor
from sklearn.linear_model import LinearRegression

w=pd.read_csv('diamonds.csv')
u=Dum(w)

y=w.price
n=len(y)
X=u.copy();del X['price']
```

输入模型:

```
names = ["Bagging", "Random Forest", "HGboost",'Linear Model']
regressors = [
    BaggingRegressor(n_estimators=100,random_state=1010),
    RandomForestRegressor(n_estimators=500,random_state=1010),
    HistGradientBoostingRegressor(random_state=1010),
    LinearRegression()]
REG=dict(zip(names,regressors))
```

利用在第11.3.1节定义的 `RegCV` 做拟合及交叉验证，得到 NMSE 结果并用函数 `BarPlot` 画图 (见图12.4.1):

```
R,A=RegCV(X,y,REG,seed=1010)
xlab='NMSE'
ylab='Model'
title='Normalized MSE for 4 Models'
BarPlot(A,xlab,ylab,title)
```

从图12.4.1来看这三种方法的预测精度差不多 (对于不同的随机种子，它们的排序会有变化)，误差均不到线性回归的 1/4.

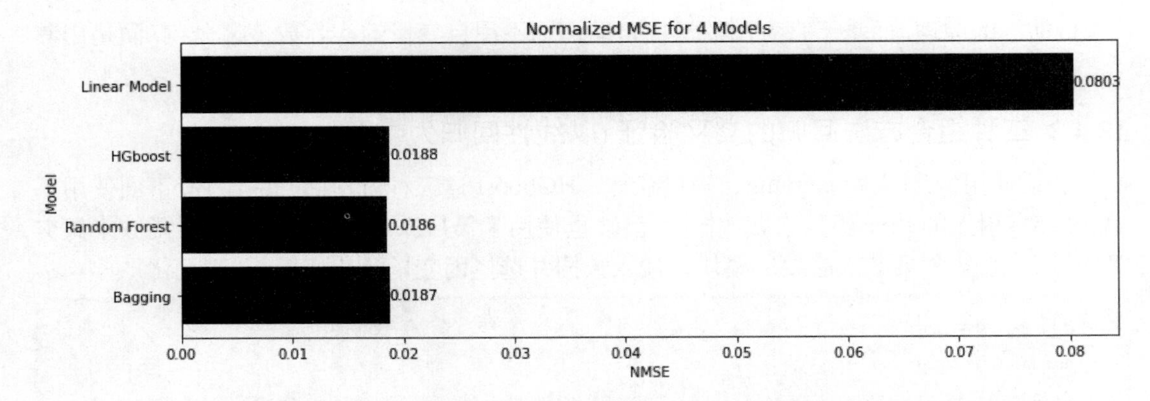

图 12.4.1 例5.1数据四种方法回归的 10 折交叉验证 NMSE

12.4.3 三种组合方法分类的交叉验证

考虑下面的例子.

例 12.4 数字笔迹识别 (pendigits.csv) 该数据有 10992 个观测值和 17 个变量. 原始数据有大量缺失值, 这里给出的数据文件为用 `missForest()` 函数弥补缺失值后的数据. 变量中的第 17 个变量 (V17) 为有 10 个水平的因变量, 这 10 个水平为 $0, 1, \ldots, 9$ 等 10 个阿拉伯数字, 而其余变量都是数量变量. 如果要用原始数据 (从网上下载), 请注意数据格式的转换和缺失值的非正规标识方法.[4]

下面使用例12.4的数据来用 bagging、随机森林、HGboost 做分类, 这里使用了前面引入的 `ClaCV` 函数求 10 这交叉验证的误判率并用函数 `BarPlot` 画图 (见图12.4.2).

```
import pandas as pd
import numpy as np
from sklearn.ensemble import BaggingClassifier
from sklearn.ensemble import RandomForestClassifier
from sklearn.experimental import enable_hist_gradient_boosting  # noqa
from sklearn.ensemble import HistGradientBoostingClassifier

v= pd.read_csv('pendigits.csv',index_col=False)
X=v[v.columns[:16]]#自变量
y=v[v.columns[16]]#因变量

names = ["Bagging", "Random Forest", "HGBoost"]
classifiers = [
    BaggingClassifier(n_estimators=100,random_state=1010),
    RandomForestClassifier(n_estimators=500,random_state=1010),
```

[4]原数据的网址之一为: `http://www.csie.ntu.edu.tw/$^\sim$cjlin/libsvmtools/datasets/multiclass.html#news20`, 数据名为 pendigits(训练集) 和 pendigits.t(测试集), 都属于 LIBSVM 格式. 网站`https://archive.ics.uci.edu/ml/datasets/Pen-Based+Recognition+of+Handwritten+Digits`也提供该数据, 但其中的缺失值都以字符 ‘‘空格 +0’’ 表示 (但说明中显示无缺失值, 这是不对的). 第二个网址给出了数据的细节. 数据来源于 E. Alpaydin, Fevzi. Alimoglu, Department of Computer Engineering, Bogazici University, 80815 Istanbul Turkey, alpaydinboun.edu.tr.

```
    HistGradientBoostingClassifier(random_state=1010)]
CLS=dict(zip(names,classifiers))

R,A=ClaCV(X,y,CLS,seed=1010)

xlab='Error rate';ylab='Model';title='Error rate for 3 models'
BarPlot(A,xlab,ylab,title)
```

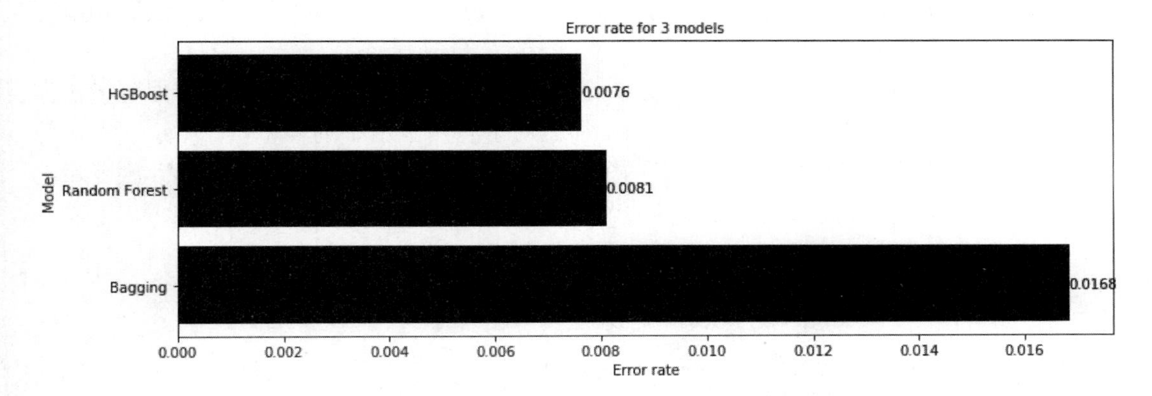

图 12.4.2 例12.4数据三种模型分类的 10 折交叉验证误判率

具体的误判率 A 的输出为:

```
{'Bagging': 0.01683042212518195,
 'Random Forest': 0.008096797671033478,
 'HGBoost': 0.007641921397379912}
```

这说明 HGboost 和随机森林都比 bagging 要精确.

12.5 人工神经网络分类与回归

12.5.1 人工神经网络的概念

我们通过下面的二分类问题例子来说明人工神经网络的基本方法.

例 12.5 (pima.csv) 这是关于 21 岁以上的 Pima 印第安妇女糖尿病数据集.[5] 数据集的目标是根据数据集中包含的某些诊断测量值, 诊断患者是否患有糖尿病. 数据集由多个医学预测变量和一个目标变量组成, 预测变量包括 NPG (怀孕次数)、PGL (口服葡萄糖耐量测试中血浆葡萄糖 2 小时浓度)、DIA (舒张压: mm Hg)、TSF (三头肌皮肤折叠厚度: mm)、INS (2 小时血清胰岛素: mu U/ml)、BMI (身体质量指数: kg/m^2)、DPF (糖尿病血统功能)、AGE (年龄: 岁), 目标变量 (因变量) 为 Diabet (是否有糖尿病: 0-1 哑元).

[5]最初来自 National Institute of Diabetes and Digestive and Kidney Diseases. 用于: Smith, J.W., Everhart, J.E., Dickson, W.C., Knowler, W.C., Johannes, R.S. Using the ADAP learning algorithm to forecast the onset of diabetes mellitus. *In Proceedings of the Symposium on Computer Applications and Medical Care* . IEEE Computer Society Press, 1988: 261–265.

1. 神经网络的构造

图12.5.1是例12.5分类的一个神经网络, 该网络最左边的 8 个节点代表了 8 个自变量, 它们形成了**输入层** (input layer), 中间的 4 个节点形成了**隐藏层** (hidden layer), 最右边的 1 个节点代表了因变量形成**输出层** (output layer).

有几点需要说明:

- 输入层的节点个数由自变量的个数决定, 每个定量变量都占据一个节点; 但每个有 k 个水平的分类变量, 则由于类似于线性回归那样的哑元化则占据 $k-1$ 个节点.
- 隐藏层的个数由用户自己确定, 每个隐藏层的节点个数也是由用户确定, 层数和节点个数都依数据而变.
- 输出层的节点个数则由因变量个数决定, 如果因变量是定量变量, 则每个因变量占据一个节点; 而如果因变量是分类变量, 那么对于有两个水平的样本量, 只有一个节点, 以 0 或者 1 代表两个水平, 如果有两个以上水平, 则每个水平占据一个节点, 因变量的水平相应于数值等于 1 的节点 (其他节点均应该为 0).

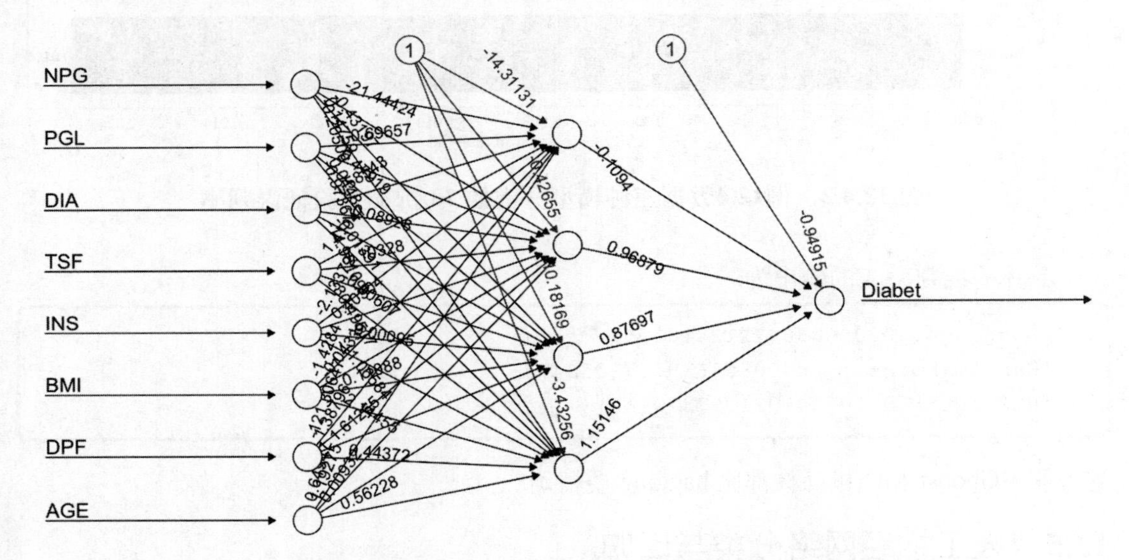

图 12.5.1　例12.5数据的一个有 4 个节点的单隐藏层人工神经网络

2. 神经网络的工作原理

就拿例12.5的数据来说, 对于每个观测值都有 8 个值 (相应于 8 个变量), 记一个观测值为 $\boldsymbol{x}=(x_0,x_1,x_2,\dots,x_p)^\top$, 对于例12.5这里的 $p=8$, 而 $x_0=1$ 代表常数项. 神经网络的训练流程如下 (假定有 K 个隐藏层, 对于图12.5.1, $K=4$):

(1) 首先, 对第 k 个隐藏层节点, 输入一个输入层观测值的线性组合 $\boldsymbol{x}^\top\boldsymbol{w}_k^{(1)}$, 或者

$$\boldsymbol{x}^\top\boldsymbol{w}_k^{(1)}=\sum_{i=0}^{p}w_{jk}^{(1)}x_j=w_{0k}^{(1)}x_0+w_{1k}^{(1)}x_1+\cdots+w_{pk}^{(1)}x_p$$

这里的权向量 $\boldsymbol{w}_k^{(1)}=(w_{0k},w_{1k},\dots,w_{pk})^\top$ 的初始值是用户自己选的, 于是得到 k 个线

性组合 $\left(\boldsymbol{x}^\top \boldsymbol{w}_1^{(1)}, \boldsymbol{x}^\top \boldsymbol{w}_2^{(1)}, \ldots, \boldsymbol{x}^\top \boldsymbol{w}_K^{(1)}\right)^\top$ (相应于 K 个隐藏层节点).

(2) 输入到隐藏层每个节点的线性组合都做一个变换, 这里用 $\sigma^{(1)}$ 表示变换的函数, 称为**激活函数** (activation functions 或 transfer functions), 得到 $h_k \equiv \sigma^{(1)}(\boldsymbol{x}^\top \boldsymbol{w}_k^{(1)})$, 或者 $\boldsymbol{h} = (h_1, h_2, \ldots, h_K)^\top = \left(\sigma^{(1)}(\boldsymbol{x}^\top \boldsymbol{w}_1^{(1)}), \sigma^{(1)}(\boldsymbol{x}^\top \boldsymbol{w}_2^{(1)}), \ldots, \sigma^{(1)}(\boldsymbol{x}^\top \boldsymbol{w}_K^{(1)})\right)^\top$. 激活函数有很多种, 一般是从实轴 $-\infty, \infty$ 到 $[0,1]$(或 $[-1,1]$) 的映射. 比如 $\sigma(x) = 1/(1+\mathrm{e}^{-x}), \sigma(x) = \tanh(x)$ 等, 当然也有其他映射范围的激活函数, 比如 $\sigma(x) = \max(0, x)$.

(3) 从隐藏层到输出层, 再对 $\boldsymbol{h} = (h_1, h_2, \ldots, h_K)$ 做一个类似的加权平均 (为符号简单计, 假定输出层只有一个节点), 并且再做一个变换 (记为 $\sigma^{(2)}$), 得到:

$$\sigma^{(2)}\left(\boldsymbol{h}^\top \boldsymbol{w}^{(2)}\right) = \sigma^{(2)}\left\{\sum_{k=1}^{K} w_k^{(2)} h_k\right\} = \sigma^{(2)}\left\{\sum_{k=1}^{K} w_k^{(2)} \sigma^{(1)}\left(\sum_{i=0}^{p} w_{jk}^{(1)} x_j\right)\right\},$$

这里的权重为 $\boldsymbol{w}^{(2)} = \left(w_1^{(2)}, w_2^{(2)}, \ldots, w_K^{(2)}\right)^\top$.

(4) 对于每个观测值输出层都得到 $\sigma^{(2)}\left(\boldsymbol{h}^\top \boldsymbol{w}^{(2)}\right)$ 之后, 则与真实的因变量的观测值比较, 于是就要根据差别的特性调整权重 (看下面有关说明), 然后回到上面的第 1 步, 如此重复迭代, 直到或者差别小于预想值或迭代次数超过事先确定的最大值为止.

3. 调整权重

如何调整权重? 不失一般性, 仅考虑隐藏层和输出层之间的反馈 (在输入层和隐藏层之间的情况类似). 更新权重的一种方法是按照减少误差的方向进行的 (负梯度方向):

(1) 计算误差: $\delta \leftarrow y - \sigma^{(2)}(\boldsymbol{h}^\top \boldsymbol{w})$.

(2) 更新网络的权重: $w_k^{(2)} \leftarrow w_k^{(2)} - \alpha \cdot \text{gradient} = w_k^{(2)} + \alpha\delta h_k \sigma^{(2)'}(\boldsymbol{h}^\top \boldsymbol{w}^{(2)})$.

注意: α 的第二项是按照减少下面导数计算的:

$$\frac{\partial(y - \sigma^{(2)}(\boldsymbol{h}^\top \boldsymbol{w}^{(2)}))^2}{\partial w_k^{(2)}} = \frac{\partial(\delta^2)}{\partial w_k^{(2)}} = -2\delta h_k \sigma^{(2)'}(\boldsymbol{h}^\top \boldsymbol{w}^{(2)}).$$

这是反向传播算法 (backpropagation), 如此更新权重直至达到某种精度或限定迭代次数 (不收敛情况) 为止. 这里 α 为学习速率.

神经网络是深度学习的最基本的算法之一, 层数及节点数量的增加使得训练出来的神经网络以权重形式储藏了大量的信息. 具体的调整权重方法的各种选择反映了不同目标的各种实际问题的需要. 由于有许多选项, 相对于其他机器学习方法来说, 神经网络没有那么"傻瓜", 也因此不宜和其他方法比较.

12.5.2 应用神经网络于例12.5数据的分类

我们使用第12.2.2节定义的函数 `SCCV`(需要第11.3.2节的 `Fold` 函数), 做 10 折交叉验证并输出混淆矩阵及预测精度:

```
import pandas as pd
import numpy as np
w = pd.read_csv('pima.csv')
X=w.iloc[:,:-1]
y=w.iloc[:,-1]

from sklearn.neural_network import MLPClassifier
CLS=MLPClassifier()

error,pred=SCCV(X,y,CLS,seed=1010)

from sklearn.metrics import confusion_matrix
print("confusion matrix:\n",confusion_matrix(y, pred))
print('error rate =',error)
```

结果输出为:

```
confusion matrix:
 [[402  98]
 [125 143]]
error rate = 0.2903645833333333
```

前一小节的程序中只有一个隐藏层, 而这里使用的默认隐藏层节点个数为 100 个, 而激活函数的默认值是 $\sigma(x) = \max(0, x)$.

12.5.3 应用神经网络进行例11.1数据的回归

我们使用下面的代码求 10 折标准化均方误差, 并且使用了第11.3.1节的函数 Rfold 及第12.1.2节的函数 SRCV.

```
import pandas as pd
import numpy as np

w=pd.read_csv('Boston.csv')
y=w.MEDV
X=w.iloc[:,:-1]

from sklearn.neural_network import MLPRegressor
REG=MLPRegressor(max_iter=1000)
NMSE, pred=SRCV(X,y,REG)

NMSE
```

结果输出为:

```
0.26952657185921153
```

上面用的最大迭代次数为 1000 次, 如果用默认值则不收敛. 这个结果远不如基于决策树的组合方法, 但很可能这里模型选项不合适, 比如这里只选了一层, 节点个数也不一定合适.

12.6 k 最近邻方法分类与回归

12.6.1 k 最近邻方法的原理

k 最近邻方法恐怕是最简单的方法. 对自变量给定一个距离的度量, 那么, 由 p 个自变量组成了 p 维空间, 每个观测值为该空间的一个点, 所有点之间就可以度量距离, k 最近邻方法就是用一个准备被预测的点的最近的 k 个点的因变量值来预测该点因变量的值. 也就是说,

- **对于分类问题:** 一个新的点的因变量值的预测等于距离它最近的 k 个点因变量类的加权投票;
- **对于回归问题:** 一个新的点的因变量值的预测等于距离它最近的 k 个点因变量值的加权平均.

当然, 这里有几个选项: (1) k 的值; (2) 距离的定义; (3) 权函数的选项. 其中对结果最大的是选取 k.

12.6.2 应用 k 最近邻方法于例12.5数据的分类

我们使用第12.2.2节定义的函数 SCCV(需要第11.3.2节的 Fold 函数), 做 10 折交叉验证并输出混淆矩阵及预测精度:

```
import pandas as pd
import numpy as np
w = pd.read_csv('pima.csv')
X=w.iloc[:,:-1]
y=w.iloc[:,-1]

from sklearn.neighbors import KNeighborsClassifier
CLS=KNeighborsClassifier(n_neighbors=50)

error,pred=SCCV(X,y,CLS,seed=1010)
from sklearn.metrics import confusion_matrix
print("confusion matrix:\n",confusion_matrix(y, pred))
print('error rate =',error)
```

结果输出为:

```
confusion matrix:
 [[453  47]
 [159 109]]
```

```
error rate = 0.2682291666666667
```

上面程序中取了 $k=50$(默认值 $k=5$), 这里使用的默认权函数为均匀分布.

12.6.3 应用 k 最近邻方法于例11.1数据的回归

我们使用下面代码求 10 折标准化均方误差, 并且使用了第11.3.1节的函数 Rfold 及第12.1.2节的函数 SRCV.

```
import pandas as pd
import numpy as np

w=pd.read_csv('Boston.csv')
y=w.MEDV
X=w.iloc[:,:-1]

from sklearn.neighbors import KNeighborsRegressor
REG=KNeighborsRegressor(n_neighbors=3)
NMSE, pred=SRCV(X,y,REG)

NMSE
```

结果输出为:

```
0.44061155468822455
```

这里使用的 $k=3$, 比默认值 $k=5$ 似乎好一点点, 不如神经网络, 更不如基于决策树的组合方法, 甚至还远不如线性回归.

12.7 支持向量机方法分类

12.7.1 支持向量机分类的原理

支持向量机 (support vector machine, SVM) 是有监督学习模型, 既可以用于分类也可以用于回归. 对于分类, 它构建一个非概率二元线性分类器模型, 二元分类模型的理论无法推广到多元情况, 但是在使用中可基于二元分类实践于多元线性分类, 比如两两相比或者一个与其他相比都可以适用于多元分类. 对于非线性分类问题, 支持向量机使用所谓的**核技巧** (kernel trick) 把非线性问题映射到高维空间来执行线性分类. 支持向量机的回归的思维方式和分类类似, 但数学上有些 “相反”. 这里仅仅简单直观地介绍分类问题, 对于既烦琐又不直观的回归问题, 不但计算速度慢, 而且精度不高, 这里就不做介绍了.

假定在二维自变量空间中, 二维点分成两类, 图12.7.1(左) 就显示了这两类的情况, 显然, 可以找到很多条直线把两类分开, 这就是所谓的**线性可分** (linearly separable) 问题. 问题是, 哪一条线是最理想的呢? 对于图12.7.1(左) 显示的那种线性可分问题, 支持向量机的目的就像是在这两组点之间修一条笔直的公路, 而且公路不能覆盖两边的点. 这样的公路当然可以修很多条, 但我们要找的是在所有可能的公路中最宽的那一条 (只可能有一条). 而那条公路

的中间线就是支持向量机的解, 它在二维空间是一条直线方程 (比如 $w_1x_1 + w_2x_2 = 0$), 而在高维空间则是一个超平面 (可记为 $w_1x_1 + w_2x_2 + \cdots + w_px_p = 0$). 换一种说法就是, 对于线性可分问题, 支持向量机要寻找一个超平面, 使得它到两组点的距离 $1/|\boldsymbol{w}|$ 最大. 有了超平面 $< bmw, x >= \boldsymbol{w}^\top \boldsymbol{x} = w_1x_1 + w_2x_2 + \cdots + w_px_p = 0$, 空间中任何一个不在这个超平面方程的点 $x_1, x_2, \ldots, x_p$ 代入超平面方程的左边, 所得到的值或者大于 0, 或者小于 0, 因此该超平面就把空间分成两部分, 每一部分只包含已知的两类点中的一类. 任何一个未知类别的点就根据其在超平面的哪一边来判断其属于哪一类.

图12.7.1(右) 就是这样一条最优超平面 (这里是直线), 表示其邻域的两条直线刚好接触到两类中的三个点, 实际上, 仅仅这三个点决定了这个直线. 由于在空间中每个点都是一个向量, 因而这三个点称为**支持向量** (support vectors), 这也是支持向量机名字的由来.

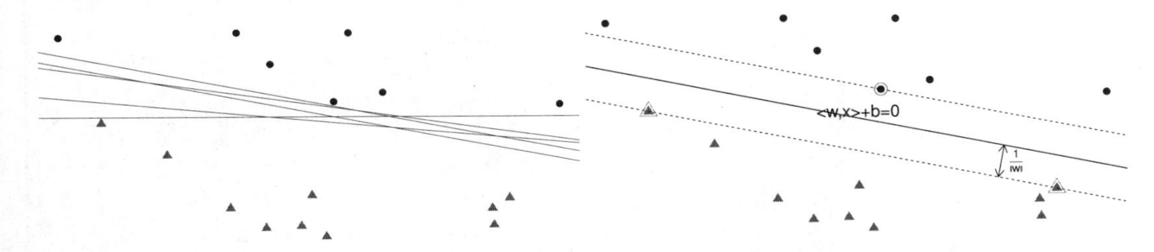

图 12.7.1 线性可分问题的二维示意图 (左图是问题, 右图是解)

但是, 人们也会遇到由于少数点而线性不可分的情况, 这时候就允许一些误差, 这种问题称为**近似线性可分问题**. 更加困难的问题是**非线性可分问题**, 在简单的一维情况, 如图12.7.2(左) 的情况. 是一维空间非线性可分问题.

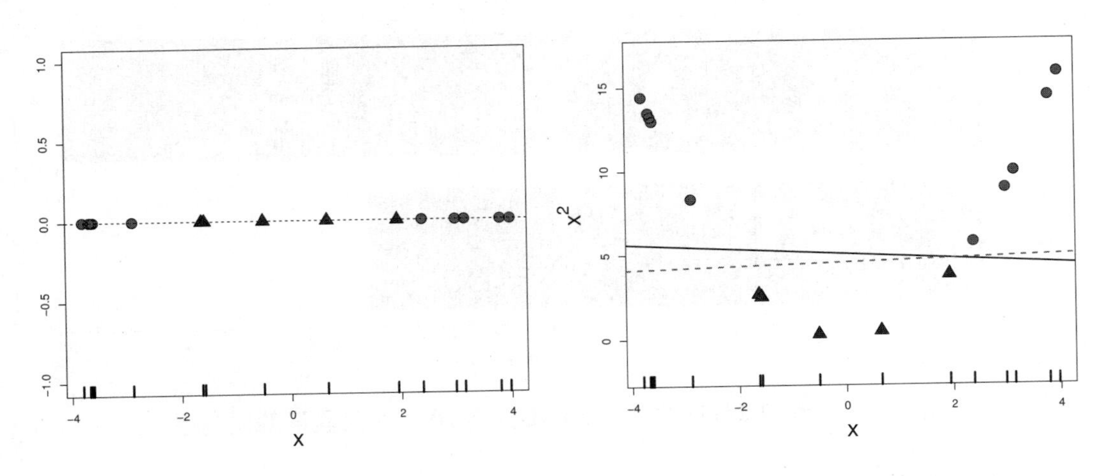

图 12.7.2 非线性可分问题 (左) 在投影到高维空间后成为线性可分问题 (右)

在图12.7.2左图的情况, 那里只有一维空间, 上面有两类点 (一条直线上两种点), 这时用任何一个点 (一维空间就不是用直线, 而是用点来分割了) 都无法分开, 但把这一维空间做变换到二维空间中 (图12.7.2右图) 之后, 问题就变成二维空间的线性可分问题了. 由于线性可分问题中的计算都是以向量内积形式进行的, 因此, 人们不必寻找变换的形式, 而是通过作为变换内积的**核函数** (kernel function) 来进行的, 有各种核函数可挑选, 这省了很大的麻烦, 称为核技巧. 本书就不介绍了.

12.7.2 应用支持向量机方法进行例12.5数据的分类

我们使用第11.3.2节定义的函数 `ClaCV`(需要第11.3.2节的 `Fold` 函数), 做 10 折交叉验证并产生两种 SVM 的误差比较图 (见图12.7.3):

```
import pandas as pd
import numpy as np
w = pd.read_csv('pima.csv')
X=w.iloc[:,:-1]
y=w.iloc[:,-1]

from sklearn.svm import SVC
names=['Linear SVM','RBF SVM']
Cls=[SVC(kernel="linear", C=0.025,random_state=0),
SVC(gamma='auto', C=1,random_state=0)]
CLS=dict(zip(names,Cls))

R,A=ClaCV(X,y,CLS, seed=8888)

xlab='Error Rate';ylab='Model';title='Error rate of 2 SVM models'
BarPlot(A,xlab,ylab,title)
```

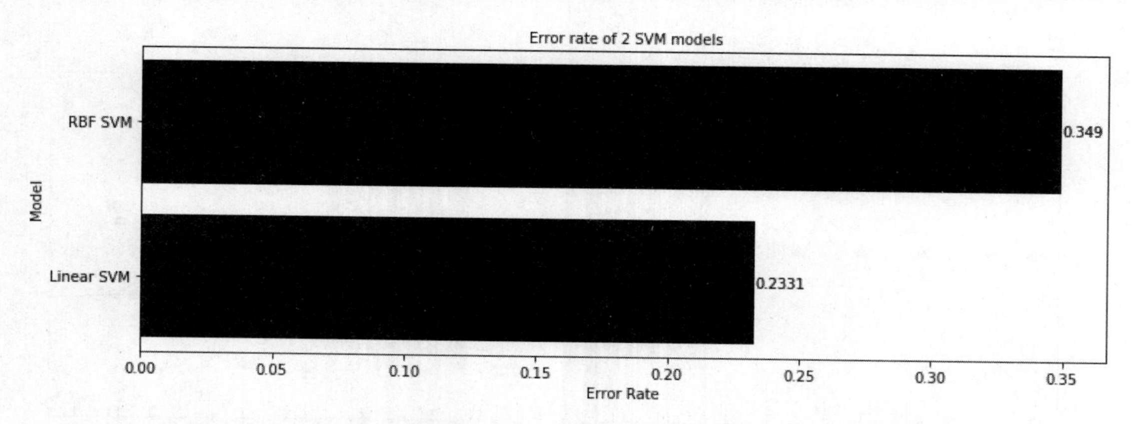

图 12.7.3　例12.5数据的两种 SVM 分类 10 折交叉验证的误判率

12.8 朴素贝叶斯方法分类

12.8.1 朴素贝叶斯方法的原理

朴素贝叶斯 (naive Bayes) 是一种非常简单有效的分类方法. 记 $c_1, c_2, \ldots, c_K$ 为因变量的类, 朴素贝叶斯做了下面两条假定:

(1) 在给定 c_k 的条件下自变量 $\boldsymbol{x}=(x_1,x_2,\ldots,x_n)$ 都是独立的, 因此

$$p(x_1,x_2,\ldots,x_n|c_k)=p(c_k)p(x_1|c_k)p(x_2|c_k)\cdots p(x_n|c_k);$$

(2) 给定类别 (比如 c_k) 之后假定了它们的条件分布 $p(x_i|c_k)$ 的类型, 比如正态分布、多项分布或 Bernoulli 分布等等.

根据上面假定, 我们可以实际算出 $p(x_1,x_2,\ldots,x_n|c_k)$ 的值. 虽然实际数据不会完全满足这些假定, 但朴素贝叶斯的分类误差往往还很高.

我们的目的就是要计算在给定数据 $\boldsymbol{x}$ 的条件下属于类 c_k 的概率, 即后验概率 $p(c_k|\boldsymbol{x})$, 并且求使后验概率最大的类 c_k.

根据贝叶斯定理, 后验分布 (给定数据 $\boldsymbol{x}$ 的条件下属于类 c_k 的概率)

$$p(c_k|\boldsymbol{x})=\frac{p(c_k)p(\boldsymbol{x}|c_k)}{p(\boldsymbol{x})} \tag{12.8.1}$$

$$\propto p(c_k)p(\boldsymbol{x}|c_k)=p(c_k)p(x_1,x_2,\ldots,x_n|c_k) \tag{12.8.2}$$

$$=p(c_k)p(x_1|c_k)p(x_2|c_k)\cdots p(x_n|c_k)=p(c_k)\prod_{i=1}^{n}p(x_i|c_k). \tag{12.8.3}$$

其中, 式 (12.8.1) 是贝叶斯定理, 式 (12.8.2) 是因为分母的概率 $p(\boldsymbol{x})$ 与我们关心的类没有关系 (这里符号 $\propto$ 是 ‘‘成比例’’ 的意思), 而式 (12.8.3) 是因为我们假定了观测值 $x_1,x_2,\ldots,x_n$ 在给定了 c_k 的条件独立性.

有了上面式子, 及假定的 $p(x_i|c_k)$ 的条件分布, 给定数据 $x_1,x_2,\ldots,x_n$ 之后, 我们就可以寻求使得 $p(c_k)\prod_{i=1}^{n}p(x_i|c_k)$ 最大的类 c_k.

12.8.2 应用朴素贝叶斯方法进行例12.5数据的分类

我们使用第12.2.2节定义的函数 SCCV(需要第11.3.2节的 Fold 函数), 做 10 折交叉验证并输出混淆矩阵及预测精度:

```
import pandas as pd
import numpy as np
w = pd.read_csv('pima.csv')
X=w.iloc[:,:-1]
y=w.iloc[:,-1]

from sklearn.naive_bayes import GaussianNB
CLS = GaussianNB()

error,pred=SCCV(X,y,CLS,seed=1010)
from sklearn.metrics import confusion_matrix
print("confusion matrix:\n",confusion_matrix(y, pred))
print('error rate =',error)
```

结果输出为:

```
confusion matrix:
 [[419  81]
 [104 164]]
error rate = 0.24088541666666666
```

图书在版编目 (CIP) 数据

Python : 数据科学的手段 / 吴喜之, 张敏编著. --
2 版. -- 北京 : 中国人民大学出版社, 2021.1
(数据分析与应用丛书)
ISBN 978-7-300-28675-4

I. ①P··· II. ①吴 ··· ②张 ··· III. ①软件工具 — 程序
设计 IV. ①TP311.561

中国版本图书馆 CIP 数据核字 (2020) 第 193427 号

数据分析与应用丛书
Python ——数据科学的手段 (第 2 版)
吴喜之 张敏 编著
Python ——Shuju Kexue de Shouduan

出版发行	中国人民大学出版社			
社　址	北京中关村大街 31 号	**邮政编码** 100080		
电　话	010-62511242 (总编室)	010-62511770 (质管部)		
	010-82501766 (邮购部)	010-62514148 (门市部)		
	010-62515195 (发行公司)	010-62515275 (盗版举报)		
网　址	http://www.crup.com.cn			
经　销	新华书店			
印　刷	北京七色印务有限公司		**版　次**	2018 年 1 月第 1 版
规　格	185mm× 260mm　16 开本			2021 年 1 月第 2 版
印　张	17.75 插页 1		**印　次**	2021 年 1 月第 1 次印刷
字　数	410 000		**定　价**	42.00

教师教学服务说明

中国人民大学出版社管理分社以出版经典、高品质的工商管理、统计、市场营销、人力资源管理、运营管理、物流管理、旅游管理等领域的各层次教材为宗旨.

为了更好地为一线教师服务，近年来管理分社着力建设了一批数字化、立体化的网络教学资源. 教师可以通过以下方式获得免费下载教学资源的权限:

在中国人民大学出版社网站 www.crup.com.cn 进行注册，注册后进入 "会员中心"，在左侧点击 "我的教师认证"，填写相关信息，提交后等待审核. 我们将在一个工作日内为您开通相关资源的下载权限.

如您急需教学资源或需要其他帮助，请在工作时间与我们联络:

中国人民大学出版社　管理分社

联系电话: 010-82501048, 62515782, 62515735

电子邮箱: glcbfs@crup.com.cn

通讯地址: 北京市海淀区中关村大街甲 59 号文化大厦 1501 室 (100872)